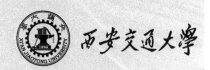

西安交通大学

研究生创新教育系列教材

光纤通信器件及系统

主　编　朱京平

副主编　李　杰　张云尧

　　　　曹　猛

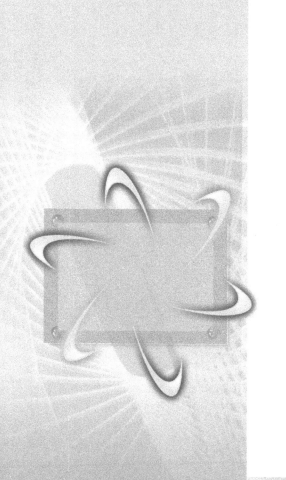

西安交通大学出版社

XI'AN JIAOTONG UNIVERSITY PRESS

图书在版编目(CIP)数据

光纤通信器件及系统/朱京平主编. —西安：
西安交通大学出版社,2011.11(2017.7 重印)
ISBN 978-7-5605-3935-5

Ⅰ.①光… Ⅱ.①朱… Ⅲ.①光纤通信-研究生-教
材 Ⅳ.①TN929.11

中国版本图书馆 CIP 数据核字(2011)第 083338 号

书　　名	光纤通信器件及系统	
主　　编	朱京平	
责任编辑	王　欣	

出版发行	西安交通大学出版社
	(西安市兴庆南路 10 号　邮政编码 710049)
网　　址	http://www.xjtupress.com
电　　话	(029)82668357　82667874(发行中心)
	(029)82668315(总编办)
传　　真	(029) 82668280
印　　刷	虎彩印艺股份有限公司

开　　本	727mm×960mm　1/16　印张　20.625　字数　380 千字
版次印次	2011 年 11 月第 1 版　　2017 年 7 月第 2 次印刷
书　　号	ISBN 978-7-5605-3935-5
定　　价	39.80 元

读者购书、书店添货如发现印装质量问题,请与本社发行中心联系、调换。
订购热线:(029)82665248　(029)82665249
投稿热线:(029)82664954
读者信箱:jdlgy@yahoo.cn

总　序

　　创新是一个民族的灵魂,也是高层次人才水平的集中体现。因此,创新能力的培养应贯穿于研究生培养的各个环节,包括课程学习、文献阅读、课题研究等。文献阅读与课题研究无疑是培养研究生创新能力的重要手段,同样,课程学习也是培养研究生创新能力的重要环节。通过课程学习,使研究生在教师指导下,获取知识并理解知识创新过程与创新方法,对培养研究生创新能力具有极其重要的意义。

　　西安交通大学研究生院围绕研究生创新意识与创新能力改革研究生课程体系的同时,开设了一批研究型课程,支持编写了一批研究型课程的教材,目的是为了推动在课程教学环节加强研究生创新意识与创新能力的培养,进一步提高研究生培养质量。

　　研究型课程是指以激发研究生批判性思维、创新意识为主要目标,由具有高学术水平的教授作为任课教师参与指导,以本学科领域最新研究和前沿知识为内容,以探索式的教学方式为主导,适合于师生互动,使学生有更大的思维空间的课程。研究型教材应使学生在学习过程中可以掌握最新的科学知识,了解最新的前沿动态,激发研究生科学研究的兴趣,掌握基本的科学方法,把教师为中心的教学模式转变为以学生为中心教师为主导的教学模式,把学生被动接受知识转变为在探索研究与自主学习中掌握知识和培养能力。

　　出版研究型课程系列教材,是一项探索性的工作,有许多艰苦的工作。虽然已出版的教材凝聚了作者的大量心血,但毕竟是一项在实践中不断完善的工作。我们深信,通过研究型系列教材的出版与完善,必定能够促进研究生创新能力的培养。

西安交通大学研究生院

前　言

从 1970 年光纤的损耗降到 20dB/km 以来,光纤通信技术呈现出飞速发展的态势:1980 年量子阱阵列激光器取得了标志性进展,各国开始了光通信系统建设;1990 年掺铒光纤放大器(EDFA)、分布反馈激光器、波分复用技术等商用化,光纤通信走入辉煌;进入 21 世纪以来,光纤入户、自由空间光通信又备受关注。在光通信技术蓬勃发展的形势下,培养和造就一大批掌握光通信器件及系统基础知识、基本理论与基本技能,了解该领域最新发展动态的高级专业技术人才,成为当今社会的迫切需要,而一本内容全面系统且能跟上时代步伐的《光纤通信器件及系统》教材,可以为学生及从业人员掌握有关知识,从事有关方面的研究、开发与市场等工作打下基础。

西安交通大学多年来一直面向电子与信息工程学院的研究生开设光通信器件及系统课程。在对国内外的有关教材的使用中我们体会到,鉴于光纤、光通信无源器件等光纤通信技术的飞速发展与不断突破,现有教材已难适应研究生掌握光通信领域最新动态的培养要求,为此我们不断系统研究国内外有关方面的教材、专著、资料,吸收有用成份,充实有关内容,形成了本教材。教材一方面注重双基知识学习,另一方面力求反映国内外相关领域的最新研究与应用动态,目的是尽可能满足电子信息科学类电子科学与技术、光信息科学与技术等专业硕士生课程教学的需要,也希望能为对光通信有兴趣的科学研究人员和工程技术人员提供有益的帮助。

全书共 13 章。第 1 章为绪论,扼要介绍光通信系统的分类、发展历程、基本概念及典型系统等;第 2 章至第 9 章系统介绍光通信系统的光源与光发射机、光检测器及光接收机、光纤、光放大器、光开关、光调制器、光波分复用器以及其他光无源器件等构成光通信系统的重要器件;第 10 章到第 13 章分别介绍光通信系统的性能与设计、光波分复用系统、空间光通信系统及全光通信系统等典型光通信系统。每一章自成体系,从基本原理入手,系统介绍了基本概念、基础知识、相关技术及发展动态。

本书由朱京平主编。其中第 1,5,10,12,13 章由朱京平编写,第 4,6,8 章由李杰编写,第 7,9,11 章由张云尧编写,第 2,3 章由曹猛编写。

作者对西安交通大学教学研究与教学改革项目的资助,以及项目执行中各位专家在评审等环节所提的宝贵意见及认可表示衷心的感谢! 对西安交通大学出版社的支持和帮助表示感谢！特别需要指出的是,董猛同学在调研、材料准备、插图绘制、编排、校稿过程中作了大量工作,本书的形成中凝聚了该同学的大量心血,其认真负责的工作态度令人印象深刻,在此表示感谢！孙波行、管今哥等同学在编排、校稿等方面也做了不少工作。近几届研究生从学生角度对原讲义提出了不少宝贵建议,本单位师长也给以不少帮助,西安交通大学研究生院、电子与信息工程学院等给予大力支持,在此一并表示感谢！同时感谢家人在工作和学习中给予的全面理解与帮助！还需要特别指出的是,编写过程中编者从已列出和因篇幅所限未能列出的同行有关教材与学术专著中汲取了大量知识,教材包含了他们的大量智慧与劳动成果,因而应该说本教材的作者也应包含他们中的每一位,在此作者向他们表示诚挚的感谢！

由于笔者水平有限,本书在内容取材、体系安排、文字表述方面必然有不足之处,敬请读者批评指正。

编　者

2011 年 4 月于西安交通大学

目　录

第1章　绪　论

传输层作为整个有线通信网体系中的最底层,在近30年经历了铁线、铜缆和光纤三种传输介质。随着社会的进步和人们对通信服务质量(QoS)期望与数据业务量的不断提高,铁线与铜缆已经不能满足现在通信发展的要求并逐步被淘汰,光通信成为目前传输层唯一有效的传输手段。

光通信系统是以光为载波,通过光电变换,用光来传输信息的通信系统。20世纪末是光通信发展最为辉煌的时期,人们不断追求通信的超高速、大容量,10 G、40 G、80 G甚至160 G的超高速率光通信系统迅速研制成功并逐渐投入商用。然而这种辉煌由于各种业务的发展没有及时跟上,导致21世纪最初几年国际经济危机来袭时,光通信业不可避免地受到了巨大的冲击,很多公司面临转型、破产。目前,随着人们对光通信认识的进一步提高及经济的回暖,该领域正处于一个艰难的上升阶段,技术上呈现出以下发展趋势:

首先,光通信研究的重点已经从大容量、超高速转变为实现智能化、自动化。自动交换光网络(ASON)应运而生,将以往光网络复杂、冗余的人工连接指配,变为简单、便利的自动信道配置,使得线路敷设的人力、物力和财力都大大节省,且保护倒换功能也大大提高。

其次,光通信网络向边缘化发展。随着通信行业的迅速发展,光网络逐渐从核心网向边缘网络发展,城域网中开发了业务类型多、传输速度快的多业务传输平台(MSTP),接入网由双绞线上网方式(xDLS)向光纤到户(FTTH)发展。

第三,空间光通信技术日益成熟。一方面,世界各发达国家对卫星轨道之间、星对地、地对星、空对地、地对空、地对地等各种形式光通信系统进行了广泛的研究,一些先进国家已经推出空间光通信的产品;另一方面,自由空间激光通信成为解决"最后一公里"瓶颈问题的有效手段,同时也是宽带光纤通信的有效补充。

第四,光孤子通信、超长波长通信和相干光通信方面也正在取得巨大进展。

总之,在信息化的今天,光通信系统已经深入到我们生活的每一天,对光通信器件和系统有一个深入的认识,已成为信息通信类学生知识结构的重要方面。

1.1　光通信系统的分类

目前有实用前途的光通信系统一般包括光纤通信系统和空间光通信系统。其中光纤通信由于低损耗光纤技术的突破及半导体激光器的问世,最先走向成熟,并且在 20 世纪 90 年代取得了辉煌成就;而自由空间光通信是在 20 世纪 90 年代激光器和光调制技术都已成熟时才成为现实,而此时,光纤通信系统已经成为一项巨大的产业,深入到人们生活的方方面面。为此,本书以光纤通信器件及系统为核心展开,在此基础上对空间光通信进行了必要的介绍。

本章对光通信系统的分类也以光纤通信系统为主。根据所使用的光波长、传输信号形式、传输光纤类型、信号调制方式以及光接收方式的不同,将光纤通信系统如表 1.1 所示分类。

表 1.1　光纤通信系统的分类

分　类　方　式	类　别	特　点
按信号类型	数字光纤通信	抗干扰能力强,传输质量好
	模拟光纤通信	对系统要求高,适用于图像传输
按光波长通道个数	单波长(通道)	技术难度小,应用成熟
	多波长(WDM)	传输容量大,距离远
按调制方式	直接强度调制 IM	技术成熟,成本低
	外调制	高速传输,成本较高
按接收方式	直接检测 DD	技术成熟,成本低,效率高
	相干调制 CD	灵敏度高,传输容量大,距离远
按光纤特性	多模光纤 MMF	采用 850 nm 波长,距离短
	单模光纤 SMF	采用 1310/1550 nm 波长,传输容量大,距离远

1.2　光纤通信系统的发展历程

1880 年,贝尔发明了一种利用光波作载波传递话音信息的"光电话",证明了利用光波作载波传递信息的可能性,是光通信历史上的第一步。

20 世纪 60 年代中期以前,人们曾苦心研究过光圈波导、气体透镜、空心金属波导管作为光通信传输媒质,但终因它们衰耗过大或者造价昂贵而无法实用化。

1966 年,英籍华人高锟(K. C. Kao)博士首次利用无线电波导通信原理,提出了低损耗的光导纤维(简称光纤)概念,他在英国电机工程师学会的学报(Proc. Inst. Elect. Eng. PIEE)杂志上发表了被称为"光纤通信里程碑"的论文——《用于光频的介质纤维表面波导(Dielectric-fibre surface waveguides for optical frequencies)》,从理论上证实了光纤作为传输媒质实现光通信的可能性,并设计了通信用阶跃光纤,科学预言了制造超低耗光纤的可能性。高锟先生也因此获得 2009 年诺贝尔物理学奖。这是诺贝尔物理学奖首次授予技术科学领域的科学家,由此可见高锟先生这一贡献的重要性。

1970 年美国康宁玻璃公司根据高锟的设想制造出当时世界上第一根 20 dB/km 光纤(光波沿光纤传输 1 km 后,光损耗为原有的 1%),虽然只有几米长,寿命也仅有几个小时,但它证实了超低损耗光纤技术与工艺方法的可行性,为光通信找到了理想传输媒体,是光通信研究的重大实质性突破。

1970 年,贝尔实验室研制成功室温下连续振荡的半导体激光器(LD)。

鉴于构成光通信系统传输媒质的低损耗光纤与信号源的半导体激光器都是在 1970 年研制成功的,人们把 1970 年称为"光纤通信元年"。之后,世界各发达国家对光纤通信的研究倾注了大量的人力与物力,从而使光纤通信技术取得了极其惊人的进展:

1974 年贝尔实验室发明了改进的"化学气相沉积法(MCVD)"来制造低损耗光纤,使光纤损耗下降到 1 dB/km;

1976 年日本电报电话公司研制出损耗 0.5 dB/km 的光纤;

1976 年美国在亚特兰大成功地进行了 44.7 Mbps 的光纤通信系统试验,开通了世界上第一个实用化光纤通信系统,其采用波长为 0.85 μm,码率为 45 Mbps,中继距离为 10 km;

1976 年日本电报电话公司开始了 64 km,32 Mbps 突变折射率光纤系统的室内试验,并研制成功 1.3 μm 波长的半导体激光器;

1979 年,日本电报电话公司研制出 0.2 dB/km 的极低损耗石英光纤(1.5 μm);

1980 年,多模光纤通信系统商用化(码率 140 Mbps,波长 0.85 μm),并着手单模光纤通信系统的现场试验工作;

1984 年,实现了中继距离 50 km,速率为 1.7 Gbps 的实用化光纤传输系统;

我国在 20 世纪 80 年代末开始敷设八横八纵光纤干路网;

1990 年极低损耗石英光纤损耗降到 0.14 dB/km,已接近石英光纤的理论损耗极限值 0.1 dB/km;

1990 年,单模光纤通信系统进入商用化阶段(565 Mbps,波长为 1.31 μm);

1990 年,着手进行零色散移位光纤和波分复用(WDM)及相干通信的现场试验,用波长 1.55 μm 的单模光纤传输系统实现了中继距离超过 100 km,速率为 2.4 Gbps 的光纤传输,而且数字同步体系(SDH)的技术标准也陆续制定;

1991 年,掺铒光纤放大器(Erbium Doped Fiber Amplifier,EDFA)进入商用化阶段,中继距离大大增加,使得在 2.5 Gbps 速率上传输 4 500 km 的试验,以及 10 Gbps 的速率上传输 1 500 km 的试验得以成功;

1993 年,同步数字系统(Synchronize Digital Hierachy,SDH)产品开始商用化(622 Mbps 以下);

1995 年,2.5 Gbps 的 SDH 产品进入商用化阶段;

1996 年,10 Gbps 的 SDH 产品进入商用化阶段;

1997 年,采用波分复用技术的 20 Gbps 和 40 Gbps 的 SDH 产品试验取得重大突破,使得波分复用光通信成为主流发展技术,系统的通信容量成数量级增加;

2000 年,1 000 路以上的超密集波分复用器问世,T bps 级的高速网实验产品已经试验成功。

通信系统的光源从 1970 年第一只室温连续工作的同质结半导体激光器,经由异质结条形激光器,发展到分布反馈式激光器(DFB)以及多量子阱激光器(MQW);光接收器件也从简单的硅 PIN 光二极管发展到量子效率达 90% 的Ⅲ-Ⅴ族雪崩光二极管(APD);光开关、密集波分复用器、光隔离器、光放大器等各种光无源器件相继问世,性能不断提高;光放大器与光波分复用技术取得突破。这些都使得光纤通信技术成为目前通信系统的主流商用技术。

现代化的通信网主要由传输网、交换网和接入网三大部分组成。目前,传输网已基本实现数字化、光纤化;交换网也基本实现程控化、数字化;而接入网由于建设技术复杂、实施难度大及耗资庞大而成为通信网建设中的"瓶颈",国际权威专家们把宽带综合业务接入网称为信息高速公路的"最后一公里"。随着技术的发展,业内人士普遍认为,自由空间激光通信、光纤入户等方案将是解决"最后一公里"瓶颈问题的有效手段。光孤子通信、超长波长通信和相干光通信方面也正在取得巨大进展,未来的光通信技术必将在人们的生活中占据更重要的位置。

1.3　光纤通信系统的基本构成

从原理上讲,光纤通信系统与其他通信系统的区别只是信息传输过程中所使用的载波频率的不同。光载波的频率在约 100 THz 的数量级,而微波载频的范围在 1～10 GHz,由于光载波频率远远高于微波频率,光通信的信息容量可以比微波系统高 10 000 倍,调制带宽可以达到约 1 Tbps 的量级。

　　图 1.1 给出了最基本的光纤通信系统示意图,它由光发射机、通信信道和光接收机三个部分组成。光发射机负责将要传输的话音、图像、数据等信息转变成适合于在光纤上传输的光信号;通信信道包括最基本的光纤中继放大器 EDFA 以及各种无源器件等;而光接收机则从接收的光信号中提取信息并转变成电信号,以获得对应的话音、图像、数据等信息。

图 1.1　光纤通信的最基本结构

1.3.1　通信信道

光通信信道由光纤、光放大器及光无源器件等组成网状系统。

1.3.1.1　光纤

光纤是光纤通信系统通信信道的主体,其作用是将光信号从发射机传送到接收机。光纤的损耗和色散影响着光纤通信系统的传输距离和传输容量。损耗使得光纤中光功率随距离按指数规律减小,直接决定了长途光纤通信系统的中继距离。色散使得光脉冲在光纤中传输时发生展宽,形成码间干扰。由多模光纤具有的多模色散导致的脉冲展宽很快(典型值约为 10 ns/km),因此中长距离光纤系统均采用单模光纤传输。单模光纤材料色散导致的脉冲展宽较小(典型值<0.1 ns/km),且可通过控制光源质量进一步减小,因而大多数应用中可以接受,但它仍然是光纤通信系统中限制码速和传输距离的重要因素。

1.3.1.2　光放大器

由于光纤传输过程中的损耗,同时,实际应用中为使光信号传输距离更远而常采用光分支,因而必须对光信号进行放大,以补偿光分支损耗和光纤损耗。解决这一问题的传统方法是采用光电中继器,而这种光/电/光的变换和处理方式已满足不了现代通信传输的要求,由此发展起了光放大器。

　　光放大器是在光通信系统中对光信号进行实时、在线、宽带、高增益、低噪声、低功耗以及波长、速率和调制方式透明的直接放大的功能器件。其中掺 Er^{3+} 光纤放大器(Erbium Doped Fiber Amplifier, EDFA)是现代光通信系统的关键器件之一,且在 20 世纪 90 年代已实现商用化。如图 1.2,一台实用的 EDFA 由光路和辅助电路两大部分组成,其光路部分由掺铒光纤、泵浦光源、光合波器、光隔离器和光滤波器组成,辅助电路主要包括电源、微处理自动控制和告警及保护电路。辅助电路的协调工作是光放大器正常工作的前提。

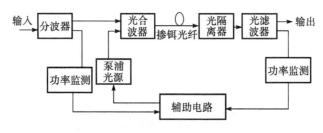

图 1.2　EDFA 典型结构

1.3.1.3　光无源器件

光通信无源器件是在光通信系统实现本身功能的过程中内部不发生光电能量转换的器件。它们在光路中起着光路切换(光开关)、路由选择(光路由器)、光纤连接(光纤连接器)、光功率分配(光耦合器与分配器)、光信号的衰减(光衰减器)和光波分复用(光波分复用器)等作用,没有它们就构不成光纤通信系统。随着光纤技术的飞速发展,这些光无源器件无论在结构上还是在性能上都有了很大的提高,近几年来世界各国都在研究和开发所谓全光网络,即希望在整个传输系统中全部采用光信号,取消光电转换步骤,尽量使用光学手段实现对信号的传输和处理,这对光通信器件尤其是无源器件提出了相当高的要求。

1.3.2　光发射机

在光纤通信系统中,光发射机的作用就是将电信号转变成光信号,并有效地将光信号耦合进入传输光纤中。图 1.3 是光发射机的结构示意图,它主要由光源、调制器和信道耦合器等组成,其中光源是光发射机的"心脏",目前普遍采用半导体激光器或发光二极管。光信号通过对光载波的调制而获得。目前使用的光载波调制方法有两种,一种是直接对半导体光源的注入电流进行调制,另一种是使用外调制器。在直接调制下,输入信号直接被加到光源的驱动电路上,与使用外调制器相比,直接调制能使系统结构简化,成本降低。信道耦合器通常是一个微透镜,它最大可能地将光信号耦合进入光纤中。

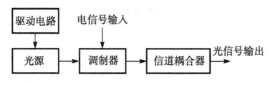

图 1.3　光发射机结构

1.3.3　光接收机

光接收机在光纤的末端将接收到的光信号恢复成原来的电信号,图 1.4 给出了光接收机的结构示意图,它主要由耦合器、光电二极管和解调电路构成。耦合器的作用是将光信号耦合到光电二极管上。光电二极管是光接收机的主要部件,将光纤传来的已调光信号转变成相应的电信号,经放大后送入解调电路进行处理。解调器的设计依赖于系统的调制方式,它对光电二极管送来的信号进行处理,恢复出原来的电信号信息。

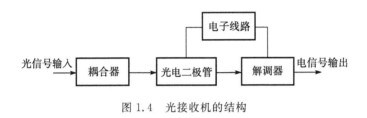

图 1.4　光接收机的结构

1.4　光纤通信系统相关基本概念

本节将介绍通信系统中普遍使用的几个基本概念。从描述模拟和数字信号开始,给出将模拟信号转换成数字信号的方法,然后讨论信道的复用,最后描述各种调制方式和信道容量。

1.4.1　模拟信号和数字信号

通信系统要传送的信号分模拟信号和数字信号。模拟信号就是信号强度随时间连续变化的信号,如:通过麦克风和摄像机将声音和图像信息转变成的连续变化的音频和视频信号;数字信号只取一些分离值,在二进制情况下只存在"1","0"码两种可能值。计算机数据信号就是典型的数字信号。

模拟信号可以通过一定的时间间隔进行采样后转变成数字信号。图 1.5 显示了这种变换方法。采样速率由模拟信号的带宽 Δf 决定,根据采样定理,只要采样频率 f_s 满足耐奎斯特准则:$f_s \geqslant 2\Delta f$,带宽受限的信号完全可由一系列分离采样值来表示而不丢失任何信息。

采样后还需要通过编码量化成 $0 \leqslant A \leqslant A_{\max}$ 范围内的相应值,这里 $A_{\max}$ 是给定模拟信号的最大幅值。实际中通常用一定长度的二进制数对采样信号进行编码,并最终构成数字信号。

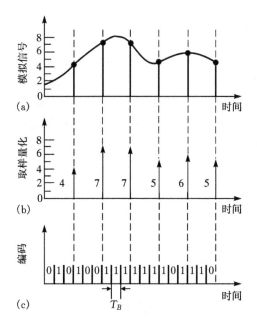

图 1.5　模拟信号转变成数字信号

1.4.2　信道复用

模拟信号和数字信号都具有一定的信号带宽,表征信号傅里叶变换后对应的频率范围。当采用数字信号表述该信号时信道带宽对应于一定的比特率 B,也就是每秒钟传输的比特数:$B = 1/T_B$,T_B 称比特时间,是指每一字节的持续时间。数字音频信道大约 $B = 64$ kbps,而大多数光纤通信系统能传送 100 Mbps 甚至 10 Tbps 的信号。为此常采用信道复用方法来充分利用光纤信道容量。信道复用的方式主要有时分复用(TDM)和频分复用(FDM)两种。

TDM 的不同信道数据交叉形成一个复合数据,例如,64 kbps 单信道音频信号 $T_B = 15$ μs,如果采用 TDM 方法将 5 个这样的信道复合起来,相邻码之间仍有 3 μs 的延迟。TDM 只适用于数字信号。

FDM 的信道在频域上分隔开来,每一信道采用不同载波频率,载波频率的间隔应大于信道的带宽以避免信道频谱交叠。FDM 对模拟和数字信号都适用。

FDM 在光域内称为波分复用(WDM)。WDM 在 20 世纪 90 年代中后期取得了巨大成功,并迅速商用化,是目前主流的光传输和复用技术。

1.4.3　调制方式

在光纤通信系统的设计中,首先要考虑如何将电信号转变成光信号。光纤通信中的光调制主要有直接调制(又称内调制)和间接调制(又称外调制)两种。直接调制方式就是将电信号直接加在光源上,使光源输出的光功率随信号变化。间接调制是将利用某些晶体效应(如电光效应、磁光效应、声光效应)制成的调制器放置在激光器之外的传输通道上,则电信号加到调制器上后,就会改变调制器的物理性质,当激光通过晶体时,光波的特性将随信号的变化而变化。

1.5 典型光纤通信系统

光纤通信是一种高质量的信息传输方式,既可以传输数字信号,也可以传输模拟信号,或者同时传输数字信号和模拟信号,实现各种信号的综合传输。20 世纪 70 年代末,光纤通信开始进入实用化阶段,各种各样的光纤通信系统如雨后春笋在世界各地先后建立起来,逐渐成为电信传输网的主要传输手段。非常适合光纤通信系统传输的数字通信是公用通信网的最佳传输方式。

1.5.1 模拟光纤通信系统

当系统受带宽而非受损耗限制,并且终端设备的价格成为主要考虑因素时,常采用模拟通信系统,例如微波多路复用信号传输、用户环路应用、视频分配、天线遥感和雷达信号处理等。光纤模拟系统以其简单、经济等特点也获得了相当广泛的应用。模拟光纤传输方式主要有模拟基带直接光强调制(D-IM)、模拟间接光强调制、频分复用光强调制三种。

1.5.1.1 模拟基带直接光强调制(D-IM)

模拟基带直接光强调制(D-IM)光纤传输系统由光发射机(光源通常为发光二极管)、光纤线路和光接收机(光检测器)组成,图 1.6 是其系统方框图。它用承载信息的模拟基带信号直接对发射机光源(LED 或 LD)进行光强调制,使光源输出光功率随时间变化的波形和输入模拟基带信号的波形成比例。其中,模拟基带幅度-光强调制系统(AM - IM)是一种最简单的调制方式。它没有经过任何调制而去直接调制光源。20 世纪 70 年代末期光纤开始用于模拟电视传输时,采用一

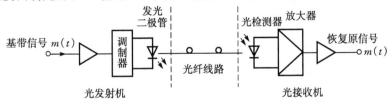

图 1.6 模拟信号直接光强调制系统方框图

根多模光纤传输一路电视信号的方式,就是这种基带传输方式。所谓基带,就是对载波调制之前的视频信号频带。对于广播电视节目而言,视频信号带宽(最高频率)是 6 MHz,加上调频的伴音信号,每路电视信号的带宽为 8 MHz。由于模拟基带直接光强调制(D-IM)光纤传输系统的性能受到光源非线性的限制,一般只能使用线性良好的 LED 作光源,所以传输距离很短。若光载波的波长为 0.85 μm,传输距离不到 4 km,若波长为 1.3 μm,传输距离也只有 10 km 左右。

D-IM 光纤传输系统的特点是设备简单、价格低廉,因而在短距离传输中得到广泛应用。

1.5.1.2 模拟间接光强调制方式

模拟间接光强调制方式是先用承载信息的模拟基带信号进行电预调制,再用其对光源进行光强调制(IM)。这种系统又称为预调制直接光强调制光纤传输系统。此时,由于驱动光源的是脉冲信号,基本上不受光源非线性的影响,所以可采用线性较差、入纤功率较大的 LD 器件作光源,从而实现比 D-IM 系统更长的传输距离。预调制主要有以下三种方式。

1. 频率调制(FM)

频率调制方式是先用承载信息的模拟基带信号对正弦载波进行调频,产生等幅的频率受调的正弦信号,其频率随输入的模拟基带信号的瞬时值而变化。然后用该正弦调频信号对光源进行光强调制,形成 FM-IM 光纤传输系统,如多路模拟电视信号的传输。调制信号波形如图 1.7 所示。通常,系统的容许损耗可增加 10 ～20 dB。当光纤损耗为 3 dB/km 时,传输距离为 3～6 km。

图 1.7 模拟副载波 FM – IM 调制

2. 脉冲频率调制(PFM)

脉冲频率调制方式是先用承载信息的模拟基带信号对脉冲载波进行调频,产生等幅、等宽的频率受调的脉冲信号,其脉冲频率随输入的模拟基带信号的瞬时值而变化。然后用这个脉冲调频信号对光源进行光强调制,形成 PFM-IM 光纤传输系统。该系统方框图及其调制信号波形如图 1.8 所示。

采用该种调制方式时,对于多模光纤,若波长为 0.85 μm,传输距离可达 10 km;若波长为 1.3 μm,传输距离可达 30 km。对于单模光纤,若波长为 1.3

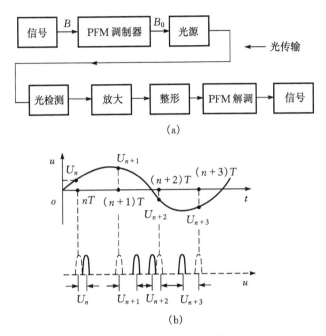

图 1.8　脉冲调制的方框图和调制波形图

μm,传输距离可达 50 km。

3. 方波频率调制(SWFM)

方波频率调制方式是先用承载信息的模拟基带信号对方波进行调频,产生等幅、不等宽的方波脉冲调频信号,其频率随输入的模拟基带信号的幅度而变化。然后用这个方波脉冲调频信号对光源进行光强调制,形成 SWFM - IM 光纤传输系统。

SWFM - IM 光纤传输系统不仅具有 PFM - IM 系统传输距离长的优点,还具有很多独特优点,如在光纤上传输的等幅、不等宽的方波调频(SWFM)脉冲不含基带成分。因而这种模拟光纤传输系统的信号质量与传输距离无关。另外 SWFM - IM 系统的信噪比也比 D-IM 系统的信噪比高得多。

1.5.1.3　频分复用光强调制系统

上述光纤的传输方式都存在一个共同的问题:一根光纤只能传输一路信号,既满足不了大信息量传输要求,也没有充分发挥光纤独特的带宽优势。因此,必须开发多路模拟传输系统。目前现实的方法是先对电信号复用,再对光源进行光强调制。对电信号的复用可采用频分复用(FDM)或时分复用(TDM)。由于 FDM 系统具有电路结构简单、制造成本低以及模拟和数字兼容的优点,且其传输容量只受光器件调制带宽的限制,与所用电子器件关系不大,因而受到广泛重视。

频分复用光强调制方式是用每路模拟基带信号分别对某个指定的射频(RF)电信号进行调幅(AM)或调频(FM),然后用组合器把多个预调 RF 信号组合成多路宽带信号,再用这种多路宽带信号对发射机光源进行光强调制。因为传统意义上的载波是光载波,为区别起见,把受模拟基带信号预调制的 RF 电载波称为副载波,这种复用方式也称为副载波复用(SCM)。如图 1.9 所示,N 个频道的模拟基带电视信号的调制频率分别为 $f_1,f_2,\cdots,f_N$ 的射频(RF)信号,把 N 个带有电视信号的副载波 $f_{1s},f_{2s},\cdots,f_{Ns}$ 组合成多路宽带信号,再用其对光源(一般为 LD)进行光强调制,实现电/光转换。光信号经光纤传输后,由光接收机实现光/电转换,经分离和解调,最后输出 N 个频道的电视信号。

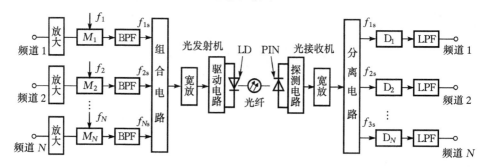

图 1.9　副载波复用光纤传输系统方框图

M_1— 调制器;D_1— 解调器;BPF— 带通滤波器;LPF— 低通滤波器

SCM 模拟光纤传输系统的优点主要有:

① 一个光载波可以传输多个副载波,各个副载波可以承载不同类型的业务;

② 系统灵敏度较高,又无需复杂的定时技术,制造成本较低;

③ 不仅可以满足提高频道数的要求,而且便于在光纤与同轴电缆混合的通信系统中采用。

SCM 的实质是利用光纤传输系统很宽的带宽换取有限的信号功率,也就是增加信道带宽,降低对信道载噪比(载波功率/噪声功率)的要求,而又保持输出信噪比不变。在副载波系统中,预调制是采用调频还是调幅,取决于所要求的信道载噪比和所占用的带宽。

1.5.2　数字光纤通信系统

光纤传输系统是数字通信理想的信道。与模拟通信相比,数字通信具有抗干扰能力强、保密性好、所用设备简单稳定可靠以及转接交换方便等优点,但却需要占据较宽的频带。而光纤工作频带宽的特点恰好弥补了数字通信占据频带宽的不足,因此,数字光纤通信系统被认为是数字通信方式与光纤通信手段的完美结合。

一个实用的数字光纤通信系统应该由主备工作系统和辅助工作系统组成,如图 1.10 所示。主备工作系统包括主工作信道和备用工作信道,每一信道皆由电发送(或接收)端机(即 PCM 编译码设备)、光发送(或接收)机、光纤(实为光缆)线路和光中继器等构成。辅助工作系统应该包括监控系统、公务通信、区间通信、远距离供电(给中继器)系统和主、备切换系统等。图中,TX 为光发射机,RX 为光接收机。

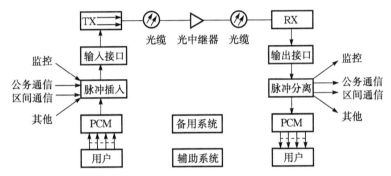

图 1.10　数字光纤通信系统的基本框架

第 2 章　光源与光发射机

光纤通信系统中,光发射机的作用是将电信号转变成光信号,并有效地把光信号送入传输光纤。其核心部件是光源,为了提高光纤通信系统的传输性能,对光源提出如下技术要求:

①光源发射的光波波长应与光纤的低损耗窗口一致,即波长为 0.85 μm,1.33 μm,1.55 μm,并以波长越长越好。

②光源的体积小,发射角小,发光端面与光纤纤芯横截面尺寸相近,以保证较高的耦合效率。

③发出的光谱线窄,以减小光纤色散的影响。

④寿命长、耗电少,能够在室温下连续可靠地工作。

⑤可以直接进行强度调制(IM),且线性好、带宽大。

⑥响应速度快,适于高速率传输的需要。

满足条件的光源有半导体发光二极管(LED)和激光二极管(LD),具有体积小,与光纤之间的耦合效率高,响应速度快,可以在高速条件下进行直接强度调制等优点。

本章首先介绍 LED 和 LD 的工作原理、结构及一些主要的应用特性,然后介绍光发射机的工作原理、结构及相关特性。

2.1　半导体发光二极管(LED)

高功率半导体发光二极管(LED)是光纤通信系统中常用的光源。光纤通信常用的 LED 采用以 GaAs 为衬底的 AlGaAs 和以 InP 为衬底的 InGaAs 或 InGaAsP 材料制作而成。与普通晶体管类似,LED 包括一个 PN 结,当 LED 反向偏置时,电流很小,类似于绝缘体;只有正向偏置才能发光。此时,N 区的电子和 P 区的空穴扩散到耗尽区(也称为复合区)。LED 的输出功率与驱动电流成正比,所以,通过调制驱动电流就可以对光强进行调制。

2.1.1　LED 的结构

LED 除了没有光学谐振腔以外,其他方面与 LD 相同。它是无阈值器件,其发光只限于自发辐射,发出的是荧光。为了获得高辐射度,发光二极管常采用双异质结结构。在光纤通信中获得广泛应用的 LED 主要有两种,面发光 LED(SLED)和边发光 LED(ELED)。

2.1.1.1　面发光二极管(SLED)

面发光 LED 的发光面积被限制在一个与光纤芯径相当的尺寸上,其结构如图 2.1 所示。在器件的衬底上腐蚀一个小孔,然后用环氧树脂将插入小孔的光纤加以固定,以接收发射出来的光。光纤与 LED 的耦合效率决定于光纤的数值孔径、光纤与 LED 的距离等诸多因素。将光出射表面做成球形,或光纤端面制成球形以及在 LED 与光纤之间使用微透镜,都可以增加耦合输出效率。

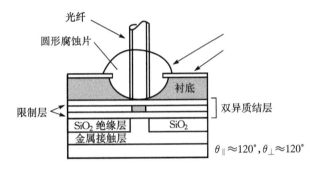

图 2.1　面发射发光二极管

2.1.1.2　边发光二极管(ELED)

边发光 LED 采用与半导体激光器类似的条形结构,如图 2.2 所示。其后端面

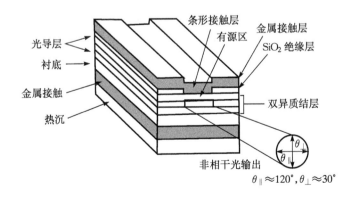

图 2.2　边发光双异质结二极管的结构

通常镀有增反膜以降低端面光损失。用二氧化硅掩膜技术在 P 面形成垂直于端面的条形接触电极,从而限定了有源区的宽度。除了载流子限定层外,其外面还增加了光波导层,以进一步改善光限制性能,把有源区产生的光辐射导向发光面,以提高与光纤的耦合效率。由于具有较短的载流子寿命,ELED 的调制带宽(约 300 MHz)通常也比 SLED 高。

2.1.2　LED 的工作原理

LED 的发光原理如图 2.3 所示。PN 结的端电压构成一定的势垒,当加正向偏置电压时势垒下降,P 区和 N 区的多数载流子向对方扩散,电子由 N 区注入 P 区,空穴由 P 区注入 N 区。进入对方区域的少数载流子(少子)的一部分与多数载流子(多子)复合而发光。由于电子迁移率比空穴迁移率大得多,所以出现大量电子向 P 区扩散,构成 P 区少数载流子的注入。这些电子与价带上的空穴复合,得到的能量以光能的形式释放出去。这就是 PN 结发光的原理。

假设发光是在 P 区中产生的,那么注入的电子有可能与价带直接复合而发光,或者先被发光中心捕获后,再与空穴复合发光。除了这种发光复合外,还有些电子被介于导带、价带中间附近的非发光中心捕获,而后再与空穴复合,此种情况每次释放的能量不大,不能形成可见光。发光的复合量相对于非发光的复合量比例越大,光量子的效率越高。由于复合是在少子扩散区内发生的,所以发光仅在靠近 PN 结面几微米的范围内产生。

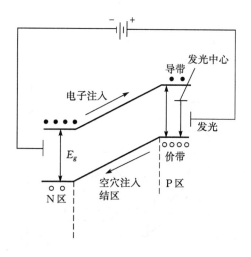

图 2.3　LED 的工作原理

2.1.3 LED 的工作特性

2.1.3.1 光谱特性

LED 是自发辐射发光,且不存在谐振腔,因此其谱线带宽比 LD 宽很多,不利于高速率信号的传输。这是因为,谱宽越大,与波长相关的色散就越大,系统所能传输的信号速率也就越低。目前,国内 ELED 的最高调制频率为 70～100 MHz。图 2.4 给出了 GaAs 和 InGaAsP LED 的典型光谱特性,短波长的 GaAs LED 谱宽一般为 30～50 nm,而长波长的 InGaAsP LED 为 50～80 nm。

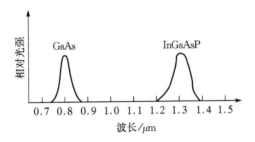

图 2.4　GaAs 和 InGaAsP LED 的典型光谱特性

2.1.3.2 P-I 特性

LED 的 P-I 特性是指输出功率随注入电流的变化关系。我们希望 LED 的 P-I 曲线具有线性关系,但实际上只有在注入电流较小时才是如此,而当注入电流较大时,P-I 曲线会出现饱和现象,图 2.5 给出一只典型 LED 在不同温度下的

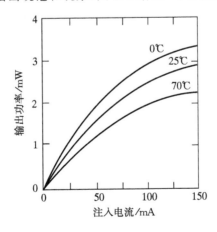

图 2.5　典型 LED 的 P-I 特性

P-I 曲线。在通常工作条件下,LED 工作电流 50～100 mA,偏置电压 1.2～1.8 V,输出功率约几毫瓦。工作温度提高时,在同样的工作电流情况下 LED 的输出功率要下降。

2.1.3.3　调制特性

LED 在小注入电流时线性关系相当好,非常适合模拟直接光强调制,如图 2.6所示。但这种线性总是相对的,不可避免地会存在非线性,导致输出波形中的谐波失真。图 2.7 给出直流偏置电流为 25 mA 时,输出波形中二次和三次谐波畸变与调制电流的关系。

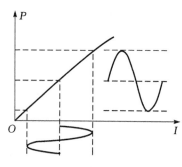
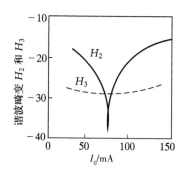

图 2.6　LED 的模拟调制原理　　　　图 2.7　LED 谐波畸变与调制电流的关系

2.1.3.4　温度特性

激光器的阈值电流随温度变化而变化,而 LED 是无阈值器件,因而温度特性较好,一般无需加温控电路。

从以上特性分析中可以看出,尽管 LED 的输出光功率较低,光谱较宽,但由于有使用简单、寿命长等优点,在中、低速率短距离光纤数字模拟信号传输系统中得到了广泛应用。

2.2　半导体激光器(LD)

半导体激光器因被认为是 20 世纪的三大发明(另两项为半导体和原子能)之一而倍受重视。最具实用价值的 LD 是 PN 结电流注入式 LD。它是一种双极型器件,核心部位是由简并 P 型半导体与简并 N 型半导体构成的 PN 结。和其他激光器相比,LD 因具有体积小、重量轻、低功率(低电压、小电流)驱动、高效率输出、调制方便(可直接调制)、寿命长和易于集成等一系列优点,得到广泛应用。LD 在光纤通信中的应用主要包括:

① 各种数据、图像等传输系统的发射光源;

② 光纤 CATV 系统的光源；

③ 掺铒光纤放大器(EDFA)和拉曼光纤放大器(RFA)的泵浦源；

④ 未来全光通信网络诸如全光波长转换器、光交换、光路由、光转发等关键设备的光源。

2.2.1　LD 的工作原理

半导体激光器是向半导体 PN 结注入电流，实现粒子数反转分布，产生受激辐射，再利用谐振腔的正反馈，实现光放大而产生激光振荡的。半导体激光器产生激光输出的基本条件是形成粒子数反转、提供光反馈及满足激光振荡的阈值条件。

1. 粒子数反转分布

当光束通过原子或分子系统时，总是同时存在着受激辐射和受激吸收两个相互对立的过程，前者使入射光强度增加，后者使入射光束强度减弱。从爱因斯坦关系可知，一般情况下受激吸收总是远大于受激辐射，绝大部分粒子数处于基态；而如果激发态的电子数远远多于基态电子数，就会使激光工作物质中受激辐射占支配地位，这种状态就是所谓的工作物质"粒子数反转分布"状态，又称布居数反转分布。

2. 光的振荡

和一般的电振荡器一样，激光器应该是一个光振荡器，它需要具有光放大、频率与模式选择及正反馈作用。其中的光放大作用由处于粒子数反转分布状态的激光物质来完成，而频率与模式选择和正反馈作用则由光学谐振腔来完成。如图 2.8 所示，谐振腔可由平行安置在激活介质两端的两块反射镜组成，其中一块反射镜 M_1 的反射率等于 1；另一块反射镜 M_2 具有部分反射功能，反射率小于 1。谐振腔的轴线应该与激活介质的轴线重合。

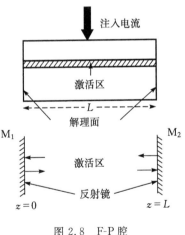

图 2.8　F-P 腔

3. 光反馈和激光器阈值

半导体激光器的光反馈由激活区两端自然解理面构成的法布里-珀罗(F-P)腔来提供。在自然解理面上，由于激活区折射率 n 与空气的折射率 1 不同而构成反射镜，反射率 R 为

$$R = \left(\frac{n-1}{n+1}\right)^2$$

制作 LD 的半导体材料折射率典型值为 3.5 时端面反射率约为 30%，腔损耗较大。但由于材料增益很高，足以形成激光振荡。

半导体激光器是一个阈值器件，其工作状态随注入电流的不同而不同。当外加激励源功率超过某一临界值时，激光物质中的粒子数反转达到一定程度，从而克服光谐振腔内的损耗而产生激光，此临界值就称为激光器的阈值。

2.2.2 LD 的基本结构

LD 的结构多种多样，从光振荡形式上看，光纤通信系统中最常用的激光器主要有 F-P 腔激光器(F-P LD)和分布反馈型激光器(DFB LD)。垂直腔面发射激光器(VCSEL)近年研究较多，但应用尚待时日。

2.2.2.1 法布里-珀罗激光器(F-P LD)

F-P LD 是由一个厚度大约为 0.1 μm 的有源层(具有高带隙的半导体增益介质)夹在 P 限制层和 N 限制层之间而构成的最简单的半导体激光器，其基本结构如图 2.9 所示。F-P LD 工作原理是，沿着 P-N 结垂直方向加工作电极，电流注入有源区实现粒子数反转分布和电子-空穴复合发光。注入电流只通过激光器芯片的 P-N 结中部并与解理面垂直的条形面。利用两端晶体的天然解理面作为反射镜和有源层的波导作用，构成矩形波导谐振腔，使光在谐振腔内保持自激振荡和往复传输，最后激光光束从谐振腔的两端或者一端输出。要使光在谐振腔内建立起稳定振荡，还必须满足使发射光谱得到选择的相位条件和使激光器成为阈值器件的振幅条件。

相位条件表示为

$$\frac{4n\pi}{\lambda}L = q2\pi$$

式中，λ 为真空中波长，n 为激光介质折射率，L 为谐振腔腔长。

有源区对光有放大作用，但 F-P 腔内也存在损耗。稳定振荡必须满足的阈值条件表示为

$$e^{(\gamma_{th}-\alpha)2L}R = 1$$

式中，γ_{th} 为阈值时增益系数，α 为谐振腔内部工作物质损耗系数，R 为谐振腔两个镜面的反射率之积。

按照垂直于 PN 结方向的结构的不同，F-P LD 可分为同质结 LD、单异质结

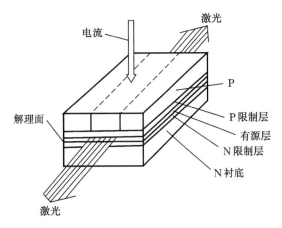

图 2.9　F-P LD 基本结构示意图

LD、双异质结 LD 和量子阱 LD。它们结构和性质上的差别如图 2.10 所示。

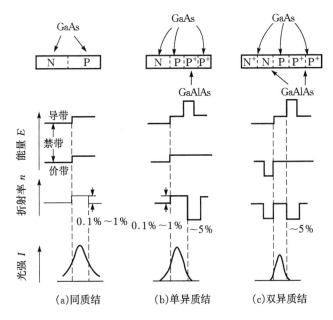

图 2.10　同质结、异质结激光器的能带示意图

按平行于 PN 结方向的结构的不同,半导体激光器的分类如图 2.11 所示。

在我国,较早发展的双异质结半导体激光器多采用质子轰击平面条形结构,如图 2.12 所示。

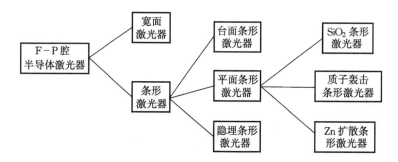

图 2.11　半导体激光器分类

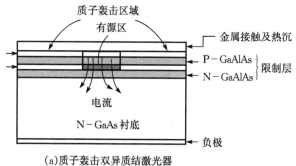

（a）质子轰击双异质结激光器

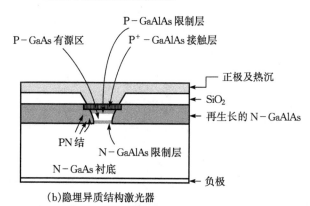

（b）隐埋异质结构激光器

图 2.12　窄条形异质结半导体激光器的两种结构形式

2.2.2.2　分布反馈型激光器（DFB‑LD）

DFB LD 常用于波分复用光纤通信系统中,其反馈不位于端面而是分布在谐振腔的全长上,通过在激光器中插入的光栅引起的模折射率的周期变化而获得反馈。按照 DFB 的工作机理不同,又可分为:普通分布反馈 LD（DFB LD）和分布布拉格反射 LD(DBR LD)两大类型。DFB LD 的反馈分布在有源区波导上的波纹光栅全长,而 DBR LD 的反馈不是发生在 DBR 内的有源区,而是发生在 DBR 两端的波纹光栅区。图 2.13 给出了 DFB LD 的基本结构示意图。

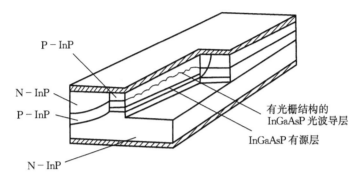

图 2.13　DFB LD 基本结构示意图

　　DFB 结构的模式应该满足布拉格条件,即只有满足下面式子的波长才能发生耦合

$$\Lambda = m(\lambda/2n)$$

式中,Λ 是波纹光栅的周期,n 为平均模折射率,整数 m 表示布拉格衍射的级数。DFB LD 只有一个主模能够正常工作,其他模式都受到抑制。

　　虽然 DFB LD 的工作原理与 F-P LD 完全不同,但是 DFB LD 波纹起伏的光栅的光反馈就相当于 F-P LD 谐振腔反射镜。正如分布反馈激光器的名称一样,虽然没有谐振腔反射镜,但窄光谱的光在 DFB LD 谐振腔中来回振荡得到放大。

2.2.3　LD 的工作特性

2.2.3.1　P-I 特性

　　LD 的 P-I 特性表明了激光器输出光功率随注入电流变化的关系。图 2.14 是一个典型 LD 的 P-I 特性曲线。可见,当注入电流小于某一值时,激光器输出荧光,功率很小,且随电流增加而缓慢增大;当注入电流达到使激光器发生振荡的阈值电流时,激光器开始振荡,光功率将急剧增加,输出激光。为了使光纤通信系统稳定可靠地工作,阈值电流越小越好。

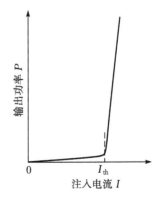

图 2.14　LD 的 P-I 特性曲线

2.2.3.2 温度特性

LD 的阈值电流和光输出功率随温度变化的特性为温度特性。如图 2.15 所示。

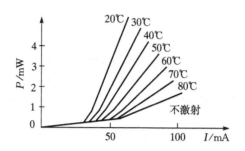

图 2.15 激光器的阈值电流随温度的变化

阈值电流随温度的升高而加大,同时器件温度的变化还会影响到 LD 的发射波长(因为温度的变化会改变材料的带隙和折射率,使得随着温度增加,激光器的输出波长向波长增大方向漂移),所以,为了使光纤通信系统稳定、可靠地工作,一般都要采用自动温度控制电路来稳定 LD 的阈值电流和输出光功率。另外,LD 的阈值电流也和使用时间有关,使用时间增加,阈值电流亦逐渐加大。

2.2.3.3 光谱特性

光谱范围内辐射强度最大所对应的波长为中心波长。光谱范围内辐射度最大值下降 50% 处对应波长宽度为谱线宽度,简称线宽。LD 的光谱随着激励电流的变化而变化。当 $I < I_{th}$ 时,发出的是荧光,光谱宽度可达数百埃;当 $I > I_{th}$ 后,发射光谱突然变窄,谱线中心强度急剧增加,发出激光。图 2.16 表示 DFB LD 和 F-P LD 的光谱宽度定义。

光源的光谱特性对系统的影响主要体现在以下几个方面:

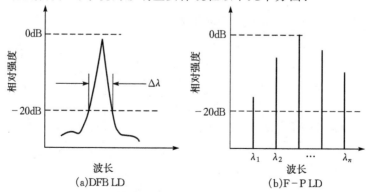

图 2.16 光谱宽度的 $\Delta\lambda$ 定义

① 中心波长必须与探测器相应波长相匹配；

② 中心波长、光谱宽度及其偏差必须和波长选择器以及滤波器选择特性相匹配；

③ 中心波长和光谱宽度决定光纤色度色散；

④ 中心波长决定了光纤的损耗。

2.3.3.4　瞬态特性(调制特性)

当对 LD 进行高速脉码调制时，经常会表现出三种比较复杂的动态特性。

1. 张弛振荡

如图 2.17 所示，当电流脉冲注入激光器以后，输出光脉冲表现为衰减振荡，称张弛振荡。其原因是在外界激励发生变化时，光学谐振腔内光子浓度的变化滞后于载流子浓度的变化。张弛振荡会使输出光脉冲失真，即输出光信号不能再真实地反映输入的调制波形。

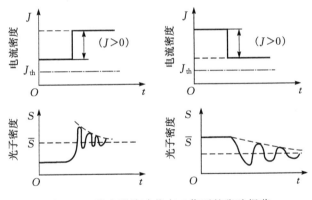

图 2.17　激光器脉冲状态工作下的张弛振荡

2. 自脉动现象

某些 LD 中，当注入电流达到某一值时，饱和吸收区和增益区相互作用导致 LD 处于不稳定状态，从而引起输出 P-I 曲线发生非线性扭折，如图 2.18(a)所示，输出光呈现出如图 2.18(b)所示的持续的等幅振荡，称为自脉动现象。自脉动振荡的频率随注入电流的增加而升高。

自脉动现象对光纤通信系统性能的影响主要表现在两个方面，一是在对应于自脉动现象发生的注入电流值附近，LD 的 P-I 曲线发生非线性扭曲；二是自脉动现象将严重影响 LD 的高速调制性能。采用 DFB 等单纵模 LD 可消除自脉动现象。

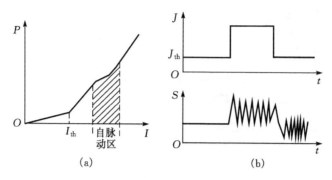

图 2.18　激光器的自脉动现象

3. 码型效应

数字光纤通信系统中传输的是具有一定幅度和宽度的随机光波脉冲序列。当用随机注入电流脉冲序列对 LD 进行强度调制时,由于电光转换过程中的瞬态性质,使得输出的后一个光脉冲幅度大于前一个光脉冲幅度,称为码型效应,如图 2.19所示。

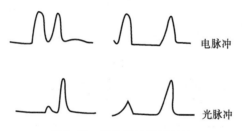

图 2.19　激光器的码型效应

产生码型效应的原因在于有源区里载流子的残留和积累,注入有源区里的电子是通过复合而恢复到其初始值的。为了消除码型效应,可以在主电流脉冲的后面加上一个反相脉冲,使残留和积累的多余电子释放掉从而消除码型效应,这样就可缩短传输脉冲的间隔而进行高码速率的调制。

2.2.3.5　模式特性

LD 的模式特性可分为纵模和横模两种。纵模决定频谱特性,而横模决定光场的空间分布。

1. 纵模特性

LD 包括多纵模和单纵模两种,前者谱宽较宽,后者谱宽较窄。从使用上来说,考虑的是模式稳定性,因为模式会随着时间、电流的变化给系统附加噪声。对高速光纤通信系统来说,单纵模窄谱宽光源有利于减小光纤色散影响。

2. 横模特性

LD 中横模包括纵向横模和横向横模两种。纵向横模的形状近似高斯分布,由有源层的厚度和有源层与两边封闭层间的折射率差决定。横向横模的形状可从高斯分布变化到类似方波,也与结构有关。LD 基模辐射场的近场在 x 和 y 方向上的半极大值全宽 W_x,W_y 可分别由有源区宽度 W 和有源区厚度 D 近似表示为

$$W_x = W(2\ln 2)^{1/2}/(0.321 + 2.1W^{-3/2} + 4W^{-6})$$
$$W_y = D(2\ln 2)^{1/2}(0.321 + 2.1D^{-3/2} + 4D^{-6})$$

远场分布由近场的傅里叶变换决定,以光沿 x 和 y 两个方向辐射角分布的形式来表示。图 2.20 分别给出了一只 $1.3\ \mu\mathrm{m}$ 的双异质结 LD(BH LD)在不同的注入电流下沿 x 和 y 方向的远场分布。

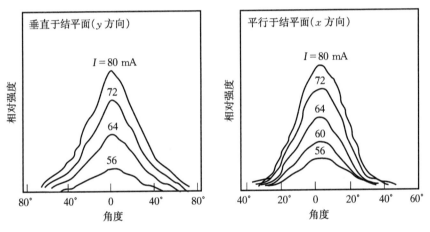

图 2.20　BH LD 在不同注入电流下沿垂直和平行于结平面方向的远场分布

2.3　发射机

2.3.1　光发射机的构成

光纤通信系统中,广义地讲,光发射机的作用是把从电端机送来的电信号转化为携带信息的光信号。它由输入电路、驱动电路、光源、自动偏置控制电路、光调制器等组成,其核心是光源及驱动电路。结构框图如图 2.21 所示。

输入电路的作用是将输入的脉冲编码调制(PCM)脉冲信号进行整形,变换成 NRZ/RZ 码后通过驱动电路调制光源或送到光调制器调制光源,输出连续光波。

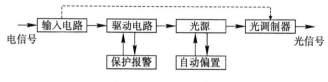

图 2.21　光发射机框图

驱动电路的作用是给光源一个预偏置电流。为稳定输出的平均光功率和工作温度,通常设置一个自动功率增益控制电路及温控电路。

2.3.2　驱动电路

驱动电路的作用是提供电功率给光源,并按照待发射的电信号调制光输出。由于模拟系统与数字系统差别很大,对驱动电路的要求也不一样,应分别讨论。

2.3.2.1　模拟驱动电路

在模拟系统中,光源发出光功率的幅值和相位随输入电信号的波形变化。这时,光源输出的光功率和非线性失真,便成为设计驱动电路的主要依据。输出光功率的大小取决于 LED 本身及其工作点的选择。非线性失真则取决于 LED 电/光转换特性以及相应的驱动电路。模拟系统的驱动与偏置电路主要有差分放大驱动电路和共基极驱动电路两种。

差分放大驱动电路如图 2.22 所示。根据输出的驱动电流相位不同,LED 可置于晶体管 T_1 或 T_2 的集电极上。该电路工作状态稳定性好,即不仅具有稳定的放大倍数,而且线性也较好。

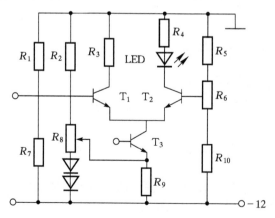

图 2.22　差分放大驱动电路

共基极驱动电路如图 2.23 所示。输入级采用共基极放大形式,主要是利用其宽频带的优点。因此,它适用于彩色电视图像信号的传输。

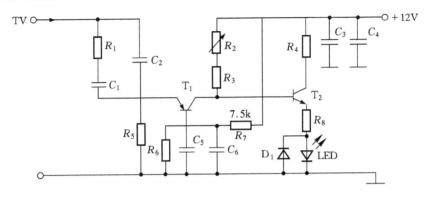

图 2.23　共基极驱动电路

2.3.2.2　数字系统驱动电路

当 LED 用于数字传输系统时,驱动电路应提供几十到几百毫安的"开"、"关"电流,以使流经 LED 的电流接通或断开。数字信号"1"对应为"开通"态,"0"对应为"关断"状态。一般 LED 不加偏置或只有小的正向偏置电流。最简单的数字驱动电路如图 2.24 所示。图(a)中脉冲信号使晶体管 T_1 导通或截止,从而控制流经LED 的电流接通或断开。图(b)中的并联元件 C_1 和 R_1 用来加快开关速率。

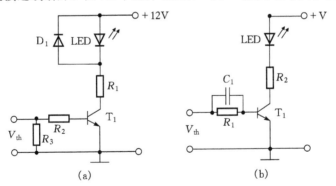

图 2.24　简易 LED 数字驱动电路

LED 常用于要求很高可靠性的场合,如矿灯、交通灯等,所以其驱动电路必须具有高可靠性。目前主要有以驱动芯片为主体的驱动电路和开关电源形式的驱动电路。国外知名的半导体芯片公司都有系统的 LED 驱动芯片产品,具有效率高、专用性强、体积小等优点,可制作出具有很高可靠性的驱动电路。而开关电源形式的 LED 驱动电路通常是由电源厂商或研究机构根据实际应用需要自行设计,常具有灵活性强、输出功率大的优点。

表 2.1 列出了几种典型的 LED 驱动芯片。可以看到,企业是以其应用为设计依据,综合考虑供电电源、LED 负载、环境温度等因素开发 LED 驱动芯片的。

表 2.1　几种典型的 LED 驱动芯片

芯片型号	驱动能力/mA	输入电压/V	效率/%	可调光	封装形式	其他功能	应用
MAX1577	1 200	2.7～5.5	92	是	TDFN	3%的电流调节适应线缆和温度变化;热关断保护	背光、键盘、RGB 应用及闪光灯
LTC3783	1 500	3～36	与具体应用电路有关	是	DFN 或 TSSOP	输出过压保护;可编辑工作频率	车载照明、工业照明及投影仪等
CAT37	40	2.5～7	80	是	SOT - 23	负载开路保护	彩色 LCD 背光、移动电路、MP3 等

图 2.25 给出一个简单但在实际中应用的 LD 驱动电路。通过偏置电路,使 LD 的偏置电流在其阈值附近。晶体管 BG_3 构成一个恒流源,用以对 LD 提供调制电流。晶体管 BG_1 和 BG_2 构成对 LD 调制电流的开关电路。BG_2 的基极加有固定的参考电压 V_{BB},当输入信号为"0"码时,BG_1 的基极电位比 V_{BB} 低,因此 BG_1 截止而 BG_2 导通,使恒流源通过 BG_2 流过 LD 而发射出光脉冲;反之,当输入信号为"1"码时,BG_1 基极的电位比 V_{BB} 高,因此 BG_1 导通而 BG_2 截止,恒流源的电流经过 BG_1 而流入地,LD 上只有原偏置电流流过,不发出光脉冲。如果在信号输入 BG_1 之前加一个反相器,则可以在 LD 上得到与电信号脉冲一致的光脉冲输出。

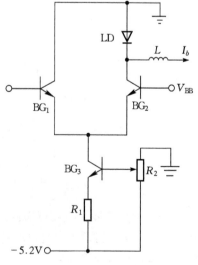

图 2.25　简单的 LD 驱动电路

2.3.3 控制电路

1. 自动功率增益控制(APC)电路

由于 LD 的阈值电流和外微分量子效率都随温度的变化和器件的老化而变化,所以,要精确地控制 LD 的输出光功率,需要在发射机中设置自动功率控制(APC)电路。APC 电路一般利用一只与 LD 封装在一起的 PIN 二极管监测 LD 后的输出光信号,根据 PIN 输出的大小自动地改变对 LD 的偏置电流,使其输出功率保持恒定。

图 2.26 为一典型的 APC 电路图,PIN 二极管检测到的信号经 A$_1$ 放大后送到比较器 A$_3$ 的反向输入端,另一方面直流参考电压通过 A$_2$ 放大后送到 A$_3$ 的同相输入端,A$_3$ 和晶体管 BG$_4$ 组成可自动调节的恒流源向 LD 提供直流偏置,偏流的大小可由直流参考电压的调整而进行预置。

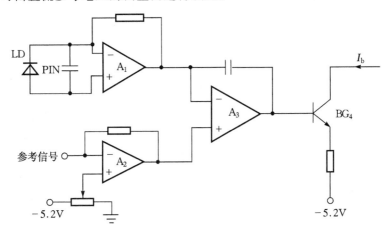

图 2.26 APC 电路

2. 自动温度控制电路(ATC)

对于阈值电流较大的长波长 LD,仅用 APC 电路来控制其输出的光功率保持恒定是不行的。因为环境温度升高时,LD 的阈值电流增大,APC 将使 I$_0$ 增大,导致 LD 的 PN 结温度升高而使阈值电流 I$_{th}$ 进一步增大,从而 APC 再使 I$_0$ 增大。这一过程将导致 APC 控制进入恶性循环,直至 LD 被烧坏。同时器件温度的变化还会影响到 LD 的发射波长。因此,在对 LD 采用 APC 的同时,还必须使其管芯-结区工作在 20℃ 左右的恒定温度下,这一要求由自动温度控制(ATC)电路来实现。图 2.27 为一采用半导体制冷方式的典型 ATC 电路原理图。其中,TEC 为半导体制冷器,由具有帕尔特效应的特殊半导体材料制成,直流电流流过时,其制冷端紧贴在 LD 的热沉上,制冷量的大小与流过的电流大小成比例。

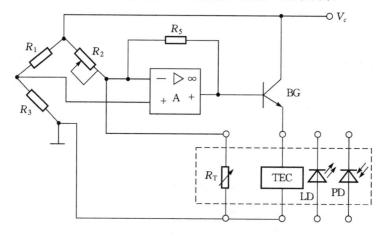

图 2.27　典型的半导体制冷 ATC 电路

3. 告警电路和保护电路

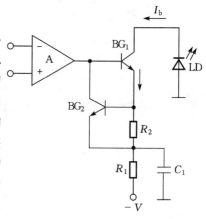

图 2.28　限流保护电路

完整的光发射机除上述各种基本电路外,还应包括告警电路与保护电路。当信号中断、激光器失效或电路出现故障而造成光信号中断时,发射机的无光告警指示灯亮,同时送出告警信号。激光器偏置电路还应具有慢启动功能和限流保护措施。慢启动电路可避免突然对激光器加电而引起的冲击损坏,限流保护电路可避免对激光器偏置电流过大而引起的损坏。图 2.28 给出可实现这两种功能的电路,R_1 和 C_1 组成一个低通滤波器,在接通电源后,偏流缓慢启动,经过一定时间延迟(由 R_1,C_1 的大小决定)后,电路才达到稳定状态,对激光器提供设定的偏置电流。晶体管 BG_2 起到对偏流的限制作用,当 I_b 较大时,电阻 R_2 上的压降使得 BG_2 导通从而对 I_b 进行限制。

2.3.4　光发射机的性能指标

光发射机有以下几个典型的性能指标。

1. 发射光功率

发射光功率决定了传输过程中可以容忍的传输损耗。诚然,光源送入光纤的光功率越大,可通信的距离就越长。但是,光源送入光纤的光功率太大会使光纤工作在非线性状态,导致光纤的各种特征参数随输入的光强作非线性的变化,产生很强的频率转换作用和其他作用,影响光纤正常工作。

发射光功率通常以 1 mW 为基准,用 dBm 来表示。LED 的发射功率较低(一般＜－10 dBm),而 LD 的发射功率可以达到 10 dBm,并且由于 LED 的调制能力有限,所以大多数高性能的光纤通信系统都采用 LD 作为光源。

2. 调制速率

调制速率表示单位时间内光载波参数变化的次数,通常以"位每秒"(bps)为单位。它一般受限于电子电路而非 LD 本身,设计良好的光发射机速率可达40 Gbps以上。

3. 发光波长

目前使用的光导纤维有三个低损耗的波长(又称窗口):$0.85\ \mu m$,$1.31\ \mu m$ 和 $1.55\ \mu m$。第一个称为短波长,后两个称为长波长。目前光纤通信主流技术是采用具有良好波分复用性能的 $1.55\ \mu m$ 窗口,因而光发射机光源发出的光波中心波长按照国际电信联盟规定,为 $1.552\ 52\ \mu m$。

4. 调制特性

调制特性就是光源的 P-I 曲线在运用范围内的线性度。线性度差会在调制以后产生非线性失真。

5. 消光比

消光比(EXT)定义为

$$EXT = \frac{全\ 0\ 码时的平均输出功率}{全\ 1\ 码时的平均输出功率}$$

作为一个已调制光源,希望在"0"码时没有光功率输出,否则它将使光纤系统产生噪声,使接收机灵敏度降低,因此一般要求 $EXT < 0.1$。

6. 无张弛振荡

张弛振荡的后果是限制调制速率。当最高调制频率接近张弛振荡频率时,波形失真严重,会使光接收机在抽样判决时增加误码率。因此实际使用的最高调制频率应低于张弛振荡频率,并消除或尽量减小张弛振荡频率。

第3章 光检测器与光接收机

光接收机的作用是把光发射机发送的携带有信息的光信号转化成相应的电信号并放大、再生恢复为原传输的信号,在整个光通信系统中起着非常重要的作用。

光检测器又称为光探测器或光检波器,它位于光接收机的最前端,是光接收机中最重要的部分之一,具有光探测能力,能将光信号转化为电信号供后续系统模块进行处理,其性能好坏直接影响整个光接收机性能。由于从光纤中传来的光信号一般都很微弱,因此对光检测器有如下要求:

①在系统的工作波长上具有足够高的响应度,即对一定的入射光功率,能够输出尽可能大的光电流;

②具有足够快的响应速率,适用于高速或宽带系统;

③具有尽可能低的噪声,以降低器件本身对信号的影响;

④具有良好的线性特性,以保证信号转换过程中的不失真,即检测器输出的电信号能不失真地反应出接收的光信号;

⑤性能稳定,可靠性高,功耗低,具有较小的体积、较长的工作寿命等。

3.1 光电检测器的工作原理——光电效应

光检测过程的工作原理主要是基于光辐射与材料相互作用时产生的光电效应。

光电效应是物理学中一个重要而神奇的现象,在光的照射下,某些物质内部的电子会被光子激发出来而形成电流,即光生电。该现象由德国物理学家赫兹于1887年发现,而正确的解释由爱因斯坦于1905年提出。科学家们对光电效应的深入研究对发展量子理论起了根本性的作用。

半导体的光电效应主要包括使半导体内的电子激发到真空中的光电子发射(外光电效应)和将半导体内被束缚的载流子激发为自由载流子的内光电效应。前者是真空光电倍增管光阴极的工作原理,后者是诸如光电二极管等半导体光电检测器件的基础。

光照到半导体的 PN 结上,若光子能量足够大,则半导体材料中价带的电子吸收光子的能量,从价带越过禁带到达导带,在导带中出现光电子,在价带中出现光空穴,即光电子-空穴对,总体称作光生载流子。当入射光子能量小于禁带宽度 E_g 时,不论入射光有多强,光电效应也不会发生,即产生光电效应必须满足

$$h\nu \geqslant E_g \qquad\qquad (3.1)$$

其中, $h\nu$ 为光子的能量, E_g 为半导体材料的禁带宽度。或者写为

$$\lambda_c \leqslant hc/E_g \qquad\qquad (3.2)$$

式中, λ_c 为产生光电效应的入射光的最大波长,称为截止波长。只有小于 λ_c 的入射光才能使这种材料产生光生载流子。

当 PN 结加反向偏压时,外加电场方向与 PN 结的内建电场方向一致,势垒加强,在 PN 结面附近的载流子基本上耗尽形成耗尽区。此时光束入射到 PN 结上,且光子能量 $h\nu$ 大于 E_g 时,价带上的电子吸收光子能量跃迁到导带上,形成一个电子-空穴对。在耗尽区,内建电场作用使得电子向 N 区漂移,空穴向 P 区漂移,如果 PN 结外电路构成回路,就会形成光电流。当入射光功率变化时,光电流也随之进行线性变化,从而把光信号转换成电信号。如图 3.1(a)和(b)所示。

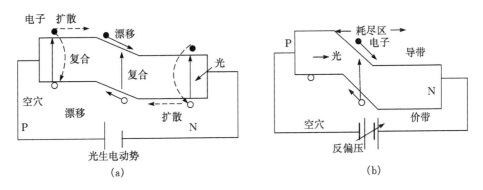

图 3.1　半导体材料的光电效应

图 3.2 为 PN 结及其附近的能带分布图,要注意的是能带的高低是以电子的电势能为依据的,电势越负能带越高。外加负偏压产生的电场方向与内建电场方向一致,有利于耗尽层加宽。

上面讨论的光电效应在 PN 结区实际上存在两个过程:一是光子被材料吸收,产生光电子-空穴对;另一个是所产生的光电子-空穴对有可能被复合掉。在吸收光子的过程中,入射光功率是按指数规律衰减的,即

$$P(x) = P_0[1 - \exp(-\alpha(\lambda)x)] \qquad\qquad (3.3)$$

式中, P_0 是入射的光功率, $P(x)$ 是深入 PN 结 x 距离后的光功率; $\alpha(\lambda)$ 是吸收系数,不同半导体材料的吸收系数与波长的关系是不一样的,如图 3.3 所示。可见,当入射光波长较短时,吸收系数很大,导致大量的光子在探测器表面上就被吸收

了。光子从 P 区入射,就在 P 区被吸收;若从 N 区入射,则在 N 区被吸收。在这两个区域内,电子-空穴对的复合时间非常短,以致光生的电子-空穴对在被探测器电路收集以前已被复合掉,从而使探测器的光生电流下降,大大降低了效率。

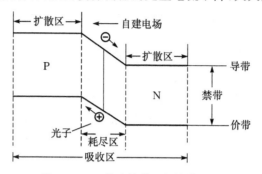

图 3.2 PN 结及其附近的能带分布

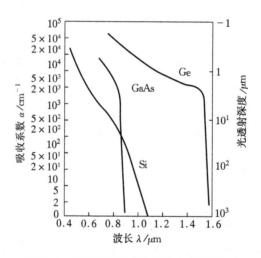

图 3.3 不同材料的吸收系数与波长关系

3.2 光检测器的特性

下面介绍衡量光检测器特性的几个主要参数。

1. 响应度与量子效率

响应度和量子效率都是描述器件光电转换能力的物理量。

响应度定义为一定波长光照射下,光电检测器平均输出电流 I_p 与入射的平均光功率 P_0 之比

$$R_0 = \frac{I_p}{P_0} \qquad (3.4)$$

量子效率 η 定义为

$$\eta = \frac{\text{光生电子-空穴对数}}{\text{入射光子数}} \qquad (3.5)$$

从物理概念可知:光生电子-空穴对数 $= I_p/e$,(e 为电子电荷量),入射光子数 $= P_0/h\nu$($h\nu$ 为一个光子的能量),则量子效率为

$$\eta = \frac{I_p/e}{P_0/h\nu} = \frac{I_p h\nu}{P_0 e} = R_0 \left(\frac{h\nu}{e}\right) \qquad (3.6)$$

即

$$R_0 = \frac{e}{h\nu} \eta \qquad (3.7)$$

从此式可以看出,光电二极管的响应度和量子效率、入射光波频率有关。

2. 暗电流

在理想条件下,无光照时,光电检测器应无光电流输出。但实际上由于热激励、宇宙射线或放射性物质的激励,无光照时它仍有电流输出,这种电流称为暗电流。严格来说暗电流还包括器件表面的漏电流。由理论研究可知,暗电流将引起光接收机噪声增大,所以,器件的暗电流越小越好。

3. 响应时间

响应时间是反映半导体光电二极管产生的光电流跟随入射光信号变化快慢的参数,包括上升时间和下降时间。影响响应时间的因素主要有:

①从光入射至光敏面到发生受激吸收的时间;

②零场区光生载流子的扩散时间;

③有场区光生载流子的漂移时间;

④雪崩倍增管建立时间(仅对于雪崩光电二极管);

⑤RC 时间常数。

响应时间出发角度是时域;若从频域角度看,短的响应时间即意味着器件具有宽的频带。

3.3 光电检测器分类及典型光电检测器

光通信用光电检测器均为半导体光检测器,可以依据所用材料、器件结构、探测波段及内部增益分类。

①依材料分,可分为直接带隙光电检测器和间接带隙光电检测器。

②依检测器波段分,可分为紫外光波段、可见光波段、红外波段和远红外波段光电检测器。

③依器件结构分,主要有:肖特基势垒光电二极管、PN 光电二极管、PIN 光电二极管、雪崩光电二极管、MSM 光电检测器。肖特基势垒光电二极管和 PN 光电二极管结构最简单、制造最容易;PIN 光电二极管结构稍复杂一些,性能优异,在短距离、小容量的光通信系统中应用最广;雪崩光电二极管结构复杂,同时兼有探测和放大两种功能,在长距离、大容量的光通信系统中应用最广;MSM 光电检测器无需制造 PN 结,适合于难于掺杂的半导体材料,同时与电子器件的制造工艺完全相同,能同场效应晶体管(FET)一起制成光电集成电路(OEIC)和光电子集成回路。

④依内部增益分,有内部增益型和无内部增益型两大类。肖特基势垒光电二极管、PN 光电二极管、PIN 光电二极管、MSM 光电探测器等没有内部增益,而雪崩光电二极管有内部增益。

3.3.1　PN 光电二极管

PN 光电二极管的工作原理如图 3.4 所示。其中图(a)表示反向偏压下的 PN 结受到入射光从 P 区照射的情况,图(b)表示光功率沿整个半导体材料的分布情况,由此可知,光信号不仅在势垒区被吸收,而且在势垒区以外也被吸收,但只有在势垒区被吸收的光生电子-空穴对才在较强的电场作用下快速漂移到 N 区或 P 区而形成与入射光强度成正比的有用光生电流。

PN 光电二极管结构简单,但无法减小暗电流和提高响应度,器件的稳定度也

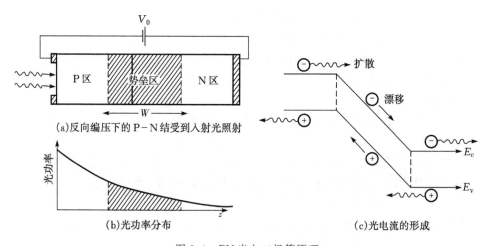

图 3.4　PN 光电二极管原理

比较差,响应时间通常只能达到 10^{-7} s,因而不适合做光纤通信系统的检测器。

3.3.2　PIN 光电二极管

PIN 结型光电二极管结构简单,且满足光纤通信系统的光检测器响应时间小于 10^{-8} s 的要求。

1. 工作原理

PIN 光电二极管是在掺杂浓度很高的 P 型、N 型半导体之间,生成一层掺杂极低的本征材料,称为 I 层。在外加反向偏置电压作用下,I 层中形成很宽的耗尽层。由于 I 层吸收系数很小,入射光可以很容易地进入材料内部被充分吸收而产生大量的电子-空穴对,因此大幅度提高了光电转换效率。另外,I 层两侧的 P 层、N 层很薄,光生载流子的漂移时间很短,大大提高了器件的响应速度。图 3.5 为 PIN 光电二极管的原理与结构示意图。

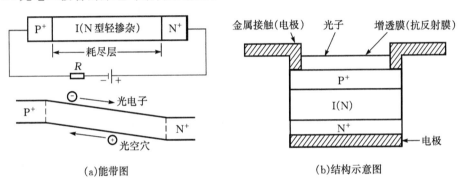

(a)能带图　　　　　　　　　　　　(b)结构示意图

图 3.5　PIN 光电二极管

PIN 光电二极管研究的重点是在权衡速度和灵敏度时确定合理的耗尽区宽度 W 的最佳值是多少。增加耗尽区宽度可以提高响应度,使量子效率接近 100%,但也会导致载流子漂移穿过耗尽区花费的时间更长。对于 Si,Ge 这些间接带隙半导体材料,为了保证足够的响应度,W 的典型值通常在 $20\sim50~\mu m$ 之间,此时载流子的渡越时间>200 ps,响应带宽较窄;而采用诸如 InGaAs 这种直接带隙半导体材料,W 可为 $3\sim5~\mu m$,渡越时间仅 $30\sim50$ ps,响应带宽可达 $3\sim5$ GHz,并且通过优化设计还可提高到 20 GHz,如果进一步减小 I 区厚度使其小于 1 μm,甚至可获得 70 GHz 的带宽,但此时响应度已相当低。

采用类似于 LD 中的双异质结构可以大大改善 PIN 光电二极管的性能。通过 P,N 及 I 区带隙能量的选择,可使光吸收仅发生在 I 区,完全消除扩散电流的影响。在光纤通信系统中,常采用 InGaAs 材料制成 I 区,P 区及 N 区由 InP 材料制成。由于 InP 材料的带隙能量为 1.35 eV,对于波长大于 0.92 μm 的光信号,InP 表现为透明材料(不吸收);而 InGaAs 材料的带隙能量为 0.75 eV(对应截止波长 1.65 μm),因而用 InGaAs 制成的 I 区在 1.3~1.6 μm 波段上表现为较强的吸收,几微米厚的势垒宽度就可以获得很高的响应度。图 3.6 给出了一个这种 InGaAs PIN 光电二极管的结构,受光面通常要镀抗反射膜以使反射损失减小到最小。

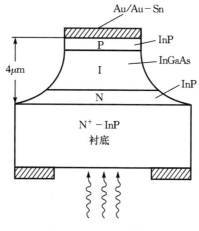

图 3.6　一种实际结构

目前 PIN 光电二极管的研究重点是扩大带宽和提高量子效率等。人们利用一个空气-脊形金属波导与一个切去下部台式的结构可以使 PIN 光电二极管的带宽达到 120 GHz。可通过在 PIN 结构周围形成一个 F-P 谐振腔能提高光电二极管的量子效率。

2. 主要特性

(1) 波长响应范围和吸收系数　半导体材料对光的吸收导致光在材料中按指数规律衰减,因此经过长度为 d 的材料的光功率为

$$P(d) = P(0)\exp(-\alpha d) \tag{3.8}$$

式中,α 是材料对光的吸收系数,其单位常取 cm^{-1},$1/\alpha$ 称为光的穿透深度。半导体材料的 α 随波长减小而变大,因而波长很短时,光在半导体材料表层即被吸收殆尽,还没有到达耗尽层时就大量被复合掉了,使得光电转换效率大大下降。

因此,检测某波长的光时要选择合适材料做成的光检测器。首先,材料的带隙决定了截止波长要大于被检测的光波波长,否则材料对光透明,不能进行光电转换。其次,材料的吸收系数不能太大,以免降低光电转换效率。这样,光电探测器只能在一定的波长范围内才能进行有效的光电转换,这就是所说的波长响应范围。

(2) 响应度和量子效率　如果耗尽区宽度为 W,在距离 W 内吸收光功率为

$$P(W) = P_0(1 - \exp(\alpha(\lambda)W)) \tag{3.9}$$

设二极管的入射表面反射系数为 R_f，则初级光电流为

$$I_p = P_0(1 - R_f)(1 - \exp(-\alpha(\lambda)W)) \times \frac{e}{h\nu} \tag{3.10}$$

于是有

$$\eta = \frac{I_p/e}{P_0/h\nu} = (1 - R_f)(1 - \exp(-\alpha(\lambda)W)) \tag{3.11}$$

由上式可以看出，量子效率只与波长有关，而与入射光功率 P_0 无关。图 3.7 给出了几种材料的响应度、量子效率与波长的关系曲线。可见，为提高量子效率，必须减小入射表面的反射率，使入射光子尽可能多地进入 PN 结；同时降低光子在表面层被吸收的可能性，增加耗尽区的宽度，使光子在耗尽区内被充分吸收。

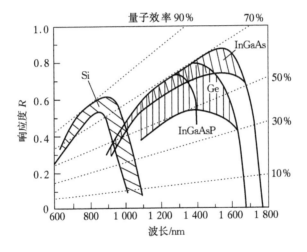

图 3.7　响应度、量子效率与波长的关系

（3）响应速度　响应速度通常用响应时间（上升时间和下降时间）来表示。如图 3.8 所示。

光电二极管在接收机中使用时通常通过偏置电路与放大器相连，这样检测器的响应特性必然与外电路相关。它取决于以下三个因素：

（1）检测器及其负载的 RC 时间常数　要提高响应速度，就要降低整个电路的时间常数。从检测器本身来看，就要尽可能降低结电容

$$C_d = \frac{\varepsilon A}{W} \tag{3.12}$$

式中，ε 为材料的介电常数，A 为结面积，W 为耗尽区厚度。

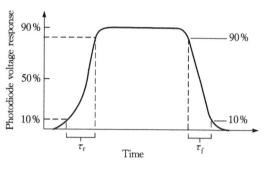

图 3.8　输出响应

（2）载流子漂移通过耗尽区的渡越时间　光电二极管的响应速度主要受在电场作用下载流子漂移通过耗尽区所需时间（即渡越时间）限制。漂移运动的速度与电场强度有关：电场强度较低时，漂移速度正比于电场强度；当电场强度达到某一值后，漂移速度不再变化。

（3）耗尽区外产生的载流子扩散引起的延迟　耗尽区外产生的载流子一部分复合，一部分扩散到耗尽区，被电路吸收。由于扩散速度比漂移速度慢得多，因此，这部分载流子会带来附加时延使输出电信号脉冲拖尾加长。

（4）暗电流　光电二极管的暗电流分为两部分：一部分是反向偏压下由载流子的热扩散形成的二极管的反向饱和电流，称为体暗电流，其大小由半导体材料及掺杂浓度决定；另一部分是由半导体表面缺陷引起的表面暗电流。反向偏压增大，暗电流也增大，当偏压增大到一定程度时，暗电流激增，产生反向击穿，该偏压值称为反向击穿电压。暗电流与器件的结面积成正比，故使用中常采用单位面积上的暗电流；暗电流还随器件温度的升高而增大。暗电流的存在限制了光电二极管所能检测的最小光功率，降低了接收机的灵敏度。

（5）噪声特性　光电二极管的噪声包括量子噪声、暗电流噪声、漏电流噪声以及负载电阻的热噪声。除负载电阻的热噪声以外，其他都为由于带电粒子产生和运动的随机性而引起的一种具有均匀频谱的白噪声——散粒噪声。量子噪声是由于光电子产生和收集的统计特性造成的，与平均光电流 I_p 成正比。来自噪声电流的均方值可表示为

$$\langle i_s \rangle = 2eI_p \Delta f \qquad\qquad (3.13)$$

式中，Δf 为噪声带宽。

表 3.1 列出了常用的三种 PIN 光电二极管的主要特性。

表 3.1　各种类型 PIN 光电二极管的特征参数

参数	符号	单位	Si	Ge	InGaAs
波长	λ	μm	$0.4\sim1.1$	$0.8\sim1.8$	$1.0\sim1.7$
响应度	R	A/W	$0.4\sim0.6$	$0.5\sim0.7$	$0.6\sim0.9$
量子效率	η	%	$75\sim90$	$50\sim55$	$60\sim70$
暗电流	I_d	nA	$1\sim10$	$50\sim500$	$1\sim20$
上升时间	T_s	ns	$0.5\sim1$	$0.1\sim0.5$	$0.05\sim0.5$
带宽	Δ	GHz	$0.3\sim0.6$	$0.5\sim3$	$1\sim5$
偏置电压	V_b	V	$50\sim100$	$6\sim10$	$5\sim6$

3.3.3　雪崩光电二极管(APD)

在长途光纤通信系统中,如果从光发射机进入光纤的光功率仅有毫瓦数量级,则经过几十公里光纤的传输衰减,到达接收机时光信号将变得十分微弱,导致光电二极管输出的光电流仅有几纳安。这样,数字光接收机的判决电路要正常工作,就必须采用多级放大。但放大器同时会引入噪声,使光接收机的信噪比降低,导致接收机灵敏度随之降低。因而,如果能使电信号在进入放大器之前,先在光电二极管内部进行放大,就能克服 PIN 光电二极管的上述缺点,雪崩光电二极管(简称APD)就是能实现这种功能的光电二极管。

1. 工作原理

雪崩光电二极管是利用雪崩倍增效应而具有内增益的光电二极管。其工作过程是:在二极管的 PN 结上加高反向电压(一般为几十伏或几百伏),使结区产生一个很强的电场,当光激发的载流子或热激发的载流子进入结区后,在强电场的加速下获得很大的能量,能够与晶格发生碰撞而产生新的电子-空穴对。这种过程形成一种连锁反应,结果光吸收产生的一对电子-空穴对可以形成大量的电子-空穴对而构成较大的二次光电流,从而使 APD 具有较高响应度。这种放大作用的大小由电子和空穴的碰撞电离系数 α_e 和 α_k 决定,α_e 和 α_k 与半导体材料以及使电子和空穴加速的电场有关。图 3.9 为雪崩二极管的工作原理图。实际的 APD 结构如图 3.10 所示。它与 PIN 的不同在于 P 区和 N 区都进行了重掺杂,并在 I 区和 N$^+$ 区引入另一层 P 区作为碰撞电离区(增益区)以产生二次电子-空穴对。在反向偏压下,在 P 区形成较高的电场,I 区仍然作为吸收光信号而产生一次电子-空穴对的区域,所产生的电子在 P 区通过碰撞而形成更多的电子-空穴对,从而实现对一次光电流的放大作用。

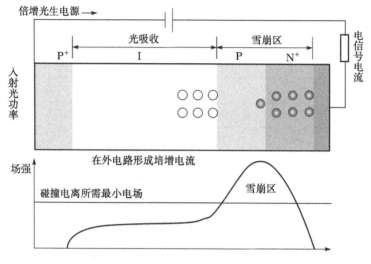

图 3.9　雪崩光电二极管的工作过程

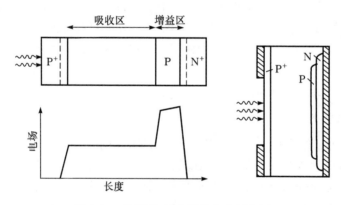

图 3.10　实际的 APD 结构和电场分析

2. 结构

目前光纤通信较常用的雪崩光电二极管主要有两种:保护环型(GAPD)和拉通型(RAPD)。

GAPD 结构如图 3.11(a)所示。它在制作时淀积一层环形 N 型材料,以防止在高反压时 PN 结边缘产生雪崩击穿。GAPD 灵敏度很高,但其雪崩增益与负向偏压间的非线性关系很显著,要想得到足够大的增益,就必需使 GAPD 在接近击穿电压的情况下工作。然而,击穿电压对温度的变化又是十分敏感,如图 3.11(b) 所示。

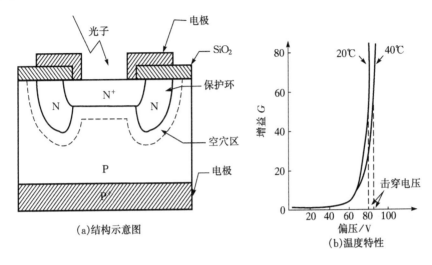

(a)结构示意图

(b)温度特性

图 3.11 保护环型 APD

为使 GAPD 在环境温度变化下亦能维持稳定的增益,就要设法控制 GAPD 的负向偏压。RAPD 就是为此目的而改进的。它采用 P^+IPN^+ 结构,结构示意图和电场分布如图 3.12(a)所示。I 层为很宽的低掺杂区(接近本征态),当偏压加大到一定程度后,耗尽区将被拉通到 I 层,一直抵达 P^+ 层;如果偏压继续增大,电场增量就在 P 区和 I 区分布,使高场区的电场随偏压的缓慢变化,从而使 RAPD 的倍增因子随偏压的变化也相对缓慢,如图 3.12(b)所示,这样就克服了 GAPD 增益与

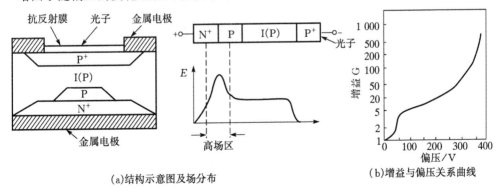

(a)结构示意图及场分布

(b)增益与偏压关系曲线

图 3.12 拉通型 APD

偏压曲线过陡的缺陷。另外,这是一种全耗尽型结构,具有光电转换效率高、响应速度快和附加噪声低等优点,是理想的光电检测器。

3. 特性和参数

(1) 倍增因子　倍增因子是倍增的光电流与低偏压下未发生倍增的光电流之比,可用米勒方程表示为

$$G = \frac{I - I_{md}}{I_p - I_d} = \frac{1}{1 - \left(\dfrac{U - IR}{U_B}\right)^n} \tag{3.14}$$

当 U 趋近于 U_B,且忽略暗电流时,可求出 APD 的最大倍增因子为

$$G_{max} \approx \sqrt{\frac{U_B}{nI_pR}} \tag{3.15}$$

由上式可知,要获得较大的 G_{max} 值,除必须减小 I_p 和 R 值(R 包括负载电阻和器件本身的内阻)外,还要有较大的击穿电压 U_B。目前,Si-APD 比较容易达到上述要求,其 G_{max} 值可达 200 以上,但一般只用到 80 左右;Ge-APD 和 InGaAs-APD 的 G 值一般在 30 以下,实际应用在 10 到 20 之间。

APD 的倍增因子 G 与外加偏压有关,如图 3.13 所示。G 随偏压的增大而增大,这是因为偏压上升,耗尽层内的电场增强,使靠近雪崩区的那部分吸收区中的电场强度超过碰撞电离所需要的最低电压,也变成了雪崩区,使总的雪崩区变宽,倍增作用变大,G 增大。为此可以通过适当调节偏压的办法来改变 G,以使不同强度的入射光信号下都能保持输出电流恒定。G 还与入射光的波长有关,不同波长的 G-V 关系的曲线不同,图 3.13 只是某一波长下的关系曲线。

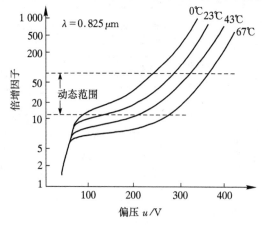

图 3.13　APD 倍增因子与偏压关系

如图 3.13 所示,在同一偏压下,不同的温度有不同的 G。温度上升,G 下降,使输出电流变化。如果要使雪崩管提供固定的电流增益,温度变化时,必须相应地改变偏压值。

（2）噪声特性　由于雪崩倍增效应不仅对信号电流有放大作用,对噪声电流也有放大作用,因而 APD 中的噪声除了量子噪声、暗电流噪声、漏电流噪声之外,还有附加的倍增噪声。如果流过二极管的初始电流以倍增因子 G 倍增,则其散粒噪声电流与 PIN 光电二极管相比增加了 G 倍,散粒噪声电流均方值增加了 G^2 倍,三者间的关系为

$$\langle i_s^2 \rangle = 2e\langle g^2 \rangle I_p \tag{3.16}$$

式中,I_p 为平均信号光电流,$\langle g^2 \rangle$ 为载流子倍增的均方值。通常将 $\langle g^2 \rangle$ 写成 $G^2 F(G)$,$F(G)$ 称为倍增噪声因子,相当于理想光电倍增管的固有噪声的过量部分,这样

$$\langle i_s^2 \rangle = 2e G^2 F(G) I_p \tag{3.17}$$

$F(G)$ 不仅随平均增益 G 值增加,而且与材料中的电子和空穴的电离系数有关

$$F(G) = G\left[1 - (1-\kappa)\left(1 - \frac{1}{G}\right)^2\right] \tag{3.18}$$

式中,$\kappa = \beta/\alpha$,α,β 表示电子和空穴的电离系数,定义为一个初始载流子在电场加速下,每厘米行程中碰撞电离而提供的二次载流子数目,其大小与材料所处的电场有关。

雪崩噪声的大小也常用过剩噪声指数 x 来表征,定义为

$$F = G^x \tag{3.19}$$

对于 Si,$x = 0.3 \sim 0.5$;对于 Ge,$x = 0.6 \sim 1.0$;对于 InGaAsP,$x = 0.5 \sim 0.7$。图 3.14 为 $\langle G \rangle$ 与 $F(G)$ 的关系。

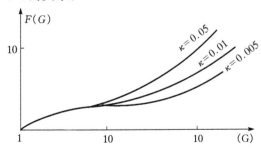

图 3.14　$\langle G \rangle$ 与 $F(G)$ 的关系

（3）暗电流　APD的反向击穿电压值一般在数十伏到数百伏，APD的偏置电压接近击穿电压。Si-APD偏压达到击穿电压时，暗电流一般在 $10~\mu A$ 左右。暗电流随倍增因子 G 的增大而增大。

（4）响应速度（响应时间）　APD的响应速度主要由光电转换时间、结电容以及外部电路参数来决定。其中，光电转换时间主要取决于初始光生载流子运动到达雪崩区和倍增后的载流子运动到器件的电极的时间。为了提高响应速度，应尽量减小APD的结电容。图 3.15 为APD的波长响应曲线。

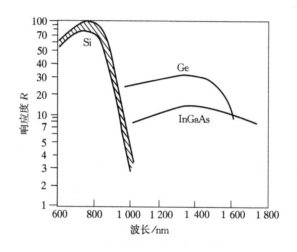

图 3.15　APD的波长响应曲线

（5）温度特性　环境温度的变化对APD的特性有很大的影响，尤其对倍增因子和暗电流影响更为严重。

一般APD的反向工作点靠近而略小于 U_B，由于APD击穿电压 U_B 对温度变化十分敏感，于是温度变化时，U 不变而 U_B 变，G 值将变化很大，甚至使器件超出正常使用范围。另外，由于半导体内的电子和空穴的离化率随温度升高而降低，故 G 随温度上升而减小。因此，为使APD稳定工作，必须采用工作点温度补偿等控制措施。

上面讨论了雪崩光电二极管的几个主要特性。表 3.2 比较了 Si，Ge 和 In-GaAs 这 3 种APD的工作性能。Si 的 $k_A \ll 1$，相应的APD适用于工作在波长 $0.8~\mu m$、比特率约 100 Mbps 的光通信系统。

表 3.2　各种类型 APD 的性能参数

参数	符号	单位	Si	Ge	InGaAs
波长	λ	μm	0.4～1.1	0.8～1.8	1.0～1.7
响应度	R_{APD}	A/W	80～130	3～30	5～20
APD 增益	M	—	100～500	50～200	10～40
k 因子	k_{A}	—	0.02～0.05	0.7～1.0	0.5～0.7
暗电流	I_{d}	nA	0.1～1	50～500	1～5
上升时间	T_{s}	ns	0.1～2	0.5～0.8	0.1～0.5
带宽	Δ	GHZ	0.2～1.0	0.4～0.7	1～3
偏置电压	V_{b}	V	200～250	20～40	20～30

3.4　光电检测器与光纤的耦合

在光纤通信系统中使用的光电检测器件 PIN 和 APD,由于它们的光敏面积比较大(PIN 管光敏面的直径约为 1～2 mm,APD 管光敏面的直径约为 150～300 μm),因此如图 3.16 所示,它们和光纤之间的低损耗耦合是比较容易实现的。从光纤的平端出射的光,其出射角 θ 由光纤的数值孔径 $\theta = \arcsin(\sqrt{n_1^2 - n_2^2})$ 决定。在一般光纤通信中,所用光纤(NA=0.14)的 $\theta = 8°$,只要光纤端面和光敏面靠得足够近,光纤端面平整垂直,光纤和接收器中间一般不加任何光学系统就可以使耦合效率达到 85% 以上。在光纤和光敏面之间加上合适的匹配粘着剂,还可使耦合效率进一步提高。

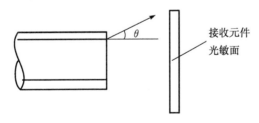

图 3.16　接收元件和光纤的出射位置的关系

光纤和接收器之间的具体连接装置如图 3.17 所示,固定连接时要进行调节对准。

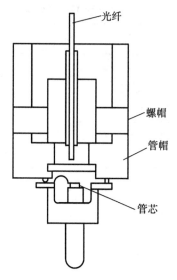

图 3.17　光纤与接收器耦合的装置

另外,光纤与光纤耦合的活动连接器只要把结构稍加改动也可于实现光纤与接收器的耦合:在连接装置一边装上光纤,另一边不装光纤而换装一个 PIN 或 APD 管芯,且使其位置精确调节到中心,引出适当的电极,就成为一个可拆卸的光纤与接收器的耦合接头,更换接收器件也很方便。

3.5　光检测器的可靠性及注意事项

光检测器的可靠性与一般晶体管一样都是采用菲特(fit)作单位。在电子器件中定义 1 fit＝ 10^{-9} h^{-1},即一百万个元器件运行一千小时,每发生一次故障,就叫 1 fit。

根据器件的性能及实际经验,光检测器在使用中应注意以下几点:

①光电检测器是反向加压的;

②工作电压应选择最佳偏压,以便得到最大的信噪比;

③防止静电击穿;

④使用过程中应防止高温偏置、热循环以及管子漏气受温度的影响;

⑤采用活动连接器耦合方式更换器件时,应选择性能参数一致或接近的器件,以减少调试的工作量。应调整活动连接器件使之处于最佳位置,从而保证接收机输出的眼图最清晰。

3.6　光接收机的基本组成

　　光接收机的功能是将经过光纤远距离传输后微弱的数字光信号通过光电二极管转换为光电流，并经放大、整形、判决等信号处理，放大再生成原来的电信号，完成信号的准确检测，从而完成通信任务。在光纤通信系统中传输的是数字信号，所以采用的是数字光接收机。

　　数字光接收机的组成主要包括光检测器、前置放大器、主放大器、均衡器、时钟提取电路、取样判决器以及自动增益控制（AGC）电路等。结构框图如下图 3.18 所示。

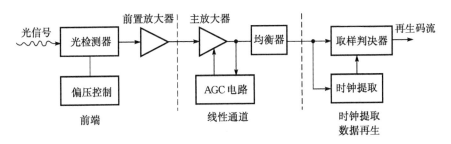

图 3.18　数字光接收机的组成框图

1. 光检测器

光检测器在前面已做过详细介绍，这里不再介绍。

2. 前置放大器

前置放大器的作用是将光检测器的输出信号预放大（电流—电压转换）到一定程度，以便后级作进一步处理。对其要求是低噪声、高灵敏度。光接收机的三种前置放大电路如图 3.19 所示。

3. 接收机前端

　　光检测器和前置放大器组合起来叫做接收机前端，其性能优劣是决定接收机灵敏度的主要因素。根据不同应用要求，前端设计有三种不同的方案：即低阻抗前端、高阻抗前端、跨（互）阻抗前端。低阻抗前端电路结构简单，不需要或只需要很少均衡，动态范围较大，但灵敏度低、噪声较高；高阻抗前端的缺点是动态范围小、高频分量损失太大，对均衡电路要求很高，多用于低速系统，但由于加大了偏置电阻，噪声较低；跨阻抗前端中采用了电压负反馈电路，具有宽频带、低噪声、灵敏度

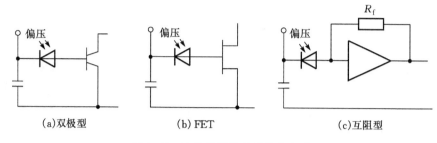

图 3.19　光接收机的前置放大电路

高、动态范围大等综合优点,被广泛采用。高阻抗前端和跨阻抗前端的电路结构如图 3.20 所示。

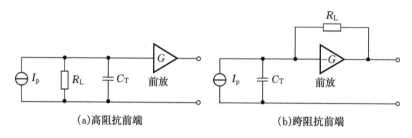

图 3.20　高阻抗前端和跨阻抗前端的电路结构

4. 主放大器

主放大器的作用是把前端输出的毫伏级信号放大到后面信号处理电路所需的 $1\sim3$ V 峰-峰电平,可通过自动增益控制电路对其增益进行调整。

5. 线性通道

接收机的线性通道包括一个高增益的放大器(主放)和一个低通滤波器,有时在放大器前也使用一个均衡器以补偿前端的带宽限制效应。主放应具有自动增益控制(AGC)功能,可根据输入信号大小自动调整放大器增益以使输出信号平均电平保持恒定。接收机的噪声正比于接收带宽,可通过使用一个带宽 Δf 小于码率 B 的低通滤波器来降低噪声。接收机中所有其他元件的带宽都设计得比低通滤波器的带宽高,所以整个接收机的带宽就由低通滤波器决定。

6. 定时提取电路

定时提取电路的作用是从接收信号中恢复所需的时钟信号,工作过程为:从接收信号中提取 $f=B$ 的分量,从而得到比特时间 $T_B=1/B$ 作为判决电路的同步判决信号。对于归零码,可使用一个类似声表面滤波器的窄带滤波器直接提取信号中 $f = B$ 的频谱分量;对于非归零码,常采用一个高通滤波器获得 $f = B/2$ 的频率分量,再经过倍频获得 $f = B$ 的频谱分量。实用的时钟恢复电路有很多,如图 3.21 的方案中,主放大器输出的数字信号先微分再全波整流,得到与要求的时钟信号同样周期的序列脉冲,然后用锁相环(PLL)或高 Q 调谐电路取出判决电路所需要时钟(其输出为正弦波),再经过斯密特触发器进行幅相变换,形成前后沿较好的 50% 占空比方波定时信号,最后经微分形成精确的定时信号。

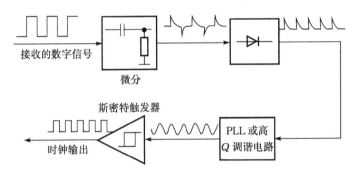

图 3.21　定时提取电路框图

7. 判决再生电路

判决再生电路的作用是根据给定的判决门限电平,按照时钟信号所"指定"的瞬间来判决由均衡器送过来的信号,决定其是"0"还是"1"码。判决再生的框图如图 3.22 所示。

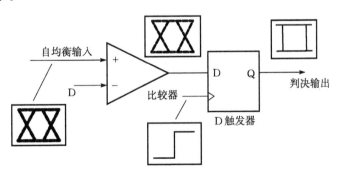

图 3.22　判决再生电路

8. 其他电路

为保证设备稳定、可靠工作,还必须有指示故障的告警电路、维护人员联络用的公务电路、使通信信道尽可能不中断的倒换电路以及适应机房供电系统的直流电源变换电路等。

3.7　光接收机的特性

3.7.1　光接收机的噪声

一个性能良好的光接收机应具有尽可能高的接收灵敏度,但是接收机中存在各种噪声的影响,会使接收机的灵敏度降低。这些噪声源中,典型的有以下几种。

1.电阻的热噪声

绝对温度大于零度的电阻中大量电子都会存在无规则的热运动,导致电阻两端形成按正态分布的微弱噪声电流(或噪声电压),称为电阻的热噪声。带有热噪声的电阻既可以等效为一个无噪声电阻与一个噪声电流源的并联,也可等效为一个无噪声电阻与一个噪声电压源的串联,如图 3.23 所示。

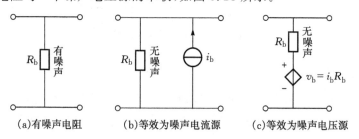

　(a)有噪声电阻　　　　(b)等效为噪声电流源　　　(c)等效为噪声电压源

图 3.23　电阻热噪声等效电路

图 3.23(b)中等效的并联噪声电流(源)的单边谱密度为

$$S_{IR} = \frac{\mathrm{d}\langle i_b^2 \rangle R_b}{\mathrm{d}f} = \frac{4k_B\theta}{R_b} \tag{3.20}$$

式中,k_B 为玻尔兹曼常数,θ 为绝对温度,$\langle i_b^2 \rangle R_b$ 为电阻 R_b 上的噪声功率。

在图 3.23(c)中,等效的串联噪声电压(源)的单边谱密度为

$$S_{VR} = \frac{\mathrm{d}\langle v_b^2 \rangle}{\mathrm{d}f} = 4k_B\theta R_b \tag{3.21}$$

2.半导体三极管的噪声(源)

图 3.24 中示出了由晶体管构成的典型的共发射极前置放大电路及其高频等效电路。

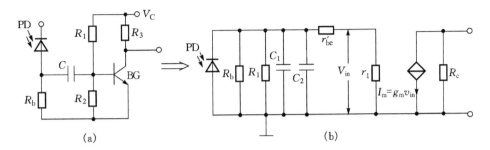

图 3.24 典型的晶体管共射放大电路

3. 场效应管的噪声(源)

场效应管是一种电压控制器件,其特点是输入阻抗高、栅漏电流小、从而引起的噪声也较小,因此适用于具有高输入阻抗的前置放大电路中。图 3.25 为由场效应管构成的共源极放大电路及其高频等效电路。

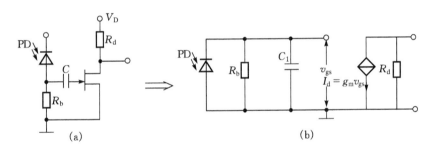

图 3.25 典型的场效应管共源放大电路

4. 光检测器的散粒噪声

散粒噪声也称为散弹噪声,是一种由带电粒子产生和运动的随机性而引起的噪声。这类噪声是具有均匀频谱的白噪声,其单边谱密度与平均电流强度 I 成正比,即

$$S_I = \frac{\mathrm{d}\langle i^2 \rangle}{\mathrm{d}f} = 2e_0 I \tag{3.22}$$

式中,$\langle i^2 \rangle$ 可视为噪声电流 i 消耗在 $1\ \Omega$ 电阻上的噪声功率。

3.7.2 光接收机的误码率

由于噪声的存在,放大器输出的是一个随机过程,其取样值是随机变量,因此在判决时可能发生误判,把发射的"0"码误判为"1"码,或把"1"码误判为"0"码。光接收机对码元误判的概率称为误码率,在二元制的情况下,等于误比特率 BER,用较长时间间隔内传输的码流中误判的码元数 N_e 和接收的总码元数 N_t 的比值来表示

$$\text{BER} = \frac{N_e}{N_t} \qquad (3.23)$$

误码率包括"1"和"0"码两种可能引起的误码,因此误码率为

$$\text{BER} = P(1)P(0 \mid 1) + P(0)P(1 \mid 0) \qquad (3.24)$$

式中 $P(1)$ 和 $P(0)$ 分别是接收"1"和"0"码的概率,$P(0|1)$ 是把"1"判为"0"的概率,$P(1|0)$ 是把"0"判为"1"的概率。对脉冲编码调制(PCM)比特流,"1"和"0"发生的概率相等,$P(1) = P(0) = 1/2$,比特误码率为

$$\text{BER} = \frac{1}{2}\big[(P(0 \mid 1) + P(1 \mid 0))\big] \qquad (3.25)$$

图 3.26(a)表示判决电路接收到的叠加了噪声的 PCM 比特流。图 3.26(b)表示"1"码信号和"0"码信号在平均光生信号电流 I_1(1)码和 I_0(0)码附近的高斯概率分布,阴影区表示错误识别概率。

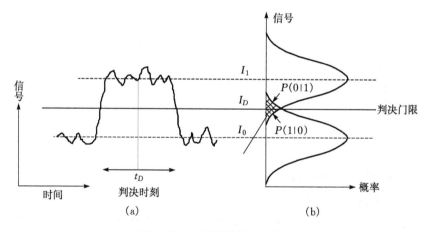

图 3.26 二进制误码率示意图

3.7.3 光接收机的灵敏度

灵敏度是光接收机最重要的性能指标,影响它的主要因素是光检测器和前置放大器引入的噪声。如何降低光接收机前端的噪声、提高灵敏度,一直是光接收机理论研究的核心问题。

1. 灵敏度的定义及物理意义

灵敏度表征光接收机调整到最佳工作状态时接收机接收微弱信号的能力,定义为在满足特定误码率或信噪比的条件下,光接收机所需的最小平均接收光功率,可用三种物理量来表示:

①在满足一定误码率条件下,接收机所需要的最小光功率$\langle P\rangle_{\min}$;

②每个光脉冲的最低平均能量$\langle E_{d}\rangle$;

③每个光脉冲的最低平均光子数$\langle n_{0}\rangle$。

三种表示形式虽有不同,但本质上是一样的。通常灵敏度用毫瓦分贝(dBm)表示,即

$$S = 10\log\left[\frac{\langle P\rangle_{\min}(\mathrm{mW})}{1\mathrm{mW}}\right](\mathrm{dBm}) \tag{3.26}$$

2. 灵敏度计算的一般方法

由于噪声的存在,放大器输出信号成为一个随机变量。例如,当接收一个"1"码时,若不存在噪声,放大器输出应为一确定的电压v_{1},但由于噪声存在,实际输出电压

$$v = v_{1} + n(t) \tag{3.27}$$

为一随机变量。$n(t)$是随机噪声,v_{1}为这个随机过程的均值,在取样进行判决时,它可能取各种不同的值,取各个值的概率则由它的概率密度决定,如图 3.27 所示。

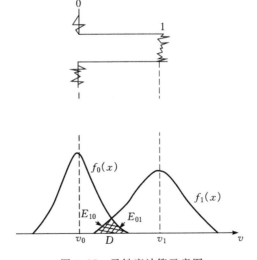

图 3.27　灵敏度计算示意图

"1"码误判为"0"码的概率为

$$E_{10} = \int_{-\infty}^{D} f_1(x)\,\mathrm{d}x \tag{3.28}$$

对"0"码也有相似的情况

$$E_{01} = \int_{D}^{\infty} f_0(x)\,\mathrm{d}x \tag{3.29}$$

式中 $f_0(x)$ 和 $f_1(x)$ 分别表示"0"码和"1"码的概率密度函数。

总误码率

$$\mathrm{BER} = P(0)E_{01} + P(1)E_{10} \tag{3.30}$$

利用上述方法,依据 v_1,v_0 与入射光功率的关系,可以从所需要达到的误码率求灵敏度,也可以从输入光功率的大小求误码率。

3. 工程应用中灵敏度的计算

在实际应用中,接收机所需的最小接收光功率 $\langle P_{\mathrm{rec}} \rangle$(单位为 W)可按下式计算:

PIN 光接收机

$$\mathrm{BER} = 10^{-9},\langle P_{\mathrm{rec}} \rangle = 3.25 \times 10^{-8} \left(\frac{B}{B_0} \right)^{3/2}$$

APD 光接收机

$$\mathrm{BER} = 10^{-9},\langle P_{\mathrm{rec}} \rangle = 1.64 \times 10^{-9} \left(\frac{B}{B_0} \right)^{7/6}$$

式中,B_0 为基准计算码速,其值为 25 Mbps,B 为系统码速(Mbps)。

3.7.4　光接收机的动态范围

在限定的误码率条件下,光接收机所能承受的最大平均接收光功率 $\langle P \rangle_{\max}$ 和所需最小平均接收光功率 $\langle P \rangle_{\min}$ 的比值的 dB 数称为光接收机的动态范围,根据定义有

$$\mathrm{DR} = 10\lg \frac{\langle P \rangle_{\max}}{\langle P \rangle_{\min}} (\mathrm{dB}) \tag{3.31}$$

最大光功率决定于非线性失真以及前置放大器的饱和电平,最小光功率则决定于接收机灵敏度。之所以要求光接收机有一个动态范围,是因为光接收机的输入光脉冲信号的功率由于通信距离的不同、线路衰减随温度以及发送光功率的变化而发生不同程度的变化。光接收机应保证在不同输入条件下都可以正常工作,动态范围表示了光接收机对输入信号的适应能力,一般都要求大于 15 dB。

3.8　平衡式光接收机

平衡式光接收机是一种在相干光通信系统中广泛应用的光接收机。在光通信领域,更大的带宽、更长的传输距离和更高的接收灵敏度,一直都是人们的追求目标。传统的光通信是直接对载波进行解调,如图 3.28 所示,具有结构简单,利于实现的优点,但其单路信道带宽很有限。

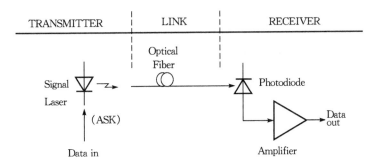

图 3.28　传统光传输系统

相干光通信系统的优点在于:灵敏度高、中继距离长;选择性好,通信容量大;具有多种调制方式。如图 3.29 所示,它在发送端采用外调制方式将信号调制到光载波上进行传输。当信号光传输到达接收端时,首先与一本振光信号进行相干耦合,然后由平衡接收机进行探测。根据本振光频率与信号光频率不等或相等,相干光通信可分为外差检测和零差检测。前者光信号经光电转换后获得的是中频信号,还需二次解调才能被转换成基带信号;后者光信号经光电转换后被直接转换成基带信号,无需

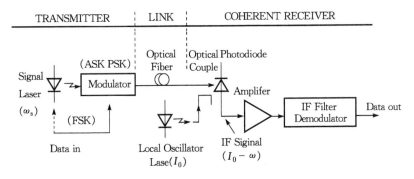

图 3.29　采用平衡光接收机的光传输系统

二次解调,但要求本振光频率与信号光频率要严格匹配,且相位要锁定。

在相干光通信系统的接收端常采用平衡式接收机结构,如图 3.30 所示:与本振信号相耦合的光信号被分成两路,分别经过光电检测、前置放大与主放大器、带通滤波器,最后进入一个称为"Hybrid Magic Tee"的系统,使两路信号的相位不同,再经过相加操作后滤除不需要的频谱分量,从而使解调干扰降低。最终的输出信号经过后续处理提取出所需要的信号。

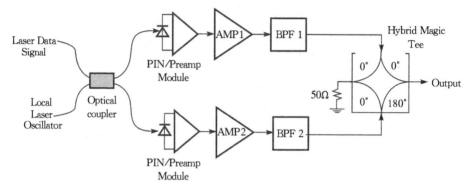

图 3.30　平衡式光接收机结构图

随着光纤光栅工艺的不断发展和集成电路设计水平的飞速进步,光通信用光接收机的设计开发有望在以下几个方面取得进一步拓展:

①随着光通信技术向超高速率、大容量方向的发展,系统集成化已成为光通信技术的发展方向。由于光电集成电路(OEIC)光接收机具有高速率、可靠性高、体积小、大大简化对光耦合焊接等工艺、批量生产成本低等优点,因此,已成为超高速光接收机发展的必然趋势。

②随着探测器和放大器性能指标的不断提高,OEIC 光接收机的各项参数也将不断提高,功能也更加丰富。在可预见的将来,单片集成 OEIC 光接收机完全可能替代混合集成成为主流技术。

③随着传输速率的提高,光信号和光电探测器之间的耦合问题越来越突出。因此,当传输速率大于 40 Gbps 时,多采用波导型光电探测器(WGPD),以提高光接收机中光信号与光电探测器之间的耦合效率。这种结构从根本上消除了量子效率和响应速度之间的矛盾,在提高响应速度的同时也可增大量子效率。

④先进的 OEIC 接收机主要用于未来的、特殊的、高性能、高速度场合,如远程通信。这种趋势应该还将持续下去,其中 OEIC 研究的重点将扩展到高速电路、具有更高灵敏度和含有更多电子器件的接收器以及更广泛地使用基于阵列的电路。

第4章 光 纤

    光纤是一种能够传送光频波段电磁波的介质波导。早在 1927 年,英国的 J. C. Baird就已经提出"石英纤维可以用来解析图像"。1966 年,英籍华裔科学家高锟提出了"光纤传输线"的概念,正式开启光纤通信技术的大门。由于这一杰出贡献,高锟获得了 2009 年诺贝尔物理学奖。1968 年,0.85 μm 波长下损耗低至 5 dB/km 的成块石英样品诞生。1970 年,美国 Corning 公司研制出了 0.6328 μm 波长下损耗为 20 dB/km 的石英光纤,光纤开始进入实用化阶段。经过几十年的不懈努力,实用化光纤的损耗已减小到 0.14 dB/km,已经接近石英光纤的理论衰耗极限值0.1 dB/km。由于光纤的传输损耗低、信息容量大、抗干扰能力强、尺寸小、质量轻、有利于铺设和运输等优点,再加上激光技术、集成光学技术的发展,使得光纤在通信、传感及其他领域得到了越来越广泛的应用。

4.1 光纤的结构和类型

4.1.1 光纤的结构

    从外形上看,光纤是一种横截面很小的可弯曲透明长丝,具有束缚和传输光能量的作用。单根光纤如图 4.1 所示,是由纤芯、包层、涂覆层和护套构成的一种同心圆柱体结构。纤芯通常用高纯度的 SiO_2 加少量掺杂制成,是光波的主要传输通道。包层的折射率略小于纤芯,为光的传输提供反射面和光隔离,并起一定的机械

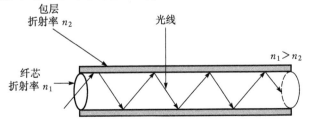

图 4.1　光纤的基本结构

保护作用,使光纤的传输性能相对稳定。纤芯的粗细及材料、包层材料的折射率对光纤的传输特性起着决定性的作用。涂覆层包括一次涂覆层、缓冲层和二次涂覆层,可保护光纤不受水汽的侵蚀和机械擦伤,同时又增加了光纤的柔韧性,起着延长光纤寿命的作用。

4.1.2 光纤的类型

光纤可按照纤芯剖面折射率分布、纤芯中传输模式多少及材料成分不同来分类。

1. 按照折射率分布分类

按照纤芯与包层折射率分布的不同,光纤一般可分为阶跃型光纤和渐变型光纤两种。阶跃型光纤也叫突变折射率光纤,其纤芯介质折射率各自分布均匀,在纤芯和包层分界处,折射率发生突变;渐变型也叫梯度折射率光纤,其折射率在纤芯中连续变化,在纤芯和包层分界面处恰等于包层折射率。不同的折射率分布导致不同的光信号传播路径,如图 4.2 所示。

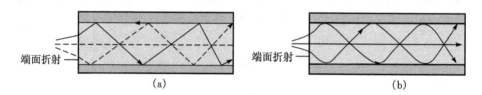

图 4.2 阶跃光纤和渐变光纤中的光传输

2. 按照传输模式分类

模式实质上是电磁场的一种场型结构形式。根据光传输模式的数量,光纤可分为单模光纤和多模光纤。单模光纤一般为阶跃型光纤,它只传输一种模式(基模),其纤径很小,根据传输波长的不同一般只有 $4\sim10\ \mu\mathrm{m}$。多模光纤除了传输基模之外,还可以同时传输其他模式。早期的多模光纤采用阶跃折射率分布,后来为了减小色散发展为渐变折射率多模光纤。表示方法上,通常用字母 A 来表示多模光纤,用字母 B 来表示单模光纤。表 4.1,4.2 分别列出了光通信中常用到的单模光纤、多模光纤。

3. 按光纤材料分类

按纤芯和包层材料的不同,光纤可分为石英系光纤、石英纤芯塑料包层光纤、多成分玻璃光纤和塑料光纤等。

表 4.1 　单模光纤

国际电工委员会(IEC)代号	国际电信联盟—电信委员会(ITU-)代号	名称	材料
B1.1	G.652	普通型	
B1.2	G.654	截止波长位移	
B2	G.653	色散位移	二氧化硅
B3	—	色散平坦	
B4	G.655	非零色散	

表 4.2 　多模光纤

分类代号	折射率分布特点	纤芯直径/μm	包层直径/μm	材料
A1a	渐变折射率	50	125	二氧化硅
A1b	渐变折射率	62.5	125	二氧化硅
A1c	渐变折射率	85	125	二氧化硅
A1d	渐变折射率	100	140	二氧化硅
A2a	突变折射率	100	140	二氧化硅
A2b	突变折射率	200	240	二氧化硅
A2c	突变折射率	200	280	二氧化硅
A3a	突变折射率	200	300	二氧化硅芯塑料包层
A3b	突变折射率	200	380	二氧化硅芯塑料包层
A3c	突变折射率	200	230	二氧化硅芯塑料包层
A4a	突变折射率	980~990	1 000	塑料
A4b	突变折射率	730~740	750	塑料
A4c	突变折射率	480~490	500	塑料

　　石英系光纤的纤芯和包层是由高纯度 SiO_2 掺杂适当杂质制成,具有损耗低、强度高,可靠性强等优点,目前应用最为广泛;石英纤芯塑料包层光纤的纤芯用石

英制成,而包层是硅树脂;多成分玻璃光纤一般用钠玻璃掺适当杂质制成;塑料光纤的纤芯和包层都由塑料制成,其损耗较大,可靠性较差,但价格较低,且具有可弯曲、易耦合等优点。

4.2 光在光纤中的传播

分析光纤的传光原理通常有几何光学方法与波动光学方法两类。

1. 几何光学理论

几何光学理论中忽略光的电磁波动特性,将光看成光线,采用射线光学理论分析光纤中的光传输规律,不考虑光波场的相位特性和偏振特性,只研究光的传播方向和强度。当光线射到两种介质的界面上时,一部分光线被反射,一部分光线被折射,且入射角大于临界角时,发生全反射,这是光纤中光传输的几何光学基础。这种方法原理直观,可给出光在光纤中传播的直接概念,但不能解释光在纤芯、包层中的场结构分布特性。

根据传播方向的不同,光纤中的光线可以分为子午光线和偏斜光线两种,如图4.3所示。子午光线是在子午面(过光轴的任意平面,如图4.3中的 $MM'N'N$ 平面)内的射线,在光纤端面上的投影是一条过光轴的直线;偏斜光线又称为"旋进光线",其轨迹是空间折线,并且永不与光纤轴线相交,它在光纤端面上的投影形成焦

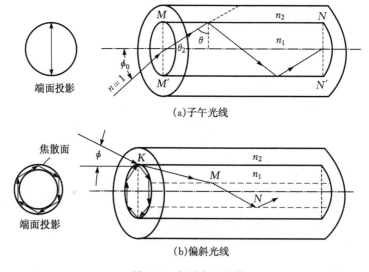

(a)子午光线

(b)偏斜光线

图4.3 光纤中的光线

散面。

定义光纤的数值孔径

$$NA = \sin\phi_0 = \sqrt{n_1^2 - n_2^2}$$

它是描述光纤性能的一个重要参数,与光纤几何尺寸无关。NA 越大,即孔径角越大,光纤集光能力越强,能够进入光纤的光通量就越多。对于通信用光纤,过大的 NA 将带来其他性能的降低。国际电报电话咨询委员会(CCITT)建议通信用光纤的 NA 为 $(0.18\sim0.24)\pm0.02$。对专用于传输光能的光纤则往往需要有较大的 NA。

2. 波动光学理论

为了更好的理解光纤中的传输模式,必须采用波动光学理论进行分析。把光作为电磁波处理,根据麦克斯韦方程式导出波动方程(亥姆霍兹方程),在边界约束条件下解之,得到 E 和 H 表达式,从而确定光在光纤中的传输规律、传输波形(模式)、场结构、传输常数及截止条件等。由于光纤界面对电磁场的约束作用,场的分布不是连续的而是分立的,所以光纤中传播的各模式也是分立的。这种方法数学处理上比较复杂。

求解亥姆霍兹方程的方法主要有标量近似解和矢量解两种。根据解出的场分量 E_z 和 H_z 的情况,导行波可以分成各种不同的模式,在无限大介质中或在介质波导中可以存在的各种不同类型的模式的一览表如表 4.3 所示。

表 4.3　各种模式类型

名称	纵向分量	横向分量
TEM(横电磁波)	$E_z=0$,$H_z=0$	E_T,H_T
TE(横电波)	$E_z=0$,$H_z\neq0$	E_T,H_T
TM(横磁波)	$E_z\neq0$,$H_z=0$	E_T,H_T
HE 或 EH(混合波)	$E_z\neq0$,$H_z\neq0$	E_T,H_T

3. 光纤中的模式

光纤中的模式是指波动方程的一个特定解,对应于光场的一种可能的空间分布。在一般情况下,E_z,H_z 都不为零($m=0$ 除外),可以根据 H_z 大于或小于 E_z 而用 LP_{mn} 或 EH_{mn} 来表示光纤的模式,当 $m=0$ 时也用 TE_{0n} 和 TM_{0n} 来表示 HE_{0n} 和 EH_{0n},因为此时的模式分别相当于横电场($E_z=0$)和横磁场($H_z=0$)传播模式。

在弱导光纤中，E_z 和 H_z 都近似为 0，所以也用 LP_{mn}（线性极化模）来表示模式。

每一个传播模式都有一个唯一的传播常数 β 与之对应。为方便起见，引入模折射率（或有效折射率）$\bar{n} = \beta/k_0$。如果 $\bar{n} < n_2$，模式被截止。也就是说，导模的 $\bar{n}$ 应该满足条件

$$n_1 > \bar{n} > n_2$$

决定截止的参数称为归一化频率，定义为

$$V = k_0 a \, (n_1^2 - n_2^2)^{0.5} \approx (2\pi/\lambda) a n_1 \, \sqrt{2\Delta}$$

还可以定义一个归一化传播常数 b

$$b = \frac{\dfrac{\beta}{k_0} - n_2}{n_1 - n_2} = \frac{\bar{n} - n_2}{n_1 - n_2}$$

图 4.4 给出光纤中几个传播模式的 $b-V$ 关系曲线。V 值较高的光纤可以支持较多的模式，称为多模光纤。模式数目随 V 的减小而迅速减小，由图可看出，$V = 5$ 的光纤可支持 7 个模式；而在 $V < 2.405$ 时，除 HE_{11} 模式外，所有的模式都截止，这种支持单一模式的光纤称为单模光纤。

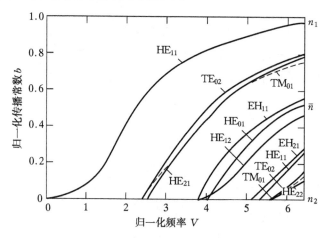

图 4.4　几个低阶模式的 $b-V$ 关系曲线

4.3　单模光纤

单模光纤由于纤芯中只有基模可以传输，有效避免了模式色散问题，极大扩展了传输带宽，十分适用于大容量、长距离光通信。

单模光纤只允许一种模式（基模）在其中传播，其余的高次模全部截止，如图

4.5 所示。在阶跃型光纤中只传输 HE_{11} 模,在抛物线型折射率分布的单模光纤中只传输 LP_{01} 模。

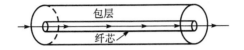

图 4.5　单模光纤

4.3.1　单模光纤的结构

实际的单模光纤的结构并不是简单的阶跃型,而是多层结构,折射率剖面的种类也很多,图 4.6 给出了 3 种不同的类型的单模光纤。如图所示,纤芯的半径为 a ,折射率为 n_1 ;纤芯外是包层,其半径为 a' ,折射率为 n_2 ;再往外是外包层,外包层的折射率可能高于也可能低于内包层。

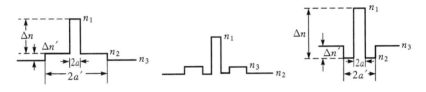

图 4.6　单模光纤的结构

采用内包层的作用如下:

(1)减小基模的损耗　由于当 $V < 2.405$ 时,LP_{01} 模的电磁场将显著地扩大到纤芯以外;只有当 V 较大时,光波场才能集中在纤芯中,但这时单模传输会演变为多模传输。因此,为了减小基模在包层里的损耗,在纤芯以外需要有一层高纯度、低损耗的内包层。

(2)得到纤芯半径较大的单模光纤　对于普通的阶跃型单模光纤,为了使其他模截止而只能传输 HE_{11} 模,需要将光纤的归一化频率 V 限制在 2.405 以下,这就需要减小光纤的芯径或数值孔径。但细的芯径和小的数值孔径会加剧非线性光学效应的影响,采用多层结构可以缓和这一矛盾。

4.3.2　光纤双折射

在理想圆柱截面单模光纤中,存在两个正交简并偏振模式。而实际的光纤纤芯可能受到非均匀的压力而使其圆柱对称性遭到破坏,此时两个正交偏振模式不再简并,这时我们说光纤具有双折射率,定义为 $B = n_x - n_y$,其中 n_x ,n_y 分别表示两个正交偏振模式的模折射率。

双折射效应将导致光功率在两模式之间发生周期性的转换，这个周期长度称作"拍长"，定义为 $L_B=\lambda/B$。图 4.7 为输入光束为偏振方向与光纤慢轴和快轴夹角为 45° 的线偏振光时偏振状态的周期变化情况。可见沿着光纤长度方向发生从线偏振到椭圆偏振再回到线偏振的变化。

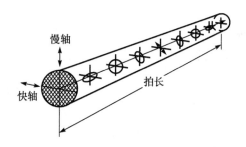

图 4.7　具有恒定双折射率的光纤的偏振态周期变化示意图

典型单模光纤 $B\approx 10^{-7}$，纤芯芯径沿轴向的微小变化或纤芯所受的非均匀压力都会引起 B 的数值沿光纤不再是常数而具有随机性，所以注入光纤中的线偏振光很快就变成任意偏振状态的光。在强度探测系统中，这种偏振的不确定无关紧要，但是在相干接收系统中将产生很大影响。根据只有当光纤中传输的线偏振光振动方向与光纤的一个主轴（快轴或慢轴）方向相同时，线偏振光才保持线偏振状态的原理，人们设计出偏振保持光纤（简称保偏光纤），这种光纤在制造过程中就在光纤内部引入了较大的双折射，使小的双折射漂移不致影响光的偏振态，偏振保持光纤 B 的典型值为 10^{-4}。

另外，脉冲的不同频率分量产生的偏振状态变化各不相同，从而导致了脉冲展宽。这个现象被称为偏振模色散（PMD），是限制 10 Gbps 以上的大容量、远距离光纤通信系统的主要因素之一。

4.3.3　光斑尺寸

在多模光纤中，光功率几乎全部集中在纤芯中传输；而单模光纤由于是弱导光纤，即使当归一化频率等于截止波长时，也有相当一部分光能在包层中传输，且归一化频率减小，包层中传输的光能增多。因此，分析纤芯和包层中的光功率分布对于单模光纤的结构设计和光纤衰减计算都具有很重要的意义。

单模光纤中的场分布通常用高斯分布来近似，即

$$E_z=A\exp(-r^2/w^2)\exp(\mathrm{i}\beta z)$$

这里,A 为常数,w 为模场半径,即光斑尺寸,它可由下面的近似关系得到

$$w/a \approx 0.69 + 1.161\ 9V^{-1.5} + 2.879V^{-6}$$

该式在 $1.2 < V < 2.4$ 范围内,误差不超过 1%。图 4.8(a)为 w/a 与 V 值的函数关系,图 4.8(b)为 $V = 2.4$ 的实际场分布与拟合的高斯场分布情况。

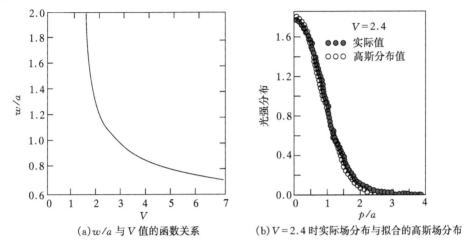

(a)w/a 与 V 值的函数关系　　　(b)$V = 2.4$ 时实际场分布与拟合的高斯场分布

图 4.8　V 值的影响

4.3.4　单模光纤的发展与演变

经历了几十年的发展,目前光通信系统中常用的单模光纤主要有三种。零色散位移光纤(NDSF)应用最早,针对 1310 nm 通信设计,但在 1550 nm 处它的色散非常大,为此,光纤制造者又设计了色散位移光纤(DSF),使零色散点移动到 1550 nm 处。几年后,科学家们又发现虽然 DSF 在 1550 nm 单波长处时的传输性能较好,但在 1550 nm 波分复用(DWDM)系统中使用时,会表现出非常严重的非线性,为此又研制出了非零色散位移光纤(NZ-DSF),它可以有正的或负的色散量,是一种发展迅速的光纤,图 4.9 显示了其色散系数 D 每 20 km 正负交替的情况。

另一种重要的单模光纤就是保偏光纤(PMF),它只能传播一个偏振方向的光,这对某些器件是非常重要的,例如需要偏振光输入的外调制器。图 4.10 是保偏光纤的横截面图。这种光纤的特点是:除纤芯外还有两个圆柱形的压力棒给纤芯施加压力,从而只使一个方向的偏振光得到传输。

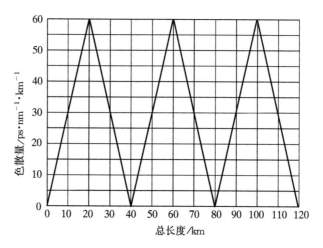

图 4.9　色散系数 D 每 20 km 正负交替的系统的色散量

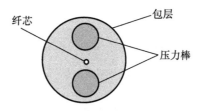

图 4.10　保偏光纤的横截面图

4.4　多模光纤

　　最早制造并商用化的光纤是多模光纤。与单模光纤相比,多模光纤纤芯直径一般比较大,光在光纤中能够以几十种乃至几百种离散的传播模式进行传播,根据折射率分布的不同,多模光纤可以分为阶跃型和渐变型光纤。多模光纤带宽较单模光纤窄,但其制造、连接和耦合相对容易,多用在短距离光通信、能量传输和传感等领域。

4.4.1　多模光纤的结构

　　阶跃型和渐变型两种多模光纤结构如图 4.11 所示。通常,光纤的纤芯用来导光,包层保证光全反射只发生在纤芯内,涂覆层则保护光纤不受外界作用并吸收诱发微变的剪切应力。表 4.4 列出了目前常用的 A1 类多模光纤的结构尺寸参数。

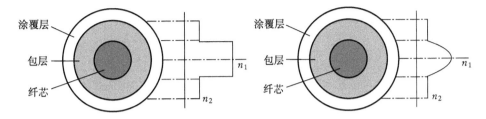

图 4.11　两种多模光纤结构

表 4.4　A1 类多模光纤的结构尺寸参数

光纤类型	A1a	A1b	A1c	A1d
纤芯直径/μm	50±3	62.5±3	85±3	100±5
包层直径/μm	125±2	125±3	125±3	140±4
芯/包同心度/μm	≤3	≤3	≤6	≤6
芯不圆度/%	≤6	≤6	≤6	≤6
包层不圆度/%	≤2	≤2	≤2	≤4
包层直径(未着色)/μm	245±10	245±10	245±10	250±25
包层直径(着色)/μm	250±15	250±15	250±15	—

4.4.2　多模光纤的分类

多模光纤按照折射率分布分为阶跃折射率型和渐变(梯度)折射率型。现在光纤通信基本上已不采用阶跃型多模光纤。国内常用的两种多模光纤是纤芯/包层直径分别为 50/125 μm 和 62.5/125 μm 的梯度折射率多模光纤,两者基本上都可以胜任 Gbps 以太网的传输,其选择主要由光收发器而定。但是 50/125 μm 梯度折射率多模光纤的衰减、带宽性能更好,更适合用于 10 Gbps 以太网的传输。

梯度折射率多模光纤包括 A1a,A1b,A1c 和 A1d 类型,可用多组分的玻璃或掺杂石英玻璃制得。为降低光纤衰减,梯度型多模光纤的制备选用的材料纯度比大多数阶跃型多模光纤材料纯度高很多。正是由于折射率呈现梯度分布和更低的衰减,所以梯度型多模光纤的性能比阶跃型的要好得多。一般在直径相同的情况下,梯度型多模光纤的芯径远小于阶跃型多模光纤,这就赋予梯度型多模光纤更好的抗弯曲性能。表 4.5 列出了四种梯度型多模光纤的传输性能及应用场合。

表 4.5   四种梯度型多模光纤的传输性能及应用场合

光纤类型	芯/包直径/μm	工作波长/μm	带宽/MHz	数值孔径	衰减系数/dB·km^{-1}	应用场合
A1a	50/125	0.85,1.30	200~1500	0.20~0.24	0.8~1.5	数据链路,局域网
A1b	62.5/125	0.85,1.30	300~1000	0.26~0.29	0.8~2.0	数据链路、局域网
A1c	85/125	0.85,1.30	100~1000	0.26~0.30	2.0	局域网、传感系统等
A1d	100/125	0.85,1.30	100~500	0.26~0.29	3.0~4.0	局域网、传感系统等

4.5   光纤中的场结构及场图

　　光纤模式的场结构主要是指对应模式的场型分布,也就是指光纤中传输光的电场和磁场的分布情况,可采用矢量法和标量法进行分析。

　　当采用矢量法分析时,所得模式称为矢量模。光纤的输入端有光输入时,在其输出端横截面上可以观察到一定形状的光斑,它是光纤横截面上场结构的一种表现形式,称为场图。不同的模式对应场图不同。通过对光纤终端场图的观察,可确定光纤中传输的模式。图 4.12 描述了矢量模的场图。

　　当对光纤采用标量分析法分析时,所得模式称为标量模或线性偏振模,以 LP_{mn} 标记,其中角标 mn 是波型的编号。要注意的是标量分析法是一种近似分析法,其使用前提是光纤满足弱导条件 $n_1 \approx n_2$。但由于标量分析法比较简单,且具

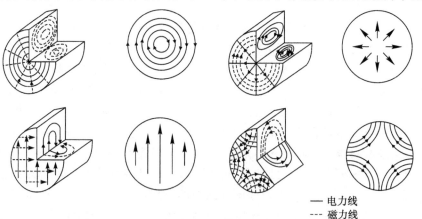

—— 电力线
--- 磁力线

图 4.12 TE_{01},TM_{01},HE_{11},HE_{21} 模的场结构和其简化图

有实用价值,因此被广泛采用。当光纤中的横向场可以用一个标量描述时,场将满足标量亥姆霍兹方程,可以采用类似矢量分析法的步骤求解,获得各场量的标量表达式,再从各场量的标量表达式中求得各导波模式的特征方程和它们各自的截止频率。这时所获得的导波模式就是线性偏振模 LP_{mn} 。各线性偏振模的截止频率如表 4.6 所示。

表 4.6　各线性偏振模的截止频率

截止频率范围	0　3.832　5.520　8.417　10.173 2.405　5.136　7.016　8.654　11.620								
m	0	1	2	0	1	2	0	1	2
n	1	1	1	2	2	2	3	3	3
相应的模式 LP_{mn}	LP_{01}	LP_{11}	LP_{21}	LP_{02}	LP_{12}	LP_{22}	LP_{03}	LP_{13}	LP_{23}

　　用标量分析法所得线性偏振模的截止频率和用矢量分析法所得矢量模的截止频率有明显的对应关系。图 4.13 给出两种分析法所得的几个低阶模式与截止频率的对应关系。

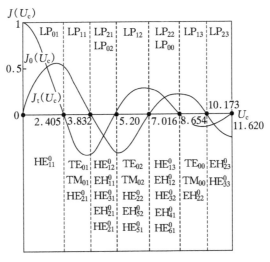

图 4.13　同一个截止频率范围内标量模与矢量模的对应关系

　　从图中可以看出,在同一个截止频率范围内,一个线性偏振模与几个矢量模相对应。可以认为光纤中的线性偏振模是由与其相对应的几个矢量模叠加成的。这样,就可以从已得到的矢量模场结构,通过叠加的关系得到相应的线性偏振模场图。如 LP_{01} 模的场图就由 HE_{11} 模两个简并模叠加而成。

4.6　光纤的传输特性

光纤的传输特性一般包括光纤的损耗特性、色散特性和光纤的传输带宽,当传输光功率密度较高时,还需要考虑光纤的非线性效应。它直接决定了光纤通信系统的最大传输距离和信道容量,是一个非常重要的问题。

4.6.1　损耗特性

光纤损耗主要包括吸收损耗、散射损耗和附加损耗。光纤损耗会对所传光信号的能量造成损失,限制光信号的传输距离。在实际工程中,损耗问题是必须考虑的首要问题。

一段光纤的损耗用通过这段光纤的光功率损失来度量,单位为 dB,通常定义为

$$\alpha = 10\lg \frac{P_{in}}{P_{out}}$$

式中,P_{in} 为入射光功率,P_{out} 为经过光纤传输后输出的光功率。在这个定义下的损耗与光纤的长度、入射光的情况等因素有关。

为计算方便,光功率损耗常用任意功率 P 与 1 mW 功率比值的对数来表示,单位为 dBm

$$P(dBm) = 10\lg \frac{P(mW)}{1mW}$$

衰减系数则定义为单位长度光纤引起的光功率衰减。当长度为 L 时,衰减系数

$$\alpha(\lambda) = -\frac{10}{L}\lg \frac{P(L)}{P(0)}(dB/km)$$

其中,$\alpha(\lambda)$ 是波长 λ 的函数,其数值与所选光纤长度无关。

图 4.14 为石英玻璃光纤的衰减谱。图中直观地描述了衰减系数与波长的函数关系,同时也表示出光纤的五个工作窗口波长范围。由图可知,石英玻璃光纤的衰减谱具有的三个主要特征:①衰减随波长的增大而呈降低趋势;②衰减吸收峰与 OH^- 有关;③波长大于 1600 nm 时,光纤衰减增大。这主要是由微观或宏观弯曲损耗和石英玻璃吸收损耗引起的。

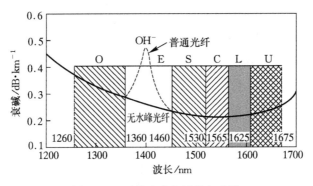

图 4.14　石英玻璃光纤的衰减谱

　　由于制造水平的提高,现代光纤低损耗工作波段数量及谱宽得到了大幅度扩展,按照 ITU - T 讨论结果,单模光纤有如表 4.7 所示 6 个传输波段。目前光纤通信中最广泛应用的是 C 波段,这主要是因为石英玻璃的最小衰减和掺铒光纤放大器的最大放大功率恰好都位于 1550 nm 附近。目前,人们正在使光纤和放大器的工作波长向 L 波段方向扩展。此外,由于采用脱水工艺消除了 1385 nm 水峰,光纤工作窗口波段也扩展了带宽 100 nm 的 E 波段。而 U 波段则主要用于传输维护信号。

表 4.7　单模光纤的 6 个传输窗口的波长范围

波段名称	含义	波长/nm
O 波段	原始波段	1 260～1 360
E 波段	扩展波段	1 360～1 460
S 波段	短波长波段	1 460～1 530
C 波带	常用波段	1 530～1 565
L 波段	长波长波段	1 565～1 625
U 波段	超长波长波段	1 625～1 675

　　为了解决光纤传输衰减,延长无中继光传输距离,实现全光传输,光通信中普遍采用光纤放大器来解决光纤的传输衰减。光纤通信可以说是伴随着光纤制造水平的不断提高,即光纤损耗的不断降低而发展起来的。图 4.15 给出几种光纤损耗谱特性曲线。

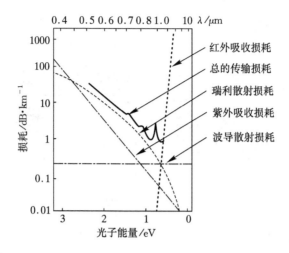

图 4.15 光纤各种损耗的谱特性曲线

1. 吸收损耗

产生吸收损耗的原因来自材料本征吸收、杂质吸收和原子缺陷吸收三个方面。

（1）光纤材料的本征吸收损耗　本征吸收是光纤基本材料（如二氧化硅）固有的吸收。吸收损耗的大小和波长有关,对于石英光纤,本征吸收有红外与紫外两个吸收带:石英玻璃的 Si—O 键因振动吸收能量而造成损耗,产生三个谐振吸收峰而拖尾至 $1.5\sim1.7~\mu m$,形成石英光纤工作波长的工作上限;光纤材料中一些处于低能级的电子会吸收光波能量而跃迁到高能级状态,产生中心波长在紫外区 0.16 μm 的强吸收峰,并拖尾到光纤通信波段。在短波长区,该损耗值达 $1~dB/km$,而在长波长区仅约为 $0.05~dB/km$。

（2）杂质吸收　与本征吸收相比,非本征吸收要大得多。在用熔融法制造的光纤中,杂质所引入的吸收在几种吸收中占据着主导地位,其中 OH^- 和过渡金属（如铁、铬、钴、铜等）离子是产生吸收的主要因素。

（3）原子缺陷吸收损耗　是指光纤材料受到某种激励（例如热激励或强辐射激励）时所感生的一种损耗。由于目前已选取受这种激励影响最小的石英玻璃作为光纤材料,所以原子缺陷吸收损耗造成的影响已经很小。

2. 散射损耗

由于光纤的材料、形状及折射率分布等的缺陷或不均匀以及光纤中传导的光散射而产生的损耗称为散射损耗,包括线性散射损耗和非线性散射损耗。线性散射损耗主要包括瑞利散射损耗和波导散射损耗,非线性散射损耗主要包括受激拉曼散射和受激布里渊散射等。

（1）瑞利散射　光纤在加热制造过程中，热扰动使原子产生压缩性的不均匀，造成材料密度不均匀，进一步造成折射率不均匀。这种不均匀性在冷却过程中固定下来并引起光的散射，称为瑞利散射。它与光波长的四次方成反比。在短波长 850 nm 窗口损耗最大，随波长增加，瑞利散射会大大减小。

（2）波导散射损耗　当光纤纤芯直径沿轴向不均匀时，产生导模和辐射模间的耦合，能量从导模转移到辐射模，形成附加的波导散射损耗。这类散射损耗与包层与纤芯结合面的粗糙程度有关，与波长无关。目前光纤制造水平已使该损耗降到可忽略的程度。

（3）非线性散射损耗　光纤中传输的光强大到一定程度时，会产生非线性受激拉曼散射和受激布里渊散射，使输入光能部分转移到新的频率分量上。常规光纤通信系统中，半导体激光器发射光功率较弱，该损耗很小。

3. 附加损耗

附加损耗属于来自外部的损耗，也称为应用损耗或辐射损耗。如在成缆、施工安装和使用运行中不可避免地会出现由光纤扭曲、侧压等造成光纤宏观弯曲和微观弯曲所导致的损耗等。微观弯曲是在光纤成缆时随机弯曲产生的，所引起的附加损耗一般很小，而宏观弯曲损耗不可忽略。

4.6.2　色散特性

光脉冲在光纤中传输一段距离之后不仅振幅衰减，脉冲宽度也会展宽。脉冲展宽可能导致脉冲之间的重叠，使接收机难以辨别，在通信中造成误码，不仅影响了光纤的通信容量，还限制了光纤的传输距离。光纤色散根据机理可以分为：

（1）模式色散　多模传输时，不同模式在同一频率下的由于传播速度不相同而引起的色散；

（2）材料色散　由于纤芯材料的折射率随波长变化的色散性质引起；

（3）波导色散　模式本身的色散，是在不同的频率下，同一模式由于传播速度不同引起的色散。

多模光纤以模式色散和材料色散为主，波导色散可略；而单模光纤由于只传输单一模式的光，不存在模式色散，以材料色散与波导色散为主。图 4.16 和图 4.17 为光纤中波导色散与材料色散的起因。

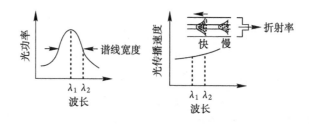

图 4.16 光纤中波导色散起因

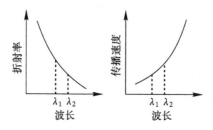

图 4.17 光纤中的材料色散起因

4.6.3 非线性特性

在光纤通信系统中,高输出功率的激光器和超低损耗单模光纤的使用,特别是超密集波分复用技术的应用,使得光纤中的非线性效应愈来愈显著。这是因为单模光纤中的光场绝大部分能量被束缚在很细的纤芯内传输,光场强度非常高,低损耗又使得高场强可以维持很长一段距离。光纤中的非线性效应,一方面可以引起传输信号的附加损耗、信道之间的串扰、信号频率的漂移等;另一方面又可以被利用来开发新型器件,如激光器、放大器、调制器等。新兴的光孤子通信技术正是利用了光纤的非线性效应克服色散的影响,使通信速率极大地提高,传输距离极大地延长。

4.7 光纤制造工艺

目前通信用的光纤基本上是以石英(二氧化硅)为主体材料的石英玻璃制成的。为了得到低损耗光纤,这些材料都是由超纯的化学原料经过高温合成的。光纤的制造工艺主要有以下三种:

①管棒法 将内芯玻璃棒插入外层玻璃管中(尽量紧密),熔融拉丝;

②双坩埚法 在两个同心铂坩埚内,将内芯和外层玻璃料分别放入内、外坩埚中;

③分子填充法 将微孔石英玻璃棒浸入高折射率的添加剂溶液中,得到所需折射率分布的断面结构,再进行拉丝操作,它的工艺比较复杂。

这里介绍常用的管棒法,主要包括圆柱形预制棒的制作和拉丝工艺。

4.7.1 预制棒的制造方法

预制棒的制造方法主要有管内化学气相沉积法,如改进的化学气相沉积法(Modified Chemical Vapour Deposition,MCVD),等离子体气相沉积法(Plasma Chemical Vapour Deposition,PCVD),气相轴向沉积法(Vapour Phase Axial Deposition,VAD)和外气相沉积法(Outside Vapour Deposition,OVD)。

MCVD 是目前使用最为广泛的预制棒生产工艺,其基本原理是用氧气按特定的次序将 SiO_2,$GeCl_4$,BCl_3 送入旋转的高纯高温硅管中,使硅和掺杂元素(Ge,B等)按受控方式产生化学反应。反应产物均匀沉积在硅管内壁,随着沉积不断产生,中空的硅管逐渐被封闭。包层材料形成对应的化学反应式为

$$SiCl_4 + O_2 \longrightarrow SiO_2 + 2Cl_2 \uparrow$$
$$4BCl_3 + 3O_2 \longrightarrow 2B_2O_3 + 6Cl_2 \uparrow$$

最后沉积光纤的纤芯,其氧化反应过程为

$$SiCl_4 + O_2 \longrightarrow SiO_2 + 2Cl_2 \uparrow$$
$$GeCl_4 + O_2 \longrightarrow GeO_2 + 2Cl_2 \uparrow$$

为了保证沉积的均匀性,在整个过程中要以一定的速度旋转石英管,并使氢氧焰喷灯以适当的速度沿石英管来回移动,过程如图 4.18。

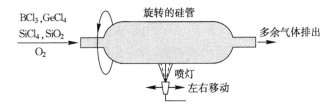

图 4.18 光纤预制棒的 MCVD 制作方法

4.7.2 拉丝工艺

预制棒拉制成光纤的示意图如图 4.19 所示。当预制棒由送棒机构以一定的速度均匀地送往环状加热炉中加热,且预制棒尖端加热到一定温度时,棒体尖端的黏度降低,靠自身重量逐渐下垂变细形成纤维,由牵引棍绕到卷筒上。光纤外径和圆的同心度由激光测径仪和同心度测试仪监测,并控制送棒机构和牵引棍相互配合,以保证光纤的同心度和外径的均匀性。目前,光纤的外径波动可控制在±0.5

μm 以内,拉丝速度一般为 600 m/min。

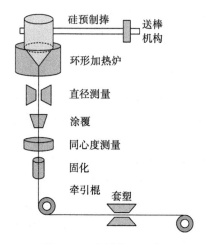

图 4.19　光纤拉丝工艺

为了使光纤便于工程应用,还要在光纤外套上塑料管,即套塑工艺。通常光纤的套塑方式有松套和紧套两种。套塑时有意让光纤略比塑料管长,以便在外力的作用下,只拉伸套管而光纤不受力。但余长不能太长,以避免过多的弯曲增加光能的损失。根据经验,光纤的余长一般为千分之几。

4.7.3　光纤的成缆

虽然在拉丝过程中经过涂覆的光纤已具有一定的抗拉强度,但仍经不起弯折、扭曲等侧压力,所以必须把光纤和其他保护元件组合起来构成光缆,使光纤能在各种铺设条件下和各种工程环境中使用,达到实际应用的要求。

1. 设计光缆的基本原则

①为光纤提供可靠的机械保护,使光缆本身具有优良的机械性能;

②保证光纤的传输性能;

③根据技术要求,选择性能良好的光纤构成光缆;

④光缆的制造、维修和接续应方便、可靠。

2. 光缆的典型结构

(1)紧结构光缆(古典式)　图 4.20(a)所示为紧结构光缆的横截面结构图。光缆中的强度元件(加强心)一般用钢质材料制成钢丝,一方面由于钢丝具有较大的杨氏模量,从机械强度上保证了光纤的安全;另一方面,由于钢丝的线膨胀系数较小,可改善光缆的温度纵向伸缩特性。被铺光缆按一定的节距绞合成缆,并紧紧地包埋于塑料之中。对于实用型光缆,为便于检测和维修,还需要铺信号线和电源线。

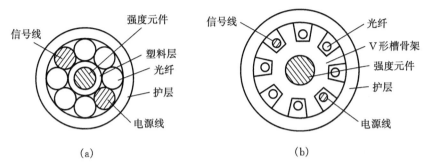

图 4.20 光缆的结构

(2)松结构光缆(骨架式) 图 4.20(b)所示为松结构光缆的横截面结构图。它与紧结构光缆的不同之处在于:光纤被置于具有较大空间的 V 形塑料骨架螺旋槽内,这样当光纤受机械力或热因素影响时,可以在槽内作一定的径向移动,从而减小光纤的应力、应变和微变,改善传输特性。

4.8 光纤的连接与耦合

4.8.1 光纤的连接

光纤之间的连接分为永久性连接和活动性连接。永久性连接一般又分为黏接剂连接和热熔性连接两种。不管是哪一种连接,都需用 V 形槽或精密套管,将两光纤的轴心对准,再加进黏接剂并使之固化;或者将光纤对接部位加热熔融,对接后冷却。连接中,由于工艺造成的连接误差或因被连接的两根光纤结构参数不同,都会造成连接处的损耗。具体内容在光纤连接器中介绍。

4.8.2 光纤的耦合

光纤耦合是指把光源发出的光最大限度地传送到光纤中去,涉及光源辐射的空间分布、光源发光面积以及光纤的收光特性和传输特性。光纤的耦合方式有:直接耦合和间接耦合。

直接耦合是最简单的耦合方式,就是将一根平端面的光纤直接靠近光源的发光面放置。间接耦合主要是指在光源与光纤端面之间插入一个透镜的耦合方式。常见光纤的耦合方式如图 4.21 所示。

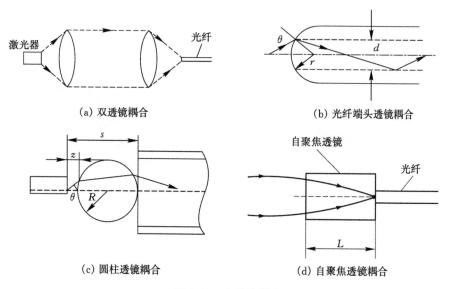

（a）双透镜耦合　　　　　　　　　　　（b）光纤端头透镜耦合

（c）圆柱透镜耦合　　　　　　　　　　　（d）自聚焦透镜耦合

图 4.21　光纤的耦合

第 5 章 光放大器

光放大器是光纤通信技术发展史上的一个重要里程碑。光放大器的真正的优点体现在既使通信系统设备大大简化,同时又大幅度地降低了系统的成本。用光放大器代替光/电/光中继器为光纤通信系统开创了全光传输的崭新局面。

在光放大器没有出现之前,光纤传输系统普遍采用光/电/光(OEO)混合中继器。这种结构的光纤通信系统在长距离信号传输方面存在几个明显的不足:

①由于沿途需要设置很多中继站并采用很多电子和光电子器件,极大地增加了系统的建设、运行和维护成本,同时也降低了系统的可靠性;

②由于中继器中电子电路响应速度和带宽的限制,使得用原系统进行高速率信号传输受到"电子瓶颈"的影响而变得十分困难;

③建造多波长中继器的复杂性使得利用密集波分复用(DWDM)技术对系统进行大规模扩容升级几乎不可能实现。

20 世纪 80 年代出现的光放大器技术具有对光信号进行实时、在线、宽带、高增益、低噪声、低功耗以及波长、速率和调制方式透明的直接放大功能,是新一代光纤通信系统中不可缺少的关键技术。它既解决了衰减对光网络传输距离的限制问题,又开创了 1550 nm 波段的波分复用,从而使超高速、超大容量、超长距离的波分复用(WDM)、密集波分复用(DWDM)、全光传输、光孤子传输等成为现实,是光纤通信发展史上的一个划时代的里程碑。又由于其与调制形式及比特率无关,因而在光纤通信系统中得到了广泛应用。

5.1 光放大器的作用

在任何通信系统中,传输介质本身的衰减,以及传输介质与其他器件之间的连接损耗等因素会造成信号能量的损耗,所以信号经很长距离后都需要对其进行放大。在光纤通信系统中,在光放大器发明之前,解决光信号放大问题的办法是采用传统的光电中继器,这种集光/电/光(OEO)转换和信号处理功能为一体的设备,结构复杂,费用昂贵且可靠性差。为了彻底解决光电中继器存在的这些先天缺陷,人们研制出了能够直接放大光信号且体积紧凑、结构简单的光放大器。

由图 5.1 可以看出,光放大器的工作原理和结构组成比传统的 OEO 中继器要简单得多,是一个纯光学器件,利用激光器工作原理来提高光信号强度。光放大器是一个模拟光学器件,其输入信号和输出信号相同,只放大光强和附加噪声,在一个 DWDM 系统中可以同时放大许多个信道。可以说,光放大器的发明和使用引起了光纤通信技术领域中的一场新革命——全光通信。今天,在高速率、大容量和远距离的 DWDM＋EDFA 或粗波分复用(CWDM)＋EDFA 光纤通信系统中,EDFA 扮演着十分重要的角色。表 5.1 列出了 2000 年至 2004 年国际光纤通信会议和欧洲光纤通信会议报道的采用 EDFA 的超高速率、超大容量和超长距离的光纤通信系统的陆地试验水平。

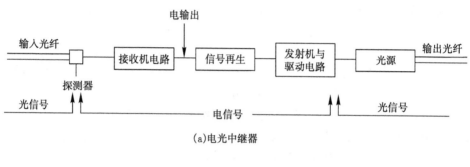

(a)电光中继器

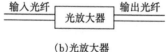

(b)光放大器

图 5.1　中继器和光放大器的区别

表 5.1　光纤通信系统的陆地试验水平

单信道速率/Gbps	系统容量/Gbps・km	传输距离/km	光纤段距离/km
10	10×40	2 400	200
10	10×185	8 400	100
40	40×89	4000	100
40	40×160	3 200	100
80	80×40	1 000	100
80	80×64	320	80
160	160×6.375	600	100

5.2　光放大器的分类

光纤通信中使用的光放大器种类繁多,为深入了解各种光放大器性能,可按照光放大器的工作原理、工作介质、增益范围和具体用途,将光放大器进行仔细的分类。

从工作原理来分,光放大器主要包括半导体光放大器(SOA)和光纤放大器(FOA)两大类,如图 5.2。

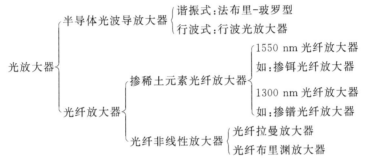

图 5.2　光放大器的分类

SOA 是采用与通信用激光器相类似的工艺制作而成的一种行波放大器,只不过其一般工作于阈值电流以下。其显著特点是增益高达 15～30 dB、放大波长宽达 50～70 nm、体积小,特别适合于光子集成和光电子集成等。其缺点是增益与偏振态、温度相关,导致稳定性差、输出功率小、噪声指数大、与光纤耦合损耗大(一般 3～5 dB)。SOA 主要用于由粗波分复用系统构成的城域网和接入网。

FOA 又包括两种,一种是掺杂光纤放大器,另一种是非线性光纤放大器。

掺杂光纤放大器利用掺杂离子在泵浦光作用下形成粒子数反转分布,当有入射光信号通过时实现对入射光信号的放大作用。早在 1964 年就有人提出掺杂 Nd^{3+} 光纤放大器的设想,但直到 1985 年低损耗掺杂 SiO_2 光纤研制成功后,这种设想才成为现实。掺杂光纤放大器利用掺杂离子在泵浦光作用下的粒子数反转而对入射光信号提供光增益,放大器的增益特性和工作波长由掺杂离子决定。许多稀土离子都被用作掺杂剂而构成掺杂光纤放大器,研究得最多的是掺杂 Pr^{3+},Nd^{3+} (用于 1.3 μm 波长)和掺杂 Er^{3+}(用于 1.55 μm 波长)光纤放大器。

非线性光纤放大器主要指利用光纤中的受激拉曼散射(SRS)和受激布里渊散射(SBS)等非线性效应工作的光纤拉曼放大器(FRA)。FRA 中,对光纤注入的泵浦光能量通过 SRS 或 SBS 传送到信号光上,同时有部分能量转换成分子振动(SRS 中)或声子(SBS 中)。对 SRS 光纤放大器来说,泵浦光与信号光可以同向或反向传输,而 SBS 光纤放大器只能进行逆向泵浦,SBS 的 Stokes 移动要比 SRS 小三个量级,SRS 光纤放大器的增益带宽约为 6 THz,而 SBS 光纤放大器的增益带宽却相当窄,只有 30～100 MHz。

　　FRA 具有极宽的放大波长范围:1270～1670 nm,所以在进一步挖掘光纤潜在的巨大工作带宽方面具有十分美好的应用前景。20 世纪 90 年代末期开始,由于 EDFA 在噪声、带宽、长距离放大等方面的不足,使其成为新的研发热点,目前呈现出一种 EDFA 与 FRA 共同使用的趋势,可以大大提高系统的接收机灵敏度,以及系统的传输质量。

　　表 5.2 是几种光放大器的性能比较一览表。

表 5.2　三种常用光放大器性能比较

性能	半导体光放大器	光纤拉曼放大器	掺铒光纤放大器
非饱和增益/dB	＞20	5～15	＞20
泵浦光功率/mW	不存在	100～200	20～50
泵浦光波长/nm	不存在	＜信号波长 Stokes 频移	820,980,1 450 等
偏置电流/mA	50	＞500	＞100
工作波长/nm	任意	任意,取决于泵浦	1 525～1 565
带宽/nm	20～50	20～40	10～40
耦合效率/dB	5～6	＜1	＜1
偏振相关性/dB	＜几个	0	0
饱和输出/mW	＜几个	由泵浦光功率限制	几个
方向性	双向	双向	双向
噪声	低	极低	低

5.3　掺铒光纤放大器(EDFA)

　　目前技术上最成熟的掺杂光纤放大器是掺铒光纤放大器(EDFA),它能够为石英玻璃光纤的低损耗衰减窗口提供高输出功率和宽增益,适合充当通信系统的功率放大器、线路放大器、前置放大器等,成为提高波分复用系统性能的最佳方式,在长途光纤通信系统中扮演着十分重要的角色,且在 20 世纪 90 年代就已实现商用化。

5.3.1　EDFA 的结构

　　一台实用的 EDFA 由光路和辅助电路两大部分组成,图 5.3 示出 EDFA 的典型结构。光路结构部分由掺铒光纤、泵浦光源、光合波器、光隔离器和光滤波器组成。辅助电路主要包括电源、微处理自动控制和告警及保护电路,辅助电路的协调工作是光放大器正常工作的前提。下面对各部分进行具体介绍。

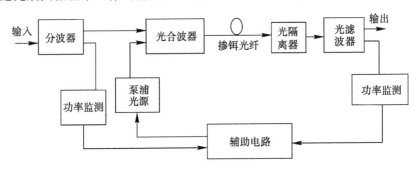

图 5.3　EDFA 的典型结构

1. 掺铒光纤

　　掺铒光纤是 EDFA 的核心元件,它以石英光纤作基质材料,并在其纤芯中掺入一定比例的稀土元素铒离子(Er^{3+})。掺铒光纤端面结构如图 5.4 所示。当一定的泵浦光注入到掺铒光纤中时,Er^{3+} 从低能级被激发到高能级上,并在该能级和低能级间形成粒子数反转分布。稀土掺杂光纤的制法有溶解法、载

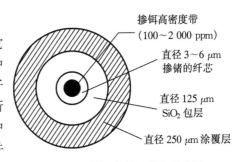

图 5.4　掺铒光纤端结构示意图

体容器法、熔融法、管棒法、气相轴向淀积和铸造法。掺杂浓度在百万分之几十到百万分之几百。对于掺杂光纤存在一个最佳浓度,浓度过高或者过低均不利于形成激光放大。浓度过低,在掺杂离子总有效数少于入射光子的部位,激发态有可能被耗尽,所以光信号的放大受限于可被利用的有限的离子数目。反之,若掺杂过多,则会出现两个问题:一是浓度遏制问题,即高掺杂时相邻稀土离子之间会出现一种非辐射交叉弛豫过程,该过程将使激光上能级的有效粒子数减少;另一个问题是,高掺杂将会使玻璃基质中产生结晶,这对激光的形成也是不利的。

2. 合波器

光合波器的功能是将信号光和泵浦光合路进入掺铒光纤中。要求它在信号光和泵浦光处有小的插入损耗,而且对光的偏振不敏感。光合波器有时也称为波分复用器。

3. 光隔离器和光滤波器

光隔离器的功能是使光的传输具有单向性,使正向传输光以极小损耗通过,而发射光被以极大的损耗(>40 dB)抑制,这样,使光放大器不受反射光影响,保证系统稳定工作。

光滤波器的作用是滤掉光放大器中的噪声,提高系统的信噪比(SNR)。

4. 辅助电路

在 EDFA 的辅助电路中,系统要求电源具有高的稳定性、小的噪声和长的寿命,因而一般采用开关电源,使用以微处理机为主的控制/监测系统监测泵浦激光器的工作状态和输入/输出光信号的强度,并适当调节泵浦的工作状态参数,使光放大器工作处于最佳状态。除此之外,辅助电路部分还包括自动温度控制和自动功率控制等保护功能的电路,有的辅助电路还具有通过计算机通信协议完成人机对话和对光放大器的网络监控功能。

5. EDFA 的泵浦光源和泵浦方式

EDFA 的另一核心部件是泵浦光源,它为信号放大提供足够的能量,使物质达到粒子数反转分布的必要条件。EDFA 的泵浦源主要是半导体激光二极管,其泵浦波长有 820 nm,980 nm 和 1480 nm 三种。在商用 EDFA 中,由于 980 nm 激光二极管具有噪声低、泵浦效率高、驱动电流小、增益平坦性好等优点而被广泛应用。EDFA 有三种最基本的内部泵浦方式,即同向泵浦、反向泵浦和双向泵浦。

(1)同向泵浦 在同向泵浦方案中,泵浦光与信号光从同一端注入掺铒光纤。在掺铒光纤的输入端,泵浦光较强,故粒子反转激励也强,增益系数大,信号一进入光纤即得到较强的放大。但由于吸收的原因,泵浦光将沿光纤衰减,在一定光纤长度上达到增益饱和从而使噪声迅速增加,如图 5.5(a)所示。

(2)反向泵浦 在反向泵浦方案中,泵浦光与信号光从不同方向输入掺铒光纤,在掺铒光纤中反向传输。其优点是当光信号放大到很强时泵浦光也强,不易达到饱和,因而噪声性能较好,如图 5.5(b)所示。

(3)双向泵浦 在双向泵浦方案中,有两个泵浦光源,其中一个泵浦光与信号光以同一方向注入掺铒光纤,另一个泵浦光从相反方向注入掺铒光纤,如图 5.6(c)所示。

(4)三种泵浦方式的性能比较 首先,从信号输出功率与泵浦光功率的关系来

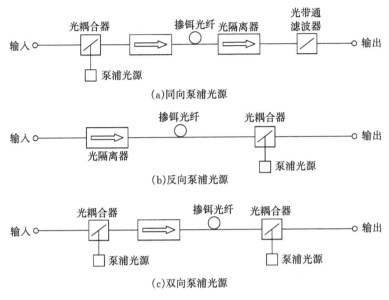

图 5.5　EDFA 的三种泵浦方式示意图

看,同向泵浦效率最低,而反向泵浦比同向泵浦增益高 3~5 dB。这是因为在输出端的泵浦光比较强,可以更多地转换为信号光;而双向泵浦由于其泵浦功率又提高了 3 dB,因而其输出信号增益又比反向泵浦提高约 3 dB。

其次,从噪声特性来看,由于输出功率加大将导致粒子反转数的下降,因此在未饱和区,同向泵浦式 EDFA 的噪声指数最小,但在饱和区,情况将发生变化。双向方式结合了同向泵浦和反向泵浦的优点,使泵浦光在光纤中均匀分布,从而使其增益在光纤中均匀分布。

最后,三种泵浦方式的饱和输出特性中,同向 EDFA 饱和输出功率最小,而双向泵浦最大,且放大器性能与输出信号方向无关,但双向泵浦耦合损耗较大,并增加了一个泵浦,使成本上升。

5.3.2　EDFA 的工作原理

EDFA 的工作原理与半导体激光器的工作原理相同,是在泵浦光源的作用下,使掺铒光纤中出现了粒子数反转分布,产生了受激辐射,从而使光信号得到放大。由于 EDFA 具有细长的纤形结构,使得有源区的能量密度很高,光和物质的作用区很长,这样可以降低对泵浦光源功率的要求。

由物理知识可知,铒的原子序数为 68,原子量 167.2,价电子 3,属镧系元素,是以三价离子 Er^{3+} 的形式参与工作的。掺杂的 Er^{3+} 分散于基质之中,属分立能级。但由于光纤基质结构产生的本征场对 Er^{3+} 产生微扰,产生了使其谱线分离的斯塔克效应。这些分离的能级间能级差很小,形成了基态 E_1、亚稳态 E_2 和激发态 E_3 准能带,如图 5.6 所示。

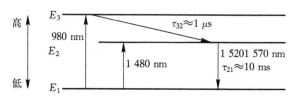

图 5.6　铒离子能级结构示意图

Er^{3+} 在未受到任何光激励的情况下,处在基态能级 E_1 上。当用 $\lambda = 980$ nm 的泵浦光源的激光不断地激发光纤时,处于 E_1 的粒子获得能量向激发态 E_3 跃迁,并迅速以无辐射跃迁过程落到亚稳态 E_2,导致在 E_2 和 E_1 两能级之间就形成粒子数反转分布状态。当输入光信号的光子能量 $E = h\nu$ 正好等于 E_2 和 E_1 两能级差时,E_2 上的粒子以受激辐射的形式跃迁到 E_1 上,并辐射出输入光信号的全同光子,使得输入光信号在掺铒光纤中变为一个强的输出光信号,实现对光信号的直接放大。

5.3.3　EDFA 的主要指标

为了在光纤通信中能够正确选用光放大器,需要深入了解光放大器的主要指标。由于放大器的增益不仅与信号光频率有关,而且依赖于其强度,对于均匀展宽的二能级系统,增益系数 g 可表示为

$$g(\omega) = \frac{g_0}{1 + (\omega - \omega_0)^2 T_2^2 + P/P_s} \tag{5.1}$$

式中,g_0 为由放大器泵浦能力决定的峰值增益,ω 为入射光信号的频率,ω_0 为激活介质的跃迁频率;P 为信号光功率;P_s 为饱和光功率,与介质的辐射寿命 T_1 及辐射截面等参数有关;T_2 称为横向弛豫时间,通常很小(0.1 ps~ 1 ns);辐射寿命 T_1 也叫纵向弛豫时间,其大小因介质不同而取 100 ps~ 10 ms。上式可用来讨论放大器的增益带宽、放大倍数、饱和输出功率等放大器的重要特性。

1. EDFA 的增益和带宽特性

增益表示光放大器的的放大能力,与泵浦功率以及光纤长度等诸因素有关,定义为输出信号光功率与输入信号光功率的比值,用分贝表示

$$G(\text{dB}) = 10\lg \frac{P_{\text{out}}}{P_{\text{in}}} \tag{5.2}$$

增益与增益系数的关系为 $G(\omega) = \exp[g(\omega)L]$，这里 L 为放大器的长度。EDFA 的增益可以分为小信号增益和饱和增益。当泵浦光功率足够强，而信号光与放大自发辐射(ASE)光很弱时，上下能级粒子数反转程度很高，EDFA 的增益将达到很高的值，且即使输入 P 少量增加，增益仍维持不变，这种增益称为小信号增益，相应增益系数表示为

$$g(\omega) = \frac{g_0}{1 + (\omega - \omega_0)^2 T_2^2} \tag{5.3}$$

可见，信号光频率与介质频率相等时增益取得最大值；不相等时按洛伦兹分布减小，如图 5.7 所示。

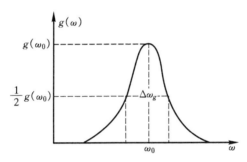

图 5.7　洛伦兹分布增益曲线

增益带宽定义为增益谱 $g(\omega)$ 的半极大值全宽(FWHM)，对于洛伦兹分布的增益谱，增益带宽为

$$\Delta\omega_g = 2/T_2 \tag{5.4}$$

或

$$\Delta v_g = \frac{\Delta\omega_g}{2\pi} = 1/\pi T_2 \tag{5.5}$$

SOA 的 T_2 约为 0.1 ps，可得 Δv_g 约为 3 THz，因此增益带宽很宽，满足光纤通信系统的要求。

在给定输入泵浦光功率时，$\omega = \omega_0$ 共振条件下，随着入射信号光与 ASE 光功率的逐渐增大，上能级 Er^{3+} 的增加将因补偿损耗而减小，引起增益逐渐下降，放大器进入饱和工作状态，产生增益饱和，此时 $g(\omega)$ 成为

$$g(\omega) = \frac{g_0}{1 + P/P_s} \tag{5.6}$$

在放大器中 z 处的光功率 $P(z)$ 可表示为

$$\frac{dP(z)}{dz} = g(\omega)P(z) = \frac{g \cdot P(z)}{1 + P(z)/P_s} \tag{5.7}$$

对上式在整个放大器长度 L 上积分，并利用 $P(0) = P_{in}$，$P(L) = P_{out} = GP_{in}$

及上式,得

$$G = G_0 \exp\left(-\frac{G-1}{G}\frac{P_{\text{out}}}{P_s}\right) \tag{5.8}$$

式中,$G_0 = \exp(g_0 L)$ 为共振时放大器的小信号放大倍数。上式表明,当 P_{out} 大到可以与 P_s 相比较时,放大器的增益 G 将从最大增益 G_0 减小。图 5.8 给出了这种饱和效应的曲线。

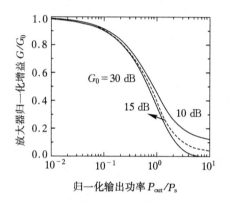

图 5.8 放大器的增益饱和效应

EDFA 的增益不仅随输入功率而变,而且还随信号波长而变,这种特性称为增益谱特性,主要取决于以下两个因素:

①掺铒光纤的受激吸收和受激辐射截面的线型。图 5.9 所示为典型的 Er^{3+} 吸收谱与发射谱,谱线线型与 Er^{3+} 的掺杂浓度密切相关,且一般来说吸收系数越大,掺杂浓度越高,增益越高;

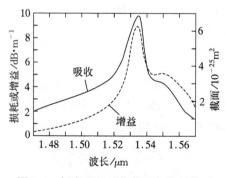

图 5.9 铒离子的吸收截面与发射截面

②沿掺铒光纤长度方向上非均匀粒子数反转引起的增益系数的变化。当泵浦功率减小时,1530 nm 波长处增益峰值逐渐消失,增益谱中心将移动到 1560 nm 附

近。可见，EDFA 的增益与信号光和泵浦光功率、铒纤的材料和长度等都有关系，也与泵浦能级系统有关，而且通过采用长波长泵浦，EDFA 的增益谱可向 L 波数扩展。

掺铒光纤参数一旦确定，Er^{3+} 对于各个波长的吸收截面以及发射截面就已确定，要想改变 EDFA 的增益谱形状，只能通过改变 Er^{3+} 的平均反转度来实现。图 5.10 给出放大器增益谱随 Er^{3+} 平均反转度变化的情况。这也正是能够利用 EDFA 的增益位移特性来实现对 L 波段信号进行放大的实质所在。

另外需要指出，影响 EDFA 增益谱特性的是 Er^{3+} 在上下能级分布的相对比值，而非绝对值。

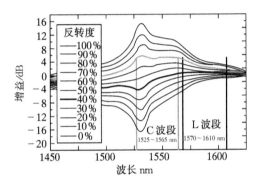

图 5.10　EDFA 的增益谱特性

2. 工作波长

EDFA 可放大波长范围很宽的光。图 5.11 给出一定的输入功率下 EDFA 增益与波长的关系。

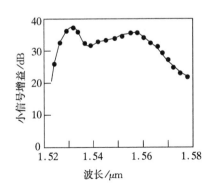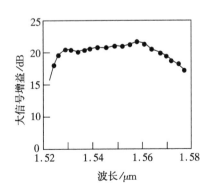

图 5.11　EDFA 增益与波长的关系

实际上不可能实现整个波长范围内的放大。在短波长处,铒离子吸收光会减弱可能的放大,因此,放大过程将集中在发生受激辐射概率最大的波长处。对于几米长的短光纤,最大增益的波长位于 C 波段。而 L 波段放大器采用的是铒-铝共掺光纤,使 EDFA 的工作波长范围扩展到 $1570\sim1610$ nm。现在,绝大数的放大器工作在 C 波段,而工作在 L 波段的放大器正在进入工程应用。一般来说,在 C 波段和 L 波段之间保留了 5 nm 间隔,以便于并联放大器分路,如图 5.12 所示。

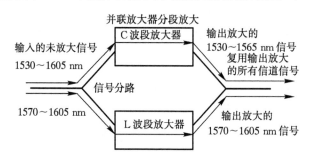

图 5.12　C 波段和 L 波段放大器并联使用

3. 放大器的自发辐射

放大的自发辐射(ASE)是放大器中的一个重要问题。激光放大器和激光器一样存在着 ASE。激光器中,谐振腔从最初的宽谱 ASE 中选择特定频率的光进行放大输出;放大器是用来放大输入光信号的,ASE 与光信号伴生,一方面与待放大的光信号一起参与激光物质粒子的受激辐射,与信号竞争而得到放大,同时消耗高能级的粒子,降低信号增益。更严重的是,放大了的 ASE 传到接收端,在对信号光进行检测时,与信号光一起形成拍频噪声,导致系统信噪比降低,限制光接收机灵敏度。

如图 5.13 所示,放大的 ASE 会沿着光纤放大器的整个工作范围扩展,但要比

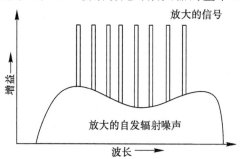

图 5.13　光纤放大器中的放大的自发辐射噪声

放大的信号功率(图中所示的 8 个信号峰值)小得多。

4. EDFA 的噪声特性

EDFA 的噪声特性用噪声系数 F 来度量,为 EDFA 输入信噪比 SNR_{in} 与输出信噪比 SNR_{out} 之比

$$F = \frac{SNR_{in}}{SNR_{out}} \tag{5.9}$$

噪声系数与同向传输的 ASE 频谱密度和放大器增益密切相关。由于自发辐射频谱在整个放大带宽内都存在,故不可能将其全部滤除。一般噪声系数越小越好。EDFA 的粒子数反转程度越高,其噪声性能越好。图 5.14 为 F 与输入光功率的关系,可见当 EDFA 有最大增益时,其 F 最小。

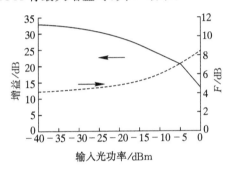

图 5.14　EDFA 增益与噪声性能(泵浦功率 120 mW)

EDFA 的噪声主要有:①信号光的散粒噪声;②被放大的自发辐射光的散粒噪声;③信号-ASE 拍频噪声;④ASE-ASE 拍频噪声。这四种噪声中,后两种影响最大,尤其是第三种噪声是决定 EDFA 性能的主要因素。图 5.15 为光检测器接收到的噪声功率谱密度。

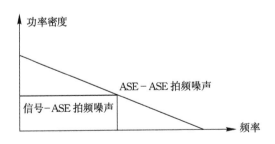

图 5.15　主要噪声的功率密度谱

对于不同的泵浦波长,F 是有差异的。当使用 1480 nm 泵浦时,由于泵浦态和

亚稳态处在同一个能带中,该能带中的粒子数服从玻尔兹曼分布规律,所以始终有部分粒子保持在泵浦态上,使得基态粒子不能全部反转,其反转程度小于 980 nm 泵浦。理论上证明,对于任何利用受激辐射进行放大的放大器,其 F 的最小值为 3 dB,这个极限被称为 F 的量子极限。对于 980 nm 泵浦,其 F 可以接近量子极限,而 1480 nm 泵浦,报道的最小 F 为 4 dB。

5. 放大器的中继间距

噪声和增益是确定长途传输系统中中继器间距的关键因素。中继器间距越长,用以补偿衰减所需要的增益就越大。增益越大,与信号一起被放大的噪声就越大。在放大器成本与系统性能之间的综合考虑中一定要充分考虑系统长度。非常长的系统,例如一条从美国至欧洲的 5 000 km 跨越大西洋的光缆线路,因为非常长的光缆线路上容许的噪声积累极小,所以一般允许的每个光纤放大器之间的间距是 50 km,光纤放大器的增益略大于 10 dB。反之,600 km 长的陆地系统允许的每个光纤放大器之间的距离是 100 km,且容许的增益不小于 20 dB,其原因是噪声累积的距离比较短。

表 5.3 列出一个实际的 40 波的 WDM 系统使用的 EDFA 的主要技术性能指标。

表 5.3 40 波 WDM 系统使用的 EDFA 的主要技术性能指标

技术性能	功率放大	在线放大	前置放大
输入功率/dBm	$-19\sim-3$	$-24\sim-8$	$-21\sim-5$
输出功率/dBm	20	12	17
工作波长范围/nm	1 529~1 562	1 529~1 560	1 529~1 560
噪声系数/dB	<4.6	<4.5	<4.5
光隔离度/dB	≥30	≥30	≥30
增益/dB	25	25	25
增益平坦度/dB	<1	<1	<1
回波损耗/dB	>45	>45	>45
输出泵浦泄漏/dBm	<-30	<-30	<-30

5.3.4 EDFA 的应用

在长距离、大容量、高速率光纤通信系统中,EDFA 有多种应用形式,其基本作用是:

①延长中继距离,使无中继传输达数百公里;

②与波分复用技术结合,可迅速简便地实现扩容;

③与光孤子技术结合,可实现超大容量、超长距离光纤通信;

④与有线电视网(CATV)等技术结合,对视频传播和 ISDN 具有积极作用。

EDFA 的具体应用形式有以下四种(如图 5.16 所示)。

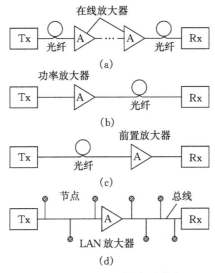

图 5.16 EDFA 的应用形式

(1)在线放大器 在线放大器处于功率放大器之后,将 EDFA 直接插入到光纤传输链路中对信号进行中继放大。用于周期性补偿线路传输损耗,一般要求较小的噪声系数与较大的输出光功率。它具有许多电子线路放大器不可比拟的特殊功能,如插入损耗小、偏振无关、可以同时放大几个不同波长的信道等。

(2)功率放大器 是指将 EDFA 放在发射光源之后对信号进行放大的应用形式,光信号经 EDFA 放大后进入光纤线路,从而使光纤传输的无中继距离增大(可达 200 km 以上),具有输出功率大、输出稳定、噪声小、增益频带宽、易于监控等优点,且可以同时放大几个不同波长的信道。

(3)前置放大器 前置放大是将 EDFA 置于光检测器之前、线路放大器之后,将来自光纤的信号放大后再由 PIN 检测,强大的光信号使电子放大器的噪声可以忽略,可以提高接收机的灵敏度。由于每个接收机只接收一个光信道信号,因而只能放大一个信道。

如果在光通信系统中采用两个 EDFA,一个用作接收机前置放大器,另一个用作发送机的功率提升放大器,就可以实现长距离的无中继传输。这类系统主要用于海底光纤通信系统。

(4)LAN 放大　　LAN 放大器是将 EDFA 放在光纤局域网中用作分配补偿放大器,以便增加光节点的数目,服务更多用户。

5.3.5　EDFA 的主要优缺点

EDFA 之所以得到这样迅速的发展,源于它一系列突出的优点:

①工作波长与光纤最小损耗窗口一致,可在光纤通信中获得应用。

②耦合效率高。因为是光纤型放大器,易与传输光纤的耦合连接。也可用熔接技术与传输光纤熔接在一起,损耗可低至 0.1dB。这样的熔接反射损耗也很小,不易自激。

③能量转换效率高。激光工作物质集中在光纤芯中的近轴部分,而信号光和泵浦光也是在光纤的近轴部分最强,这使得光与媒质的作用很充分;再加之有较长的作用长度,因而有较高的转换效率。

④增益高、噪声低、输出功率大。增益可达 40 dB,输出功率在单泵浦时可达 14 dBm,而在双泵浦时可达 17 dBm,甚至 20 dBm。充分泵浦时,噪声系数可低至 3 dB,串话也很小。

⑤增益特性稳定。EDFA 增益对温度不敏感,在 100℃ 范围内,增益特性保持稳定。稳定的温度特性对陆上应用非常重要,因为陆上光纤通信系统要承受环境的季节性变化。增益与偏振无关也是 EDFA 的一大特点。这一特性至关重要,因为一般通信光纤并不能使传输信号偏振态保持不变。

⑥可实现透明的传输。所谓透明,是指可同时传输模拟信号和数字信号,高比特率信号和低比特率信号。系统需要扩容时,可只改动端机而不改动线路。

这些优点使得 EDFA 成为长途通信系统中近乎理想的光学放大器,并给光纤通信系统带来了多方面的巨大变革。在 1550 nm 窗口利用 EDFA 和密集波分复用(DWDM)技术可使光纤通信容量成百倍地提高。

EDFA 也有它固有的缺点:

①波长固定。铒离子能级间的能级差决定了 EDFA 的工作波长是固定的,只能放大波长在 1550 nm 左右的光波。光纤换用不同的基质时,铒离子能级只发生微小的变化,因此可调节的激光跃迁波长范围有限。为了改变工作波长,只能换用其他元素,比如掺镨光纤放大器(PDFA)可工作在 1310 nm 波段,等等。

②增益带宽不平坦。EDFA 的增益带宽约 40 nm,但增益带宽不平坦。在

WDM 光纤通信系统中需要采取特殊的手段来进行增益谱补偿。

5.4　半导体光放大器(SOA)

半导体光放大器(Semiconductor Optical Amplifiers，SOA)又称为半导体激光放大器(Semiconductor Laser Amplifier，SLA)。其研究始于 1962 年半导体激光器发明不久，盛于 20 世纪 80 年代。经过多年研究，目前，SOA 性能得到了全面、大幅度提高，特别是增益偏振灵敏度、噪声系数明显降低，达到与 EDFA 相近的水平，饱和输出功率和小信号增益也显著提高。本节主要介绍 SOA 的结构、性能及其在光纤通信系统中的应用。

5.4.1　SOA 的结构及工作原理

半导体光放大器的工作原理与所有的光放大器一样，也是利用受激辐射来实现对入射光功率的放大，产生受激辐射所需的粒子数反转机制与半导体激光器中的完全相同，即采用正向偏置的 PN 结，对其进行电流注入，实现粒子数反转分布。如图 5.17 所示，SOA 与半导体激光器的结构相似，但没有反馈机制，故只能放大光信号，不能产生相干的激光输出。

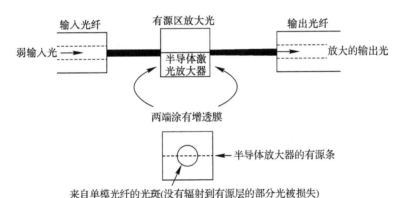

图 5.17　半导体光放大器放大原理示意图

SOA 有两种类型：法布里-玻罗腔型半导体激光放大器(F-P SLA)和行波型半导体激光放大器(TW SLA)。图 5.18 所示为 F-P SLA 和 TW SLA 的结构和增益谱。

F-P SLA 是将通常半导体激光器当做光放大器使用；TW SLA 是在 F-P SLA 的两端面上涂增透膜，以获得宽频带、高输出功率、低噪声，这种放大器是在光的行进过

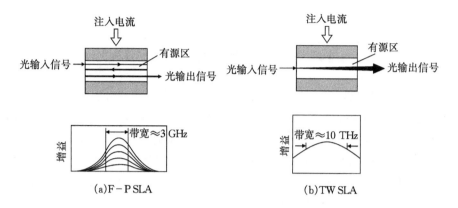

图 5.18 F-P SLA 和 TW SLA 的结构和增益谱

程中对光进行放大的,故称为行波光放大器。TW SLA 的带宽比F-P SLA大三个数量级。

为了提高 SOA 的增益,常用的方法是向其有源区注入一个电流来产生粒子数反转,以获得 30 dB 以上的增益。

5.4.2 SOA 的工作特性

1. 增益特性

SOA 的增益特性主要取决于腔的反射特性与有源层的介质特性。设入射光场为 E_i,左右端面透射系数分别为 t_1 和 t_2,反射系数分别为 r_1 和 r_2,有源层长度为 L,则放大器输出光为多次透射光之和

$$E_t = \frac{t_1 t_2 e^{-\gamma L}}{1 - r_1 r_2 e^{-2\gamma L}} E_i \qquad (5.10)$$

其中,γ 为有源层的复传输常数

$$\gamma = -\frac{\Gamma g - \alpha}{2} + j\beta \qquad (5.11)$$

其中,Γ 为模式限制因子,g 为有源层增益系数,α 为有源层损耗,β 为有源层相位常数。

由式(5.10)可得到放大器的增益

$$G = \frac{|E_t|^2}{|E_i|^2}$$

$$= \frac{|t_1 t_2 e^{-\gamma L}|^2}{(1 - r_1 r_2 e^{-2\gamma L})^2} = \frac{(1 - R_1)(1 - R_2)G_s}{(1 - \sqrt{R_1 R_2}\,G_s)^2 + 4\sqrt{R_1 R_2}\,G_s \sin^2\left[\frac{\pi(\nu - \nu_m)}{\Delta v_L}\right]}$$

$$(5.12)$$

其中，$R_1 = r_1^2$，$R_2 = r_2^2$ 为端面功率反射系数，v_m 为腔谐振频率，$G_s = \exp[(\Gamma g - \alpha)L]$ 为有源层单程非饱和增益，$\Delta \nu_L$ 为腔内纵模间隔。由式(5.12)可以看出，光放大器的增益是频率的周期性函数。

除了上述等于前后腔面处输出信号光强度和输入信号光强度之间的比值的内部增益外，SOA 还有一种光到光纤的增益(包括输入/输出耦合损耗)，与器件结构、材料特性和工作参数等密切相关。

2. 偏振灵敏性

一般情况下，SOA 的增益与输入光信号的偏振态相关。输出光信号的偏振方向随时间随机变化会导致放大器的有效带宽减小。SOA 的偏振灵敏性定义为 TE 模增益与 TM 增益之间的差值，即

$$G_{TE-TM} = |G_{TE} - G_{TM}| \tag{5.13}$$

SOA 的偏振灵敏性与波导结构、抗反射膜偏振特性和材料增益特性都密切相关，且级联放大系统的偏振灵敏性会更大。

3. 噪声特性

SOA 是一种基于受激辐射的相干光放大器，在放大输入信号的同时将噪声加到放大信号上。在 SOA 的输出中有被放大的光信号，也有宽带的放大的 ASE 噪声。总的噪声功率包括：信号的散粒噪声、ASE 的散粒噪声、信号－ASE 间的拍频噪声和 ASE－ASE 间的拍频噪声。

4. 增益饱和特性

增益饱和现象与注入电流和输入信号功率有关。随着注入电流的增加，SOA 的增益增加，输出功率也相应增加。但电流增加到某一值后，受载流子增益恢复时间的限制，增益受到抑制，即使进一步增加电流也不会使增益增加，反而下降。在高饱和前注入半导体光放大器的电流一定时，其光增益为常数。

5.4.3　SOA 的特点及应用

SOA 存在的问题主要集中在工作特性方面：噪声电平比掺铒光纤放大器高，增益受偏振影响，信道交叉串扰以及耦合损耗较大等。此外，SOA 对环境温度敏感、稳定性差。正是这些因素大大削弱了 SOA 作为通信系统线路放大器的竞争力。表 5.4 给出了光纤放大器和半导体放大器的主要特点。

表 5.4 光纤放大器和半导体放大器的主要特点

特点	光纤放大器	半导体放大器	特点	光纤放大器	半导体放大器
典型最大内部增益/dB	30～50	30	非线性效应	忽略	有
典型插入损耗/dB	1～2	6～10	饱和输出功率/dBm	10～15	5～20
偏振敏感	无	弱	典型本征噪声系数/dB	3～5	7～12
泵浦源	光	电	光子集成电路兼容	无	可以
3 dB 增益带宽/nm	30	30～50	功能器件可能性	无	可以

　　但是,由于 SOA 具有良好的与其他光器件集成的能力,所以其应用范围十分广泛,包括光纤放大器不能够完成的光信号处理。随着研究的深入,SOA 在光通信网络的应用将会不断增加。图 5.19 给出了 SOA(SLA)的一些典型应用。

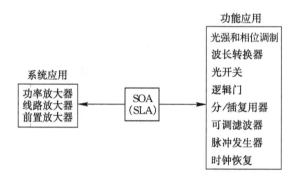

图 5.19 SOA(SLA)的一些典型应用

5.5 光纤拉曼放大器(FRA)

　　作为近十多年来光纤通信系统中的一个巨大成就,WDM 技术成功的一个重要因素是 EDFA 的应用。然而传统的 EDFA 的 C 波段波长范围在 1530～1565 nm、L波段在 1570～1610 nm、S 波段在 1460～1530 nm,且只能进行分段放大。在光纤的水吸收峰消除后,长距离 WDM 应用要求的带宽在 1300～1610 nm,而短距离应用更宽,达 1100～1700 nm。图 5.20 给出了光纤的与损耗相关的通信窗口情况。很显然,EDFA 不能够适应这种宽带放大的需求。此外对放大器噪声系数及超长距离放大的需求也使人们努力寻求新型的放大器。

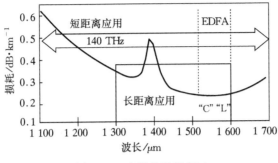

图 5.20　光纤的通信窗口

利用光纤中的受激拉曼散射对光信号进行放大,是人们最早研究的光学放大方法。20 世纪 70 年代初的研究发现,石英光纤具有很宽的拉曼增益谱,并在 13 THz 频率附近有一较宽的主峰,如果一个弱信号与一个强泵浦光信号同时注入光纤,并使弱信号的波长位于泵浦光的拉曼增益带宽,则可实现对弱信号的放大。尽管 FRA 概念的提出和光纤拉曼放大效应的发现较早,但其真正的开发和应用始于 1999 年成功应用于 DWDM 传输后。目前其全波段可放大特性、分布放大特性以及噪声低等内在优势得到广泛关注,迅速发展成为光放大器家族中一颗耀眼的新星。

5.5.1　FRA 的结构和特点

光纤拉曼放大器的基本结构如图 5.21 所示。在输入端和输出端各加一个光隔离器以实现信号光单向传输,泵浦激光器用于提供能量。耦合器的作用是把输入光信号和泵浦光耦合进光纤中,通过受激拉曼散射作用把泵浦光能量转移到输入信号光中,实现信号光的放大。

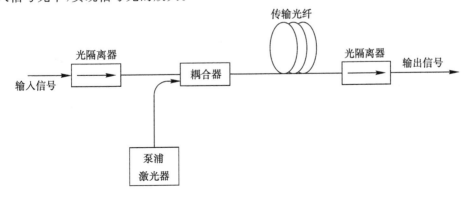

图 5.21　FRA 的结构示意图

与其他光放大器相比较,光纤拉曼放大器具有如下几个突出的优点:

①使用普通光纤,有效面积小,拉曼增益高;

②拉曼增益可降低对发射系统功率要求,避免在光纤中产生其他有害的非线性效应;

③拉曼放大是一个非谐振过程,增益谱仅依赖于泵浦波长和泵浦功率,只要有合适的泵浦光源,就可实现对任意波长的拉曼放大,是唯一的全波段放大器;

④和大多数介质中在特定频率上产生拉曼增益情况相反,石英光纤中的拉曼增益可在很宽的范围内连续地产生,可用作宽带放大器;

⑤通过合理选择泵浦波长,可以精确地确定拉曼增益谱的形状和增益带宽,增益波长范围由泵浦波长决定,带宽随泵浦功率和泵浦光源数目增加,在补充和拓展掺铒光纤放大器的增益带宽方面表现出极其诱人的前景;

⑥具有低的噪声系数;

⑦光纤拉曼放大器可与其他类型的放大器联合使用,以获得更加优异的放大性能,例如 FRA+EDFA 的噪声系数可以比 EDFA 低 4 dB,而系统 Q 值比 EDFA 好 2 dB。

当然光纤拉曼放大器也存在一些不足,例如:

①较低的泵浦效率;

②为实现拉曼放大,需要较高的泵浦功率(一般要求>600 mW),对无源器件要求较高;

③具有很强的极化依赖性,因此需要进行正交泵浦;

④WDM 信道可能使其他信道产生拉曼串扰。

5.5.2　FRA 的工作原理

图 5.22 给出了 FRA 的原理结构图。频率为 ω_p 和 ω_s 的泵浦光和信号光通过波分复用器(合波器)耦合进入光纤,在光纤中一起传输时,泵浦光能量通过 SRS 效应转换给信号光,使信号光得到放大。泵浦光和信号光亦可分别在光纤的两端输入,在两束光反向的传输过程中同样可实现对弱信号光的放大。受激拉曼散射可以理解为强激光与介质相互作用产生的受激声子对入射光进行散射,光纤作为非线性介质,可将高强度的激光场与介质的相互作用限制在非常小的芯径内。在低损耗光纤中,这种作用可以保持很长的距离,其间能量充分地耦合,因此光纤中的拉曼散射具有低阈值、高增益、频率范围较宽等特点。图 5.23 为熔融石英的拉曼增益谱。

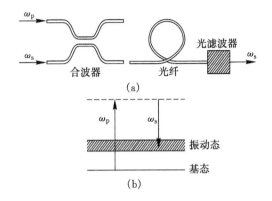

图 5.22 光纤拉曼放大器及其能级图

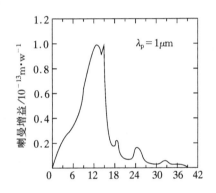

图 5.23 拉曼增益曲线

5.5.3 FRA 工作特性

1. 增 益

FRA 具有的突出优点是,增益介质为传输光纤,增益波长由泵浦光波长决定。FRA 的增益与泵浦光功率、光纤类型、泵浦光波长以及泵浦方向有关。一般随着泵浦光功率的增加,拉曼增益也会随之增大。当增益上升到一定程度后,由于泵浦光功率的消耗导致增益下降,产生饱和增益。当信号功率达到十几毫瓦至几十毫瓦时,FRA 的饱和增益才会出现明显的饱和现象。

FRA 的放大原理是利用强泵浦光源使传输光纤产生受激拉曼散射非线性效应,所以 FRA 的增益与光纤类型及有效面积关系密切。有效面积越小、衰减越小的传输光纤,产生的受激拉曼效应越显著。

2. 噪　声

FRA 的噪声主要是自发拉曼散射噪声、瑞利散射噪声和串扰噪声等。自发拉曼散射噪声是由自发拉曼散射经泵浦光的拉曼效应而产生的、覆盖整个拉曼增益谱的背景噪声。瑞利散射噪声是由光纤的瑞利散射所引起的噪声。瑞利散射噪声对信号干扰的作用机理是二次或偶数次瑞利散射被耦合到正向传输的信号中构成了对信号的干扰。串扰噪声可细分为：泵浦与信号之间的串扰噪声和泵浦介入信号串扰噪声。前者主要是由泵浦波动引起增益变化而造成的信号串扰噪声，后者主要是由泵浦光对放大单一信道与多个信道的增益不同而造成的信号串扰噪声。

3. 偏振依赖特性

光纤拉曼放大器存在偏振依赖特性，即放大特性与泵浦光和信号光的偏振态有关。当信号光和泵浦光的偏振态一致时，拉曼散射最强，得到的增益最大；当信号光和泵浦光正交偏振时，拉曼散射几乎停止。在通信系统中，为了避免由于偏振依赖性引起的信号光增益不均匀，常对泵浦光进行消偏处理。

4. 宽带放大特性

光纤拉曼放大器的显著优点就是它的任意波长放大性。只要找到合适的、与信号光具有 Stockes 频差的泵浦光就能对任何光信号进行放大。采用多波长泵浦方式，可以构成带宽超过 100nm 的宽带放大器。但同时也要考虑泵浦光之前的相互作用。选择合适的泵浦波长和功率组合，是宽带光纤拉曼放大器的重要技术之一。

5.5.4　FRA 的应用

光纤拉曼放大器有两种类型，即分布式和集总式，各有其特点。

集总式光纤拉曼放大器是将放大器与传输线路分开，作为独立元件，因此要求其具有较高的增益，一般采用高掺杂、低损耗、小有效面积的光纤作为增益介质。由于集总式光纤拉曼放大器的增益和 EDFA 相比有一定差距，并且需要较长的光纤（几千米左右），因此主要用于放大一些 EDFA 不能放大的特殊波长，例如 1.3 μm 波段的放大。

分布式光纤拉曼放大器是以传输光纤本身作为增益介质的放大器，从目前的发展情况来看，由于分布式放大器优良的性能，已成为光纤拉曼放大器主要的应用形式。

光纤拉曼放大器应用于宽带放大主要有三种情况。

一是光纤拉曼放大器独立使用，采用多波长泵浦形成宽带放大，其典型结构如图 5.24 所示。在独立应用光纤拉曼放大器中，可以采用双向泵浦，也可以只采用前向泵浦或只采用后向泵浦。在实际系统中,后向泵浦的噪声特性相对其他两种结构来说较好,因此实际上多采用后向泵浦的形式。当泵浦源有多个时,可以实现超宽带拉曼放大。增益介质一般为普通单模光纤,但由于拉曼增益效率较低,也可采用掺锗光纤来代替普通单模光纤。

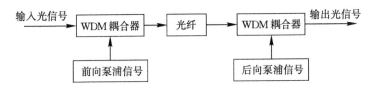

图 5.24　光纤拉曼放大器典型结构

　　第二种情况是光纤拉曼放大器与 EDFA 混合使用,再加上增益均衡器平坦增益以获得高增益的宽带放大,其典型结构如图 5.25 所示。由于 EDFA 技术已经相当成熟,和光纤拉曼放大器相比各有所长,因此最好的方法就是将两者结合起来使用,但由于两种放大器的增益叠加后平坦性不好,一般需要使用增益均衡器。

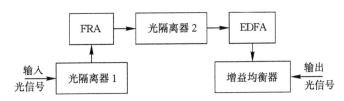

图 5.25　FRA＋EDFA 混合放大器

　　第三种情况是用光纤拉曼放大器制成无损耗光器件,如通过对色散补偿光纤进行泵浦可以实现无损耗色散补偿光纤;还可以制成 EDFA 的动态增益均衡器件以弥补由于光纤的老化、损耗的上升而造成的增益不均衡。

第6章 光开关

光信息系统的重要组成部分是传输光网(光纤网为其典型代表)与光路切换和路由选择部分。目前信息交换与路由选择的速度远远不能满足光信息网络的要求,这使得光开关技术成为光信息网络发展的瓶颈,受到越来越多的关注。

6.1 光开关的典型应用

光开关用于实现大量高速信息在网络光路中的分组切换与选择吸收,它可以集成到各种不同的光网元中,在光通信领域里的应用非常广泛。

(1)自动保护倒换　在光纤断开或转发设备发生故障时进行系统的自动恢复与重构。目前大多数光纤网络都有数条路由连接到节点上,一旦光纤或节点设备发生故障,就可以通过光开关使信号避开故障,选择合适的路由传输。这在高速通信系统中尤为重要。一般采用 1×2 或 $1 \times N$ 光开关就可以实现这种功能。如图 6.1(a)所示。

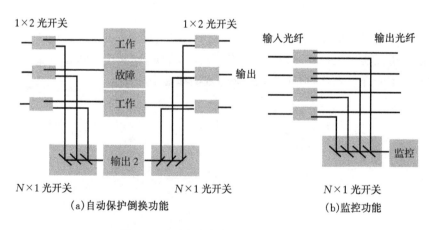

图 6.1　自动保护倒换功能和监控功能

(2)光网络监控　在远端光纤测试点上,可通过一个 $1 \times N$ 光开关将多根光纤连接到一个光时域反射仪上,经切换实现对所有光纤的监控。在实际的网络应用中,光开关允许用户通过此方式提取信号或插入网络分析仪进行在线监控而不干扰正常的网络信息传输。如图 6.1(b)所示。

(3)光纤通信器件测试　在多个元器件的生产和检验测试中,使 1×N 光开关的每一个通道对应一个特定的测试参数,这样无需把每个器件都单独与仪表连接,就可以测试多种光器件,提高了效率。

(4)光交叉连接(OXC)　OXC 是一种分组光交换技术,是 WDM 全光传送网设备中的交换核心,能在光纤和波长两个层次上提供光路层的带宽管理,并能在光路层提供网络保护机制,还可通过重新选择波长路由实现更复杂的网络恢复。利用光开关可以组成 OXC 的核心器件——光开关矩阵,将一个 WDM 系统输出的波长插入到另一个 WDM 系统中,提供无阻塞的一到多连接。如图 6.2 所示。由于 OXC 运行于光域,具有对波长、速率和协议透明的特性,非常适合高速率数据流的传输,主要应用于骨干网,实现对不同子网的业务进行汇聚和交换。

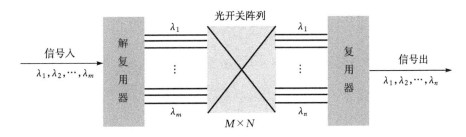

图 6.2　光开关构成的 OXC

(5)光分/插复用(OADM)　OADM 是一种光路光交换技术。通过利用光开关,OADM 可以在网络的某个节点从 DWDM 信号中选出并下载一个波长的信号,然后再在原波长上加入一个新的信号继续向下一个节点传输。OADM 可以通过软件动态控制上/下任意波长,增加网络配置的灵活性;同时,还能使光分/插复用节点支持保护倒换,在网络出现故障时,将故障业务切换到备用路由中,增强网络的生存能力和保护及恢复能力。OADM 分为固定型和可重构型两种。固定型 OADM 的特点是只能调节上下一个或多个固定的波长,节点的路由是固定的;可重构型 OADM 能动态调节上下信道波长,从而实现光网络的动态重构。图 6.3 是一个简单的实现波长选择性 OADM 功能的模块示意图。右侧为一个 OADM 器件。

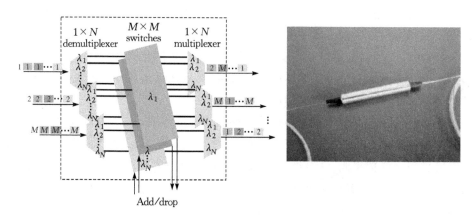

图 6.3   光开关构成的 OADM

6.2   光开关的性能参数

光开关主要性能参数包括两大类：一类为光开关的整体性能指标，另一类为光开关的器件参数。

6.2.1   整体指标

光开关的整体指标主要包括以下几个。

1. 交换矩阵

交换矩阵反映光开关的交换能力。光开关处于网络不同位置，对其交换矩阵大小要求也不同，随着通信业务需求的急剧增长，光开关的交换能力也需要大大提高，如在骨干网上要有超过 1 000×1 000 的交换容量。对于大交换容量的光开关，可以通过较多的小光开关叠加而成。

2. 交换速度

交换速度是衡量光开关性能的重要指标。开关时间有两个重要的量级：毫秒量级的端口交换时间对因故障而重新选择路由已经足够，如对同步数字系列/同步光纤网络(SDH/SONET)来说，因故障而重新选路时，50 ms 的交换时间就几乎可使上层感觉不到；当交换时间到达纳秒量级时，可以支持光互联网的分组交换。

3. 损   耗

损耗影响光开关的级联，限制光开关的扩容能力。它包括端口耦合的损耗、自身材料损耗等。一般来说,自由空间光交换的损耗低于波导交换光开关损耗,如液晶/MEMS 光开关损耗为 1~2 dB,铌酸锂固体光开关损耗约 4 dB。

4. 交换粒度

交换粒度反映光开关交换业务的灵活性。根据网络业务需求不同可分为波长交换、波长组交换和光纤交换。

5. 无阻塞特性

无阻塞特性是指光开关的任一输入端能在任意时刻将光波输出到任意输出端。光开关希望具有严格无阻塞特性,但大型或级联光开关的阻塞特性往往很明显。

6. 升级能力

升级能力是指根据需要随时增加光开关容量的能力。基于不同原理和技术的光开关,其升级能力不同。很多开关结构可容易地升级为 8×8 或 32×32,但却不能升级到成百或上千的端口,因此只能用于构建 OADM 或城域网的 OXC,而不适用于骨干网。

7. 可靠性

光开关要求具有良好的稳定性和可靠性。在某些极端情况下,光开关可能需要完成几千几万次的频繁动作。有些情况(如保护倒换),光开关倒换的次数可能很少,此时,维持光开关的状态是更重要的因素。

6.2.2　器件性能参数

光开关器件的性能参数主要包括以下几个。

1. 插入损耗(IL)

指输入和输出端口之间光功率的减少,以分贝表示为

$$IL = -10\lg\frac{P_1}{P_0} \qquad (6.1)$$

式中: P_0 为进入输入端的光功率; P_1 为输出端的光功率。插入损耗与开关的状态有关。

2. 消光比

指两个端口处于导通和非导通状态的插入损耗之差。

$$ER_{nm} = IL_{nm} - IL_{nm}^0 \qquad (6.2)$$

式中: IL_{nm} 为 n,m 端口导通时的插入损耗; IL_{nm}^0 为非导通状态的插入损耗。

3. 开关时间

指开关端口从某一初始态转为通或断所需的时间,从在开关上施加或撤去转换能量时刻起测量。

4. 回波损耗(RL)

回波损耗简称回损,有时也称为反射损耗或反射率,是从输入端返回的光功率与输入光功率的比值,以分贝表示为

$$RL = -10\lg \frac{P_1}{P_0} \tag{6.3}$$

式中:P_0 为进入输入端的光功率;P_1 为输入端口接收到的返回光功率。回损也与开关状态有关。

5. 隔离度

两个相隔输出端口光功率的比值,以分贝表示为

$$I_{n,m} = -10\lg \frac{P_{in}}{P_{im}} \tag{6.4}$$

式中:m,n 是光的两个隔离端口($n \neq m$);P_{in} 是光从 i 端口输入时 n 端口的输出光功率;P_{im} 是光从 i 端口输入时在 m 端口测得的光功率。

6. 远端串扰

定义为光开关接通端口的输出光功率与串入另一端口的输出光功率的比值。对于 1×2 光开关,当第 1 输出端口接通时,远端串扰定义为

$$FC_{12} = -10\lg \frac{P_2}{P_1} \tag{6.5}$$

式中:P_1 是从端口 1 输出的光功率;P_2 是从端口 2 输出的光功率。

7. 近端串扰

当其他端口接终端匹配,连接的端口与另一个名义上是隔离的端口的光功率之比。对于 1×2 光开关,当端口 1 与匹配终端相连接时,近端串扰定义为

$$NC_{12} = -10\lg \frac{P_2}{P_1} \tag{6.6}$$

式中:P_1 是输入到端口 1 的光功率,P_2 是端口 2 接收到的光功率。

除此以外,机械式光开关还有回跳时间、寿命、重复性等性能指标;波导型开关则除了具有偏振相关、温度稳定性等指标外,还有机械性能方面的指标,如耐冲击、振动指标,以及环境性能等。

6.3 光开关的分类

在光开关分类这个问题上,不同研究者有不同的分类方法。

依据不同的光开关原理,传统光开关可分为机械式和非机械式两大类。机械式光开关靠光纤或光学元件移动,使光路发生改变,国际上研究和应用这类开关的时间比较长,我国目前主要研究的也是这类开关。非机械式光开关则依靠光电效应、磁光效应、声光效应以及热光效应来改变波导折射率。从而使光路发生改变,这是近年来非常热门的研究课题,具有开关时间短、体积小、便于集成为大规模阵列的优点。在传统光开关技术进一步发展和应用的同时涌现了许多新技术,主要包括光微电机械开关、喷墨气泡开关、液晶光开关、全息光栅开关等。图 6.4 是按光开关的工作原理和结构形式得到的分类结果。

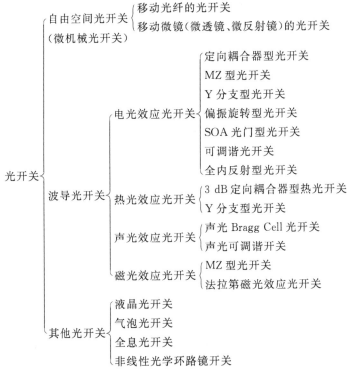

图 6.4　光开关分类

依据光开关的交换介质来分,光开关可分为:自由空间交换光开关和波导交换光开关。

从端口数量上来分,光开关可分为最简单的 1×1(即通断开关), 1×2, $1 \times N$ (目前已有 N 大于 100), 2×2, 4×4, $N \times M$ 等开关。

人们对光开关的研究已有约三十年的历史,由于器件材料、工作原理等各方面的不同,光开关呈现机械光开关、电光开关、声光开关、热光开关、磁光开关、液晶光开关和半导体光放大器(SOA)光开关等多元化的趋势,并且大多数尚处于研究阶段。目前商用的光开关方案以机械光开关为主,存在稳定性差、开关速度慢(毫秒量级)、对温度依赖性大等缺点,仅适用于网络重构、线路交换、保护倒换和线路监控等,远不能满足光分组交换的要求。随着信息高速公路的启动,光纤入户等业务开始呼唤功能更全、指标更先进的高速纯光开关,它的出现将消除光电转换,完成信号路由功能,最终实现网络的高速率和协议的透明性。同时,随着光信息系统向高速度、大容量发展,集成光波导型光开关因具有体积小、重量轻、与光纤适配等优势,成为光开关的重要研究方向。

集成光波导型器件是利用类似半导体集成电路的制造技术,把光学元件以薄膜形式集成在同一基片上,构成具有独立功能的微型光学系统。它对信号进行直接处理,从而具有体积小、重量轻、易于控制、适合于光信息处理并且能与光纤传输系统配合使用、可极大提高光学系统快速响应能力和信噪比等优势。但以往由于光波导的各种损耗不容易做到很小,限制了它的发展。近年来,由于时代的需求,加之微电子、光电子微细加工技术的发展,光波导制备技术日益成熟,目前光波导制备技术已经使波导各种损耗之和小于 0.1 dB,较之前 10 年的 $1 \sim 5$ dB 有了质的飞跃。因此各种光子集成器件已经展现在人们面前,引起光电子制造者、系统设计者与系统经营者的高度重视。集成光波导光开关已成为光通信与光通信系统的重要研究方向之一。

6.4　机械式光开关

机械式光开关通过机械旋转或移动光纤,将光信号从一个端口转移到另一个端口输出,是一种发展比较成熟的、成本比较低廉的光开关技术,具有插入损耗较低($\leqslant 2$ dB)、隔离度高(> 45 dB)、不受偏振和波长的影响等优点,其缺点在于开关时间较长(一般为毫秒量级),有时还存在回跳抖动、重复性较差、体积较大不易做成大型的光开关矩阵等问题。机械式光开关产品国内主要有康顺公司生产的 1×2, 1×4, 2×2 机械式光开关,国外的主要有 E-TEK,JDS,Dicon,Lightech, Oplink 等公司的产品。

6.4.1　移动光纤式光开关

移动光纤式的光开关结构简单、重复性好、插入损耗低,许多生产光开关的厂家都开发了这类光开关,1×2,1×3,1×4,2×2 等端口较少的光开关多采用这一结构。

移动光纤式光开关的输入或输出端中,一端光纤固定,而另一端光纤是活动的。通过移动活动光纤,使之与固定光纤中的不同端口相耦合,从而实现光路切换。活动光纤的移动可借助于机械方式(如外力直接移动)、电磁方式(如通过电磁铁的吸引力来移动)和压电陶瓷伸缩效应等。这类光开关需要解决的关键问题是提高开关速度和降低移动光纤与固定光纤之间实现的耦合损耗,包括两光纤之间的横向、纵向、角向偏离。常采用的结构方式如图 6.5 所示。其中图(a)是"V"形槽定位方式,利用电磁铁使活动光纤在"V"形槽内移动并定位;图(b)是导杆定位方式,用两个导杆和基片来固定光纤,活动光纤在导杆内移动,靠导杆定位;图(c)是簧片定位方式,固定有光纤的金属簧片在外磁场的作用下动作并带动光纤移动而与固定光纤实现耦合;图(d)是压电陶瓷式,利用压电陶瓷在电场作用下的电致伸缩效应使光纤移动。

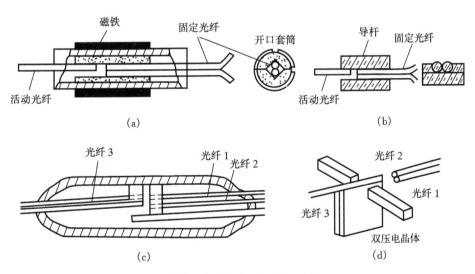

图 6.5　几种移动光纤式光开关

固定和移动光纤一般用 $\phi 0.25$ mm, $\phi 0.5$ mm 或 $\phi 0.9$ mm 等几种直径的光纤。光纤越粗,纤芯与外径的同心度越差,则光纤耦合精度越低、损耗越大。但 $\phi 0.125$ mm 的裸光纤太脆而易断,且在来回移动的过程中易出现弯曲变形,导致耦合效率低。如图 6.6 所示,图(a)中活动光纤的端面刚刚接触"V"形槽壁,与固定光纤轴线间存在夹角 θ ,没有达到最佳耦合;图(b)处于准直位,是最理想的状态;图(c)处于过准直位,存在轴向夹角,导致较大的插入损耗。如果如图 6.6(d)那样,使固定光纤的准直定位方向与光纤弯曲的角度相同,则可减少耦合损耗。另一种解决以上裸光纤问题的方法如图 6.7 所示,是在光纤端部配合套上一个同心套管,形成光纤接续端子,也称"对中"。

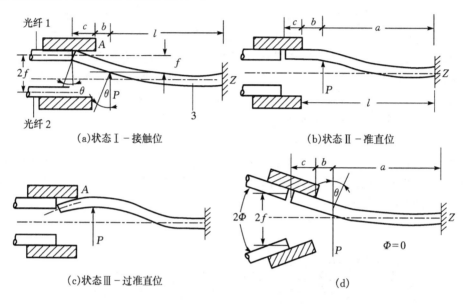

图 6.6　光纤耦合时的几种状态

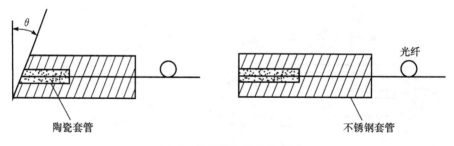

图 6.7　光纤端子结构示意图

光纤端面可根据需要进行研磨处理,以满足不同回波损耗的需要。也可以加上自聚焦透镜或光纤端接微透镜等光学元件,起到准直或聚焦的作用,提高耦合效率。

6.4.2　移动套管式光开关

移动套管式光开关就是将输入或输出光纤分别固定在两个套管之中,其中一个套管固定在其底座上,另一个套管以很高的精度定位在两个或多个位置上,带着光纤相对固定套管移动,从而实现光路的转换。这种定位可用插针定位法(图6.8)和侧壁定位法(图6.9)。

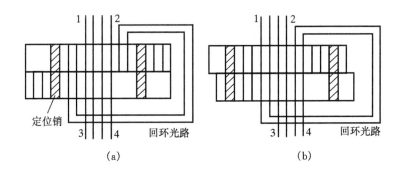

图 6.8　插针定位法 2×2 光开关示意图

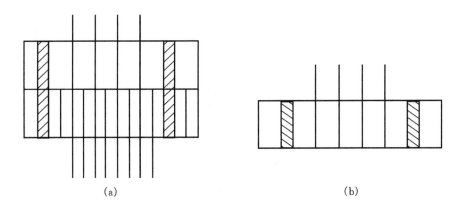

图 6.9　侧壁定位法 4 芯 1×2 光开关

插针定位法依靠插入定位销,使活动套管固定在不同的位置来实现开关。图6.8表示 2×2 光开关动作前和动作后的两种状态。开关动作前,1 与 3,2 与 4 接通,动作后 1 与 4,2 与 3 接通。

侧壁定位法靠活动套管中定位槽的槽宽和侧壁来决定套管移动的距离和定位精度。图6.9表示一个包含 4 芯光纤的固定套管与包含 8 芯光纤的活动套管的互配。在开关动作前,固定套管中 4 芯光纤与 8 芯光纤中某 4 芯光纤接通;当活动套管滑动后则与另外 4 芯光纤相通。

随着阵列中光纤数目的增加,移动套管式光开关可形成更复杂的光路转换。

6.4.3　移动透镜型光开关

光纤被固定在输入与输出端口,依靠微透镜精密的准直而实现输入、输出光路的连接。光从输入光纤进入装在一个由微处理器控制的步进电机或其他移动机构上的第一个透镜后变成平行光,移动该透镜,则第二个透镜将该透镜的平行光聚焦到相应输出光纤。用微处理器控制的步进电机可实现精密的定位,使开关的插入损耗较小,速度提高且性能稳定。目前这种类型的 $1 \times N, 2 \times N$ 光开关已获得广泛应用。

6.4.4　移动反射镜型光开关

该类光开关中,输入输出端口的光纤都是固定的,依靠旋转球面或平面反射镜,使输入光与不同的输出端口接通。图 6.10 是移动球面镜的 1×2 和 2×2 旁路开关示意图,其中图 6.10(c) 中端口 1 与 2,3 与 4 接通,当球面镜旋转 90° 时端口 1 与 3,2 与 4 接通,构成了一个旁路开关。

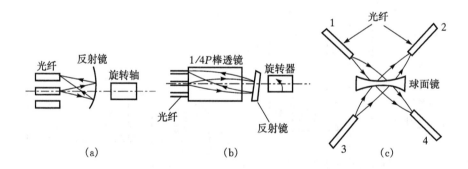

图 6.10　反射式光开关示意图

6.4.5　移动棱镜型光开关

移动棱镜型光开关的基本结构是:输入输出光纤与起准直作用的光学元件如自聚焦透镜、平凸棒透镜、球透镜等相连接,并固定不动,通过移动棱镜而改变输入输出端口的光路,如图 6.11 所示。

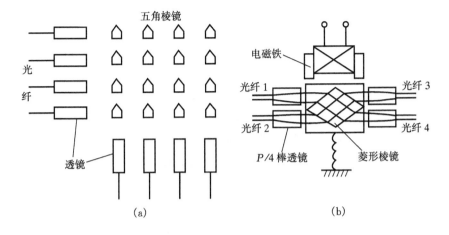

图 6.11　移动棱镜型光开关示意图

6.4.6　移动自聚焦透镜型光开关

自聚焦透镜特别适用于各种光学器件中光纤与光纤的远场耦合。如图 6.12 所示的 1×2 光开关中，除 $P/4$ 自聚焦透镜用于准直耦合外，$P/2$ 自聚焦透镜还用作移动光束的开关元件。

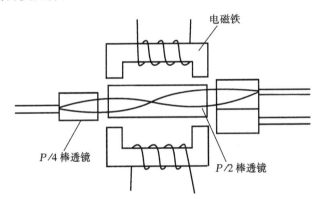

图 6.12　移动自聚焦透镜型光开关

6.5　非机械式光开关

相对于机械式光开关，非机械式光开关研究和应用的历史要短些，它们是利用一些材料的电光、声光、磁光和热光效应，采用波导结构做成的。这类开关具有体积小、重量轻、与光纤适配、易于扩展为开关阵列等优势而备受重视,目前已有多种非机械式光开关进入实用化阶段。

6.5.1　电光开关

电光开关的原理一般是利用铁电体、化合物半导体、有机聚合物等材料的电光效应(Pockels 效应)或电吸收效应(Franz-Keldysh 效应)以及硅材料的等离子体色散效应,在电场的作用下改变材料的折射率和光相位,再利用光的干涉或者偏振等方法实现光强突变或光路转变。受半导体载流子复合时间的限制,其开关时间一般在 10 ns 以上,比机械光开关高 3 到 4 个数量级,同时因为没有移动部件,重复率较高,寿命也较长。表 6.1 为两种电光材料优质光开关器件的指标。

表 6.1　两种电光开关的指标

材料	插损/dB	消光比/dB	偏振灵敏度/dB	开启时间/ns
InP/InGaAsP	5	15	0.5	0.2
有机聚合物	1	>20	0.5	0.1

电光开关一般利用 Pockels 效应,即折射率 n 变化率 Δn 随电场 E 线性变化

$$\Delta n = -\frac{n^3}{2}\gamma E \qquad (6.7)$$

而光波传播距离 L 相应的相位变化为

$$\Delta \varphi = \frac{2\pi}{\lambda_0}\Delta n L \qquad (6.8)$$

早期的光开关器件多由铌酸锂(LiNbO₃)波导或半导体光放大器(SOA)构成。LiNbO₃ 器件具有大的电光效应和透明性,适用于低损耗、高速切换系统。一般是在 LiNbO₃ 衬底上形成阵列光波导,各波导交叉部位放置开关元,通过外加电压使光开关呈现导通状态并根据事先设计的要求输出(交叉或直通)相应的光信号。LiNbO₃ 开关的主要问题是工作电压高、体积大。光分支波导与半导体光放大器(SOA)组合构成的矩阵光开关的基本结构是在无源分支光路的后部配置 SOA,通过向光放大器注入控制电流来完成光路切换。调节 SOA 的驱动电流,电流在阈值以下时无光输出,而在阈值以上时有光输出并经过光放大。以下介绍几种典型的电光开关。

1. 定向耦合器电光开关

这种开关由在电光材料(如 LiNbO₃、化合物半导体和有机聚合物)的衬底上制作的一对条形波导以及一对电极构成,如图 6.13 所示。不加电压时是一个具有

两条波导和四端口的定向耦合器。一般称①③和②④为直通臂,①④和②③为交叉臂。假设两波导的耦合较弱,各自保持独立存在时的场分布和传输系数,耦合的影响只表现在场的振幅随耦合长度的变化。图 6.14 绘出两波导中光功率随 z 的变化规律。

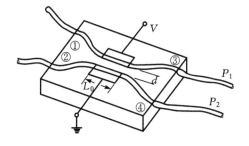

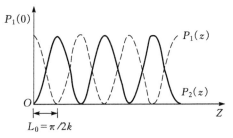

图 6.13　定向耦合器型光开关　　　图 6.14　定向耦合器中两波导光功率随 z 的变化

可见,从 $z=0$ 到 $z=L_0$,波导 1 的光功率从最大值变为零,而波导 2 的光功率从零变为最大值,于是全部光功率由波导 1 耦合进入波导 2,相应的长度 $L_0=\pi/2k$ 叫做耦合长度。

2. M - Z 干涉仪电光开关

波导型 Mach-Zehnder(简称 M - Z)干涉仪是一种广泛应用的光开关,由两个 3 dB 耦合器 DC_1,DC_2 和两个臂 L_1,L_2 组成,如图 6.15 所示。

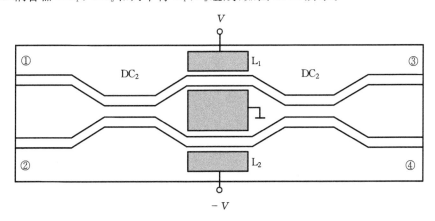

图 6.15　M - Z 干涉仪型光开关

由端口①输入的光,被第一个定向耦合器按 1∶1 的光强比例分成两束,通过干涉仪进行相位调制。在两光波导臂电极上分别加电压 V 和 $-V$,各产生相应电场 E_1 和 E_2,导致两臂产生折射率变化。3 dB 耦合器能使输出的两束光波产生 $\pi/2$

相位差。图 6.15 中左边的 DC_1 耦合器输出到下臂 L_2 的光波要比上臂 L_1 的光波滞后 $\pi/2$,如图 6.16 左侧示;而图 6.15 右边的 3 dB 耦合器 DC_2 输出的两束光波的相位差要视输入的光波而定:当输入光波来自上臂时,则右边 3 dB 耦合器输出到交叉输出端的光波要比直通输出端的光波滞后 $\pi/2$,如图 6.16 右上所示;当输入光波来自下臂时,则右边 3 dB 耦合器输出到交叉输出端的光波要比直通输出端的光波超前 $\pi/2$,如图 6.16 右下所示。因此,在直通输出端内的两束相干光波的相位差为 $0-(-\pi)=\pi$,在交叉输出端内的两束相干光波的相位差为 $(-\pi/2)-(-\pi/2)=0$。

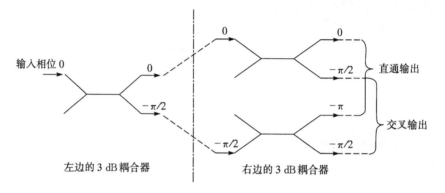

图 6.16　级联 3 dB 耦合器的输出相位差

对于对称的 M－Z 干涉仪,$L_1=L_2=L$,两臂的相位差

$$\Delta\phi = \frac{2\pi}{\lambda_0}\Delta nL = \frac{\pi n^3 \gamma L}{\lambda_0 d}V \tag{6.9}$$

于是,两输出臂透过率(输出功率与输入功率之比)分别为

$$\tau_3(V) = \frac{P_3}{P_1} = \sin^2\left(\frac{\pi}{2}\frac{V}{V_\pi}\right) \tag{6.10}$$

$$\tau_4(V) = \frac{P_4}{P_1} = \cos^2\left(\frac{\pi}{2}\frac{V}{V_\pi}\right) \tag{6.11}$$

未加电压时($V=0$),$\tau_3=0$,$\tau_4=1$;加半波电压 $V=V_\pi$,则 $\tau_3=1$,$\tau_4=0$,从而实现了开关。对于这类光开关,半波电压越小,所需开关能量越小。

3. 电光偏振调制波导光开关

这种光开关由电光相位调制器、起偏器 P 和检偏器 Q 组成,如图 6.17 所示。起偏器和检偏器正交,相位调制晶体的光轴与两偏振器的偏振方向成 45°角。

各向同性的非偏振光经过起偏器后变为振动方向与波导光轴成 45°的线偏振光,在波导中同时激起偏振方向正交的 TE 波和 TM 波,相应介质折射率为 n_1,n_2,电光系数为 γ_1,γ_2。于是在外加电场的作用下光传输 L 长后,两个偏振正交波的

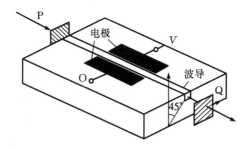

图 6.17　偏振强度调制型光开关图

相位差为

$$\Delta\phi = \Delta\phi(0) - \frac{\pi}{\lambda_0}(\gamma_2 n_2^3 - \gamma_1 n_1^3)LE \tag{6.12}$$

其中 $E=V/d$ 是加于相距为 d 的两电极上电压 V 产生的电场。定义半波电压和初始相移分别为

$$V_\pi = \frac{d}{L}\left(\frac{\lambda_0}{\gamma_1 n_1^3 - \gamma_2 n_2^3}\right) \tag{6.13}$$

和

$$\phi(0) = \frac{2\pi}{\lambda_0}(n_1 - n_2)L = -\frac{2\pi}{\lambda_0}\Delta nL = -\pi\frac{V_0}{V_\pi} \tag{6.14}$$

自然光经过 P 后所产生的平面偏振光为

$$E_P = E\sin\omega t \tag{6.15}$$

设光沿 Z 轴传播,起偏器 P 和检偏器 Q 的光轴方向与 Y 轴的夹角分别为 $\pm45°$,如图 6.18 所示。

外电场使晶体的光轴方向平行于 X 轴。光通过晶体时产生双折射:o 光的振动方向垂直于主截面(光轴与光线所构成的平面),即垂直 XZ 面,e 光的振动方向在主截面内,即 XZ 面内。由于 o 光和 e 光在介质中的折射率不同,所以传播速度不同,通过一定厚度(L)的介质到达输出端时,有一定的相位差 $\Delta\phi$。该开关器件的功率转变比为

$$\tau = \frac{P_o}{P_i} = \sin^2\left[\frac{\pi}{2}\frac{(V-V_0)}{V_\pi}\right] \tag{6.16}$$

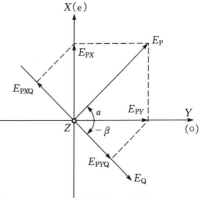

图 6.18　光通过调制器的偏振方向
　　　　　变化示意图

改变电压 V,使 $(V-V_0)$ 从 0 至 V_π 变化,则 τ 从 0 至 1 变化,从而实现开关动作。

4. 半导体放大器电光开关

半导体放大器(SOA)是一种广泛使用的全光放大器件。由半导体激光器发光原理可知,当任意输入光信号通过具有粒子数反转分布的半导体材料时,受激辐射大于受激吸收,具有光放大作用。也就是说,只有在半导体光放大器加上偏置时,才会产生受激辐射,使输入光信号得以放大;反之,如果去掉偏置,则半导体光放大器处于光吸收状态,此时输入光信号无法达到输出端。据此可以通过对偏置电压的控制,来完成开启和关闭的功能,构成基本门型光开关单元。图 6.19 所示是利用 4 个 SOA 门阵列构成的 2×2 光开关,图 6.20 为器件外形图。门阵列间彼此通过波导连接,通过控制各路 SOA 的开关状态,可以实现光信号由任意输入端到任意输出端的定向连接。

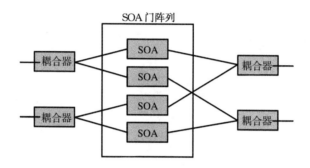

图 6.19　SOA 门阵列构成的 2×2 光开关

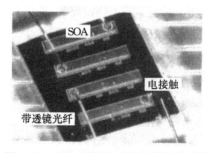

图 6.20　SOA 门阵列光开关器件外形图

SOA 中泵浦增益补偿了光开关损耗,可在无插耗的同时实现大约 12 dB 的典型光纤-光纤增益。同时还具有消光比大于 50 dB、偏振不敏感(小于 1 dB)、开关速度快(小于 1 ns)、隔离度高以及易与 SiO$_2$ 平面波导电路集成为大规模开关矩阵等特点。缺点是 ASE 噪声的积累会引起 WDM 信道间串扰。

5. 聚合物电光开关

采用有机聚合物材料制作光电子和集成光学器件,最突出的优点是价廉、工艺流程简单。除此之外,有机聚合物还具备以下优点:

①可以淀积在半导体衬底上,便于实现光路和电路的集成;

②具有较低的波导传输损耗和与光纤的低耦合损耗;

③可以有效使用电致折射变化获得振幅和相位调制;

④可根据需要,通过调节有机材料的组分以满足电光特性、热光特性和吸收特性。

然而,聚合物器件本身也存在材料易老化和环境适应性较差等问题。为此人们进行了聚合物自身结构与材料性能的研究、器件封装方法的改进等。目前,问题已基本得到解决:如采用氘处理的氟化聚合物材料来解决聚合物热稳定性问题,在器件结构上采用 Y 分支型结构来解决聚合物的抗湿性问题。这些问题的有效解决,使聚合物光开关(包括电光开关和热光开关)成为重点开发项目。

尽管传统的光开关结构都适合用聚合物来做,但为保证抗湿性,Y 分支型聚合物光开关结构使用更多,它不仅具有数字光开关的一系列优点(如对偏振和波长不敏感、数字响应快和制造容限宽等),而且还具有较其他材料基数字光开关与光纤耦合损耗低、可获得高速器件要求的光波和微波速度匹配等优点。图 6.21 为聚合物 Y 分支型数字光开关的示意构形,由输入/输出单模波导、线性 Y 分支波导和开关电极构成。

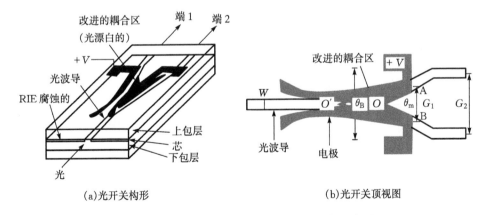

图 6.21　聚合物 Y 分支型数字光开关结构示意图

这种开关的制作过程很简单。首先在热氧化的 Si 晶片上蒸发 Cr/Au 底电极;接着旋转涂覆淀积波导下包层,材料可用 UV 可固化的环氧树脂(厚度约 3 μm);再在下包层上旋涂淀积芯层,材料为 PMMA-DR1(厚度约 3 μm);之后用标准光刻和 RIE(氧气中)形成聚合物凸条;在凸条上旋涂淀积波导上包层,材料同下包层;最后蒸发 Au,并制作出图案化顶电极。

6.5.2　热光开关

热光开关和电光开关结构相似,但机理不同。热光开关的工作原理基于热光效应,是指通过电流加热的方法,使介质的温度变化,导致光在介质中传播的折射率和相位发生改变的物理效应。在介质材料硅基片上先做波导结构,再在波导上镀一层金属膜电极。不加热时,器件处于交叉连接状态;而通电后金属薄膜发热,导致其下的波导折射率发生变化

$$n(T) = n_0 + \Delta n(T) = n_0 + \frac{\partial n}{\partial T}\Delta T = n_0 + \alpha \Delta T \tag{6.17}$$

式中,n_0 为温度变化之前的折射率,ΔT 为温度的变化,α 为热光系数,与材料种类有关,如表 6.3。

表 6.3　几种材料的热光系数

材料	LiNbO$_3$	Si	SiO$_2$	聚合物
热光系数	4.3×10^{-6}/K	2×10^{-4}/K	1.1×10^{-4}/K	1×10^{-4}/K

Δn 引起相位变化

$$\Delta\phi = 2\pi\Delta nL/\lambda_0 = 2\pi\alpha L\Delta T/\lambda_0 \tag{6.18}$$

导致信号输出端口变化。

热光开关制作简单、成品率高、成本低且易于集成,但开关时间长、功耗大、器件尺寸较大。以下介绍几种典型的波导热光开关。

1. M-Z 干涉型热光开关

M-Z 干涉型热光开关属于周期干涉型开关,具有高消光比、低功率损耗等优点,但存在偏振和波长敏感性,且制造精度要求较高。开关结构如图 6.22 所示,核心是两个 3 dB 耦合器构成的对称

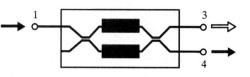

图 6.22　M-Z 干涉型热光开关

M-Z 干涉仪。两个波导在硅基底上生成。在其中一臂上镀有金属薄膜加热器,形成相位延时器。由于 Si 的导热系数较大,加热器的距离 L 大于 100 μm 即可。臂长的设计使加热器未加热时在端口 4 发生相长干涉输出,而在直通臂端口 3 发

生相消干涉而无输出;而加热器工作时输出情况相反。

从 1 端输入,从 3 端与 4 端输出的功率转变比分别为

$$\tau_3 = \frac{P_3}{P_1} = \sin^2 \frac{\Delta\phi}{2} \tag{6.19}$$

$$\tau_4 = \frac{P_4}{P_1} = \cos^2 \frac{\Delta\phi}{2} \tag{6.20}$$

可见,改变温度可导致相位差改变,从而实现光开关。

日本 NTT 近年来采用 SOI 材料作为光波导,并用 Ti 金属膜作为相移区的加热膜,采用双 M－Z 干涉仪结构,并增加一个环形器,构成 2×2 热光开关,如图 6.23。光波从 1 和 2 入口,当不通电流加热时,光波通过交叉臂,分别从 1→2′ 和 2→1′ 出口输出;当两干涉仪同时通电流加热时,光波通过直通臂,分别改从 1→1′ 和 2→2′ 出口输出。

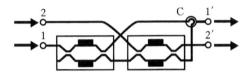

图 6.23　双 M－Z 干涉型热光开关

这种开关有以下优点:

①由于泄漏光被第二个干涉仪阻止,消光比是传统结构的两倍;

②器件制作的容差能力加大;

③相当于两个带通滤波器并联,有较大的带宽,有益于 DWDM 网络;

④基于该 2×2 开关可做成开关阵列,将大大减少单元开关数量,例如 16×16 开关阵列由普通 1×2 开关组成需要 156 个器件,而用这种器件只需 64 个。

该器件的平均参数为插损为 6.6 dB,串音为 46 dB,开关时间 2 ms,消光比 55 dB,功耗 17 mW。

2. Y 和 X 数字型热光开关

Y 和 X 数字型热光开关的结构见图 6.24 所示,一般通过模式重组来实现开关动作:通过加热改变分支的折射率,从而改变控制光的走向。为了实现模式选择的绝热状态,要求分支角很小,一般在零点几度或零点零几度。对 Y 结构而言,不加热时温度为室温 T_0,主臂的有效折射率 n_1 大于支臂有效折射率 n_2,光从主臂通过;当对支臂加热到温度为 T_1 时,其有效折射率增大到

$$n_2 + \frac{\mathrm{d}n}{\mathrm{d}T}(T_1 - T_0) > n_1 \tag{6.21}$$

则光束通过支臂。上式中,$\mathrm{d}n/\mathrm{d}T$ 为材料的折射率温度系数。

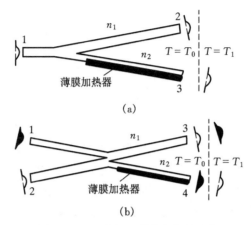

(a)

(b)

图 6.24　Y 形和 X 形数字热光开关

对 X 结构而言,不加热时, $n_1 > n_2$,光束 1 和 2 分别通过 3 和 4;当支臂加热到温度为 T_1 时,有效折射率满足上式,则光束 1 和 2 的通路被交换。

这类开关当输入电压变化时输出光强呈阶跃特性,故称为数字光开关。数字工作方式降低了对开关电压控制精度的要求,并大大降低了集成器件制作的复杂性,适合做阵列器件。

6.5.3　液晶光开关

大部分液晶光开关是根据施加外部电场控制液晶分子方向而实现开关功能的。典型的液晶器件包括无源和有源部分。其工作原理为:首先把输入光分为两路偏振光;然后把光输入液晶内,液晶根据是否加电压来改变光的偏振状态;最后光射到无源器件上。当施加电压时液晶分子将平行于外加电场,此时光被阻断,而没有外加电压时光可以透过,从而实现开关的两个状态,如图 6.25 所示。

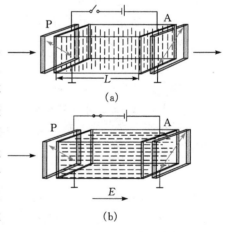

(a)

(b)

图 6.25　液晶光开关工作原理

在液晶盒内装着相列液晶。通光的两端安置两块透明的电极。未加电场时,液晶分子沿电极平板方向排列,与液晶盒外的两块正交的偏振片 P 和 A 的偏振方向成 45°,如图 6.25(a),入射光通过起偏器 P 先变为线偏光,之后通过具有旋光性的液晶,分解成偏振方向相互垂直、具有不同折射率的左旋和右旋光,在盒内传播盒长距离 L 之后,引起光偏振面 90°旋转,顺利通过检偏器 A，器件呈现开启状态；当施加电场 E 时，液晶分子平行于电场方向，液晶不影响光的偏振特性，使得光无法通过检偏器 A，处于关闭态，如图 6.25(b)。撤去电场液晶又恢复原开启状态。

液晶光开关的优点是：较 MEMS 器件速度快（在十微秒量级）、无极化依赖性、结构可以实现大规模列阵。缺点是：整体结构为立体的，不适用于平面工艺制作。

6.5.4　磁光效应光开关

法拉第磁光效应是线偏振光在磁性介质中传播时，受外磁场的作用其偏振面发生旋转的一种物理现象。实验证明，当在磁性材料上施加平行光传播方向的外磁场时，设偏振光振动面的旋转角度为 θ，磁感应强度为 B，光在材料中传播的长度为 L，则有

$$\theta = VBL \tag{6.22}$$

式中 V 称为费尔德常数，是表明物质磁光特性的物理量，与光的波长有关。磁光物质旋光的方向与光的传播方向无关，只由外加磁场方向决定：当迎着磁场方向观察，偏振光总是按反时针方向旋转。钇铁石榴石（YIG）晶体材料是一种常用的旋光物质，在长波波段有较大费尔德常数和较小损耗。

如图 6.26 是一种磁光效应光开关的基本结构，包括：用 Gd：YIG 厚膜构成的 45°法拉第旋转器、石英 1/4 波片、两块 YVO₄ 晶体、一块偏振分束镜和一块全反三角棱镜。

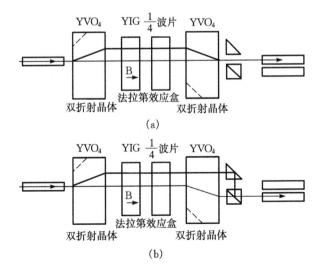

图 6.26　法拉第磁光效应光开关

在右旋磁场作用下,法拉第旋转器和石英 1/4 波片对光束偏振面的旋转分别为 $-45°$ 和 $+45°$,使通过这两个元件的光束总偏振旋转角为零。由第一块 YVO_4 晶体分解的 P,S 两束偏振光在第二块 YVO_4 晶体中合成一束,从上端口输出;当在法拉第旋转器上施加左旋的磁场时,法拉第旋转器和石英 1/4 波片对光束偏振面的旋转皆为 $+45°$,通过这两个元件的光束总偏振旋转角为 $90°$,因此由第一块 YVO_4 晶体分解的两束偏振光在第二块 YVO_4 晶体中分开:P 光束转化为 S 光束,S 光束转化为 P 光束,分别输出,再经过三角棱镜和偏振分束镜合成一束光从下端口输出。这种光开关在 1.3 μm 处插入损耗 1.3~1.7 dB(包括 Gd:YIG 吸收损耗和透镜耦合损耗),最小开启电压为 ± 5 V,电压 ± 20 V 时开关时间为 30 μs,串音为 -25 dB。

6.5.5　声光开关

声光开关基于声光效应而工作。声光效应是指声波通过材料时,应变引起材料折射率周期性变化,形成类似光栅的结构,从而使得入射光被衍射的现象。当声场频率较高、声光互作用距离较长时,发生入射光偏转的布拉格衍射,如图 6.27 所示。图 6.28 是一种布拉格声光波导光开关结构图。

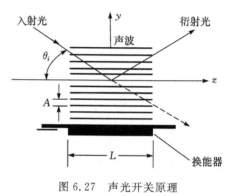

图 6.27　声光开关原理

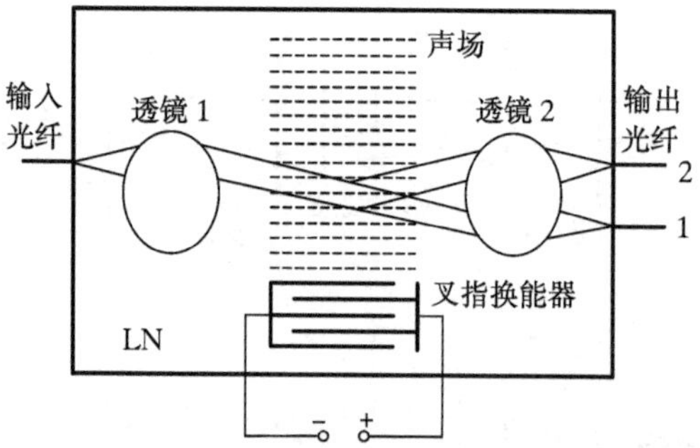

图 6.28　1×2 声光波导开关原理结构图

在 y 方向,用电声换能器在介质中激励一束声波

$$S_1 = S_a \sin(\omega_a t - K_a t) \tag{6.23}$$

式中,S_a,ω_a,K_a 分别为声波的振幅、角频率、传播常数。声波引起介质折射率变化

$$\Delta n = \frac{1}{2}n^3 PS_a \tag{6.24}$$

式中，P 为应变弹性系数。这种晶体折射率变化沿声波传输方向呈周期性，形成一个相位光栅。与 z 轴成 θ 角入射的平面光波通过宽度为 L 的声波区域后，声光效应引起的相位变化为

$$\Delta \phi = \frac{2\pi L \cos\theta}{\lambda_0}\Delta n \sin(K_a y) \tag{6.25}$$

致使介质中光的传播方向发生变化，从而实现光的开关。

　　这类光开关具有开关速度快、插入损耗低、串扰小、消光比高、透明性好、功耗小、无移动部件而可靠性较高等优点，还可用叉指电极产生表面声波而实现波导化。但现有缺点是：成本较高且不易扩展。经过各国研究者多年的努力，已取得了不少进步，但大都是声光可调滤波器结构，建立在条形光波导基础上，开关基元为 1×2 型。现有水平交换速度从 500 ns 到 10 μs，损耗低于 2.5 dB。如：1996 年，D. A. Smith 等人采用分开 TE 和 TM 模式的方法得到一种 2×2 声光开关。同年，Janet Lehr Jackel 等人研制的 8 通道声光开关，波长间隔达到 2 nm。1997 年，D. O. Culverhouse 等人先后提出了全光纤的对偏振不敏感的 2×2 和 3×3 声光开关结构。1998 年，日本丰桥科技大学研制的共线型声光开关，在互作用长度为 10 mm 时，开关时间为 1.5 μs。1999 年，清华大学电子系用单模光纤研制的声光开关消光比 24 dB，插入损耗 0.1 dB，开关时间 20 μs。2000 年，北京大学研制出一种可同时得到高消光比和高开关速度的声光开关，其消光比达 32 dB，开关时间 300 ns。2002 年，韩国的 Hee Su Park 等人研制了一种全光纤的波长可调声光开关，由一个声光可调滤波器和一个模式选择耦合器构成，开关时间 40 μs、串扰 20 dB、损耗 2 dB。2004 年，贝尔实验室研制了一种新的光开关结构，使用外差接收器作为子系统，可以实现同时面向多端口的广播功能。LMGR 公司声称其 1×1024 光纤线性声光开关无机械部分，使用电和计算机控制声光偏转装置，能在 1 μs 内将输入信号送到输出端，转向器可以任意转向。Brimrose 公司的 1×2 声光开关交换速度 525 ns，相对损耗 2.5 dB。目前供应商有：Gooch and Housego，Light Management 和 Brimcom 等。

6.5.6　气泡光开关

　　图 6.29 所示是 Agilent 公司结合喷墨打印和硅平面光波导两种技术开发出的一种二维 OXC 开关。

　　该设备由许多交叉的硅波导和位于每个交叉点的刻痕组成，刻痕里填充一种

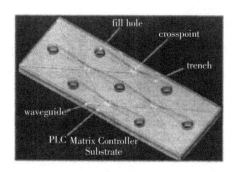

图 6.29　Agilent 公司喷墨气泡光开关示意图

折射率匹配液用以进行缺省条件下的无交换传输。其工作原理是：当有入射光照入并需要交换时，一个热敏硅片会在液体中产生一个小泡将光从入射波导中全反射至输出波导，从而实现开关所需要的两个状态。Agilent 公司已制造出 32×32 光开关子系统，其损耗 2.5 dB，消光比＜50 dB，气泡产生到消失约 2 ms，最大开关速度 10 ms，可以用于光纤保护倒换，还可级联组成更大的交换矩阵。

　　这种开关的优点是：对偏振相关损耗和偏振模色散都不敏感，无活动部件而可靠性很好，可以大批量生产，既可用在 OADM 设备中实现任一光纤或单波长的上下路，也可以用于 OXC 设备中实现任两波导之间互连，这样，由其组成的网络具有很好的重构性。

6.5.7　MEMS 光开关

　　MEMS（Micro Electro Mechanical Systems）是由半导体材料（如 Si 等）构成的微机械结构，它将电、机械和光集成为一块芯片，能透明地传送不同速率、不同协议的业务。基于 MEMS 光开关交换技术的解决方案已广泛应用于骨干网或大型交换网。图 6.30 所示的 MEMS 光开关的基本原理就是通过静电的作用使可以活动的微镜面发生转动，从而改变输入光的传播方向。

　　MEMS 既有机械光开关的低损耗、低串扰、低偏振敏感性和高消光比的优点，又有波导开关的高开关速度、小体积、易于大规模集成等优点。缺点是开关时间较长（一般为 10 ms 量级），且由于 MEMS 光开关是靠镜面转动来实现交换，所以任何机械摩擦、磨损或震动都可能损坏光开关而导致开关寿命有限和重复性较差，有的还存在着回跳抖动等问题。

　　典型的 MEMS 光开关器件可分为二维和三维结构，分别如图 6.30、图 6.31 所示。

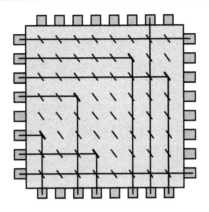

图 6.30 二维 MEMS 8×8 光开关

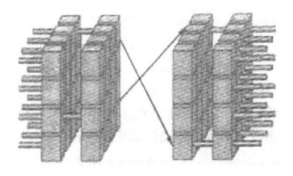

图 6.31 三维 MEMS 光开关

基于镜面的 MEMS 二维器件由一种受静电控制的二维微小镜面阵列和准直光束构成多端口光开关。对于光网络业务的交换和恢复,基于旋转铰接微镜的光开关是一种更好的选择,因为这类应用中,光开关不需要经常变换,且亚毫秒的开关时间也足以适应全光网的业务提供和恢复。微镜的结构和控制如下:微铰链把微镜铰接在硅基底上,微镜两边有两个推杆,推杆一端连接微镜铰接点,另一端连接平移盘铰接点。转换状态通过 SDA 调节器(Scratch Drive Actuator)调节平移盘使微镜发生转动,微镜水平时,光束可通过该微镜;而当微镜旋转到与硅基底垂直时,入射到其表面的光束被反射而从该微镜对应的输出端口输出。二维 MEMS 需要 N^2 个微镜来完成 $N\times N$ 个自由空间的光交叉连接,其控制电路较简单,由 TTL 驱动器和电压变换器来提供微镜所需的电压。

三维 MEMS 的镜面能向任何方向偏转,其中的阵列通常成对出现,输入光线到达第一个阵列镜面上后被反射到第二个阵列的镜面上,再被反射到输出端口。

镜面的位置要控制得非常精确,达到百万分之一度。三维 MEMS 阵列可作为大型交叉连接的正确选择,特别是当波长同时从一根光纤交换到另一根光纤上。三维 MEMS 主要靠两个 N 微镜阵列完成两个光纤阵列的光波空间连接,每个微镜都有多个可能的位置。

朗讯公司已研制了 1296×1296 端口的 MEMS 光开关,其单端口传送容量 1.6 Tbps(单纤复用 40 个信道,每路信道传送 40 Gbps 信号),总传送容量达到 2.07 Petabps,具有严格无阻塞特性,插损 5.1 dB,串扰最坏为 38 dB,使光开关的交换总容量达到新的数量级。OMM 公司提出的 4×4 和 8×8 光开关时间小于 10 ms,损耗 3 dB,可重复性达 0.5 dB,16×16 开关的开关时间为 20 ms,损耗 7 dB,可重复性达 3 dB。目前,OMM 正在积极开发三维光开关。Iolon 的 MEMS 光开关时间小于 5 ms,且已实现大量自动化生产。Xeros 设计了能升级到 1152× 1152 的三维两个面对面微镜阵列光交叉连接设备,对速率和协议透明,允许高带宽数据流透明交换,无需光电转换,开关时间小于 50 ms,微镜控制精度达到百万分之五度,使用功耗小于 1 千瓦。

6.5.8　全光开关

当外界光场可与原子内均匀场强相比拟时,物质对光场的响应与光的场强的关系为非线性的

$$P = \alpha E + \beta E^2 + \gamma E^3 + \cdots \tag{6.26}$$

式中,$\alpha, \beta, \gamma, \cdots$ 都是与物质有关的系数,且一般来说后一系数比前一系数要小得多。利用该种效应可使得材料折射率发生变化,这种强光通过非线性效应引起折射率变化的现象就是光折变效应。利用光折变效应可以制作全光开关。

(1)通过控制光斑的移动实现光开关功能　光在非线性介质中传播时,强光改变介质折射率并对弱光相位进行调制,使其不再沿直线传播而发生光斑移动,就此可实现如图 6.32 的 1×N 开关效果。

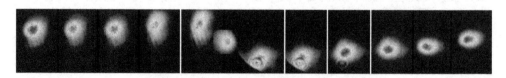

图 6.32　通过控制光斑的移动实现光开关功能

(2)通过控制光的强度来实现开关功能　通过改变其中一束入射激光的强度引起原子能级分裂,产生共振现象,从而使得另外几束不同激光的强度得到增强或

抑制,实现开关。如图 6.33 所示。

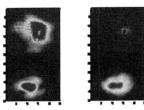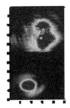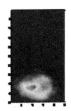

图 6.33　通过控制光的强度实现光开关功能

6.6　光开关应用前景分析

随着远程通信和计算机通信的飞速发展,特别是 Internet/Intranet 业务的迅速增多,光传送网(OTN)已成为全光网络的发展趋势。作为实现光传输路径变换的关键器件,光开关被广泛应用于光层的路由选择、波长选择、光交叉连接器(OXC)、光分插复用器(OADM)、光网络监控、器件测试及自愈保护等方面,如图 6.34 所示。特别是光交叉连接器(OXC)和光分插复用器(OADM),由于可以管理任意波长的信号,从而更充分地利用带宽,而成为全光网络的关键。

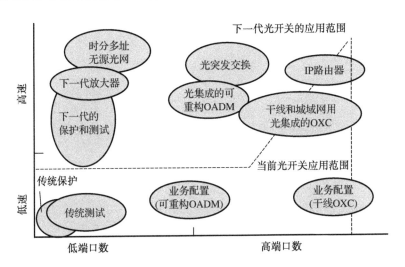

图 6.34　光开关的应用范围

在 20 世纪 90 年代的初期与中期,光开关在世界市场的需求量增长缓慢,只有数十万件。但到了 90 年代后期,随着全光网络的兴起和发展、经济信息化过程的加快,全球范围光交换机及其交换矩阵系统市场需求猛增。随着光传送网技术的发展,新型光开关技术不断出现,同时原有的光开关技术性能不断提高。随着光传送网向超高速、超大容量的方向发展,网络的生存能力、网络的保护倒换和恢复问题成为网络关键问题,而光开关在光层的保护倒换对业务的保护和恢复起到了比较重要的作用。未来的光传送网是能支持多业务的透明光传送平台,要求对各种速率业务能透明传送;同时,随着业务需求的急剧增长,骨干网业务交换容量也急剧增长。因此,光开关的交换矩阵的大小也要不断提高。同时由于 IP 业务的急剧增长,要求未来的光传送网能支持光分组交换业务,未来的核心路由器能在光层交换。这样,也对光开关的交换速度提出更高的要求(纳秒数量级)。总之,大容量、高速交换、透明、低损耗的光开关将在光网络发展中起到更为重要的作用。

第7章 光调制与光调制器

光发射机的功能是把输入的电信号转换成光信号,并用耦合技术把光信号最大限度地注入光纤线路。其中把电信号转换为光信号的过程就是光调制,用于将电信号调制到光载波上的器件称为光调制器。

7.1 光源的调制方式

根据调制与光源的关系,光调制可分为直接调制和间接调制两大类。用电信号直接调制 LD 或 LED 的驱动电流,使输出光随电信号变化,这种调制方式称为"直接调制",又称为内调制,如图 7.1(a)所示。直接调制后的光波电场振幅的平方正比于调制信号,是一种光强度调制(IM)方法,具有简单、经济、容易实现等优点,是光纤通信中常用的调制方式,但只适用于 LD 和 LED。

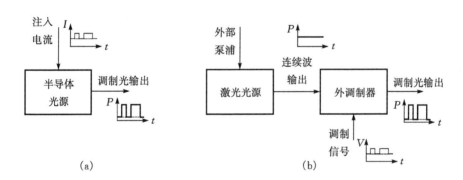

图 7.1 光调制方式

在对 LD 直接调制过程中,不仅输出光强度随调制电流发生变化,而且输出光的频率也会发生波动,也就是说在振幅调制的同时还受到相位影响,激光频率动态滑动而偏离其稳态值,这一现象称为"啁啾"特性。高速调制情况下这种现象更为严重。啁啾特性的存在不仅使得单纵模展宽,而且色散作用下的非线性失真也将增大,对光链路产生极其不良的影响。因而高速调制更多使用外调制器来进行间接调制。图 7.1(b)所示就是光纤通信系统中的光间接调制方式。

　　间接调制利用晶体的电光效应、磁光效应、声光效应等物理性质来实现对激光辐射的调制,这种调制方式既适用于半导体激光器,也适应于其他类型的激光器。对某些类型的激光器,间接调制也可以采用直接调制的方法,即用集成光学的方法把激光器和调制器集成在一起,用调制信号控制调制元件的物理性质,从而改变激光输出特性以实现对其调制。图 7.2 为高速调制下使用光调制器的光纤链路,其调制电信号不直接加在 LD 上,而是加在光调制器上,因而虽插损有所增加,但啁啾得到有效抑制。间接调制的优点是啁啾小、调制速率高,缺点是结构和技术复杂、成本较高,因此间接调制只在波分复用和相干光通信系统中使用。

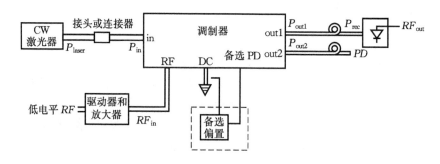

图 7.2　采用光调制器的光纤链路

　　表 7.1 对两种调制方法进行了特性比较,可见:间接调制的两种间接调制器调制带宽比直接调制要宽一倍以上,啁啾因子也小得多,因此在高速传输系统中(大于 10 Gbps)大多采用间接调制技术。光源的调制方法及利用的物理效应如表 7.2 所示。

表 7.1　直接调制与间接调制特性比较

调制方式		调制带宽	啁啾因子	驱动电流或电压	阻抗	转换关系
直接调制	DFB	约 12 GHz	3～5	>50 mA	4～8 Ω	线性
	MQU - DFB	<20 GHz	约 2	>50 mA	4～8 Ω	线性
间接调制	EA	约 40 GHz	<1	约 1.5 V	约 0.1 pF	$\exp(V)$
	M - Z	约 50 GHz	0	约 5～10 V	$R=50$ Ω	$\cos^2(V)$

表 7.2　光源的各种调制方法

调制方式	调制法	所利用的物理效应
间接调制	电光调制	电光效应(普克尔效应,克尔效应)
	磁光调制	磁光效应(法拉第电磁偏转效应)
	声光调制	声光效应(拉曼衍射、布拉格衍射)
	其他	电吸收效应,共振吸收效应
直接调制	电源调制	

7.2　光源的直接调制

从调制信号的形式来说,光调制又可分为模拟信号调制和数字信号调制。

模拟信号调制是直接用连续的模拟信号(如话音、电视等信号)对光源进行调制,图 7.3(a)为 LED 模拟调制原理。将连续模拟信号电流叠加在直流偏置电流上,适当选择直流偏置电流大小,可减小光信号的非线性失真。模拟调制电路是电流放大电路,图 7.3(b)所示为一个简单的模拟调制电路图。

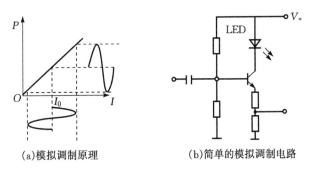

(a)模拟调制原理　　　　　　(b)简单的模拟调制电路

图 7.3　发光二极管模拟调制

在光纤通信中,数字调制主要是指脉冲编码调制(PCM)。脉冲编码调制是先将连续的模拟信号通过取样、量化和编码,转换成一组二进制脉冲代码,用矩形脉冲的有、无("1"码和"0"码)来表示信号,图 7.4 给出了 LED 和 LD 数字调制原理。数字调制电路应是电流开关电路。最常用的是差分电流开关,其基本电路形式如图 7.5 所示。由于光源,尤其是激光器的非线性比较严重,所以目前模拟光纤通信系统必须选择线性度好的分布式反馈(DFB)激光器,并采用预失真电路。对一些容量较大、通信距离较长的系统,大多采用对 LD 进行数字调制的方式。

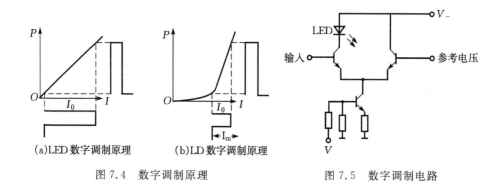

(a)LED 数字调制原理　　　　(b)LD 数字调制原理

图 7.4　数字调制原理　　　　　　　图 7.5　数字调制电路

7.3　典型的光源间接调制方式

为了解决直接调制技术存在的啁啾现象,人们开发出了间接调制技术。目前已提出的间接调制方式主要有电光调制、声光调制、磁光调制、电吸收调制等调制方式。

7.3.1　电光调制

在大容量光纤通信系统和高速光处理系统中,因为要求的调制速率大于激光二极管的内调制速率,所以不能采用激光二极管直接调制方式,而必须采用间接调制方式。目前的光纤通信系统更多是采用电光晶体(如铌酸锂)的电光效应制成光调制器。

7.3.1.1　电光效应

晶体加电压后会产生折射率变化,引起通过其的光波特性发生变化,这种现象称为电光效应。当晶体的折射率与外加电场幅度成线性变化时,称为线性电光效应,即普克尔效应;当晶体的折射率与外加电场的平方成比例变化时,称为克尔效应。目前的电光调制器主要利用普克尔效应工作。

在主介电坐标系中,各向异性晶体的折射率椭球方程为

$$\frac{x^2}{n_x^2} + \frac{y^2}{n_y^2} + \frac{z^2}{n_z^2} = 1 \tag{7.1}$$

其中 n_x, n_y, n_z 为其主折射率。入射光在各向异性晶体中发生双折射现象,分为

o 光 e 光。利用折射率椭球可找出晶体中沿任意方向 S 传输的光的 o 光 e 光折射率，继而求出它们之间的相位延迟。

7.3.1.2　体型纵向电光调制器

利用电致双折射效应中的相位延迟，可对光束进行调幅、调相等。图 7.6 给出一个典型的电光振幅调制器装置示意图。电光晶体置于两正交的偏置器之间，偏振器与电致双折射 x' 和 y' 轴成 45°角。x 向起偏器使晶体入射表面光波电场在 x' 和 y' 方向存在同相位的相等的电场分量。光路里的液晶 $\lambda/4$ 波片引进 $\pi/2$ 的固定相位延迟，相当于给调制器增加了一个直流偏压，以保证其工作点移到调制曲线中心的线性区。这样当调制电压 $v = V_{\mathrm{m}}\sin\omega_{\mathrm{m}}t$ 加在电光晶体上时，光路总的相位延迟为

$$\tau = \frac{\pi}{2} + \frac{\pi V_{\mathrm{m}}}{V_{\pi}}\sin\omega_{\mathrm{m}}t$$

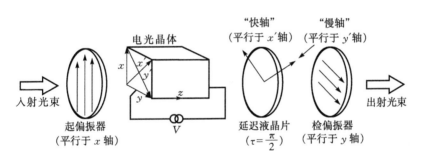

图 7.6　电光振幅调制器

整个系统的光的透射率为

$$\frac{I_{\mathrm{o}}}{I_{\mathrm{i}}} = \sin^2\frac{\tau}{2} = \sin^2\left(\frac{\pi}{2}\cdot\frac{V}{V_{\pi}}\right) \tag{7.2}$$

透射率与外加电压的关系如图 7.7 所示。

这种电光调幅调制器中，光沿 z 轴传播，而外加电压也施加在 z 方向，称为纵向电光调制。纵向电光调制器的电极结构必然引起晶体的不均匀性，从而引入干扰，虽然可通过加圆环形电极而得到部分改善，但并没有根本的改变。

图 7.8 是一个使用电光纵向调制器构成的光通信演示实验系统。它用唱机信号 $f(t)$ 调制激光束振幅，以实现信号重现的过程。

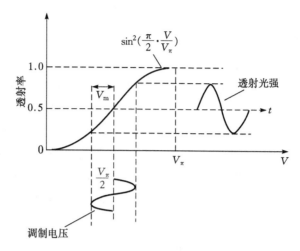

图 7.7　电光调制的透射率

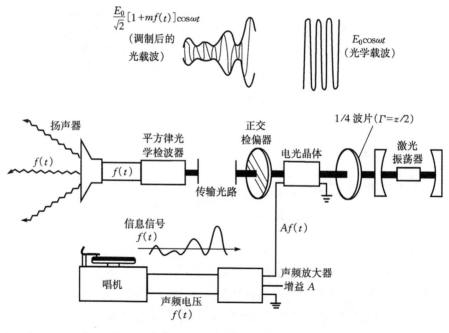

图 7.8　使用电光调制器的光通信演示系统

7.3.1.3　体型横向电光调制器

外加电场也可以垂直于光的传输方向,这种工作方式称为横向调制。采用横向调制时,电场电极不会妨碍光的传输,而且加大晶体长度并不影响晶体内的电场强度(外加电压 V 一定时),因而可以通过增加晶体长度来获得较大的相位延迟。图 7.9 给出一个利用 KDP 晶体进行横向调制的例子。

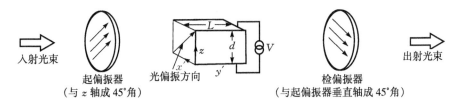

图 7.9　横向电光振幅调制器

在图 7.9 中,光沿 y' 轴方向传输,光的偏振方向在 $x'-z$ 平面上与 z 轴成 $45°$ 角,外加电场是沿 z 方向的。横向调制同样适用于相位调制。

7.3.1.4　电光调制的频率特性

电光调制器如何达到高的调制频率及足够宽的调制带宽是很重要的。影响调制频率和调制带宽的主要因素如下。

1. 光在晶体中传播时间的影响

光在晶体中的传输时间约为

$$\tau_{\mathrm{d}} = \frac{n_0 L}{c} \tag{7.3}$$

当调制频率很高时,在 τ_{d} 的时间内,外电场可能发生可观的变化,则光通过晶体的不同部位时,因调制电压不同,其相位延迟也就不同。

2. 晶体谐振电路的带宽的影响

如图 7.10 所示,电光晶体置于两电极之间,以便在晶体中形成调制电场。这种集总调制器对调制信号来说,可以等效为一个电容 C。为了使绝大部分调制电压加到电光晶体上,往往在晶体电容上并联一个电感 L,构成 $\omega_0^2 = (LC)^{-1}$ 的并联

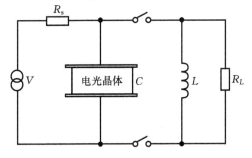

图 7.10　平行平板结构的电光调制晶体等效电路

谐振回路。当调制信号的频率在 ω_0 附近的有限频带内时,才能表现出高阻抗,否则很大一部分调制电压将会降到信号源内阻 R_s 上,降低调制效率,从而极大地限制了调制信号的带宽。

为了适应高频率宽频带调制信号的要求,可以采用如图 7.11 所示的行波调制器。其中,电极和晶体不是作为电容,而是作为终端阻抗匹配的传输线,光场和调制场的相速度彼此相等,从而消除了光的传输时间对高频调制的限制。

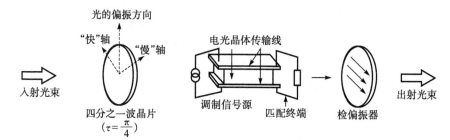

图 7.11　行波调制器

近几年来,利用电光效应研制光波导调制器的技术受到国内外普遍的关注。与体电光调制器相比,波导调制器不仅可以满足高频调制信号的要求,而且可以把光场限制在很小的区域里,从而大大降低所需调制电压和调制功率。薄膜波导器和带状波导方向耦合调制器都是常用的电光间接调制器。

7.3.2　声光调制

声光调制器是利用介质的声光效应制成。它的工作原理是:当调制电信号变化时,由于压电效应,使压电晶体产生机械振动形成超声波,这个声波引起声光介质的密度发生变化,从而使得介质折射率发生变化。这就相当于形成了一个变化的光栅,而由于光栅的变化,使光强随之发生变化,这就使得光波可以被调制。

7.3.2.1　声光效应

超声波在声光介质中传输时会引起介质密度发生疏密交替的变化,导致介质折射率产生相应的变化,形成一个条纹间隔等于声波波长或半波长的衍射光栅,使得通过的光波发生衍射,这个效应称为声光效应或弹光效应。声光衍射是声光调制的物理基础。

按照超声频率的高低和声光作用的超声场强度的不同,声光衍射可分为两种类型,即拉曼-奈斯衍射和布拉格衍射。

当超声波频率较低且光束垂直于声波传输方向时,会产生拉曼-奈斯衍射,如

图 7.12 所示。在这种情况下,超声光栅和普通的平面光栅类似,光栅常数为 λ_s。平行光通过光栅时产生多级衍射,且各级衍射极值对称地分布在零级极值两侧,其强度依次递减。

当超声波频率较高、声光作用长度 L 较大,而且光波与声波波面间以一定角度斜入射时,产生布拉格衍射。在这种情况下,声光介质相当于一个体光栅,只出现零级和＋1 级或－1 级(视入射光方向而定)衍射光。如果合理选择参数、超声波又足够强,可使入射光能量几乎全部转移到零级、＋1 级或－1 级的某一级衍射极值上,从而获得较高的衍射效率,如图 7.13 所示。

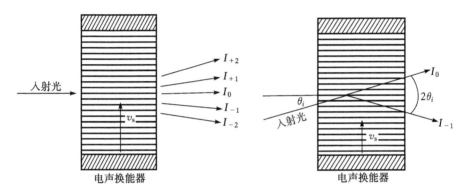

图 7.12　拉曼-奈斯声光衍射　　　　　图 7.13　布拉格声光衍射

7.3.2.2　体型声光调制器

声光调制器原型由声光介质、电声换能器、吸声(或反射)装置及驱动电源所组成。其中电声换能器是利用某些压电晶体(石英、铌酸锂等)或压电半导体(CdS,ZnO 等)的反压电效应,在外加电场的作用下产生机械振动而形成超声波的装置。

如图 7.14 是一个拉曼-奈斯型声光调制器的基本结构。正弦调制电信号通过

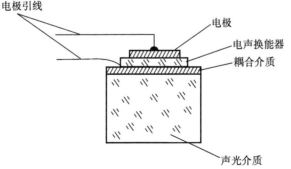

图 7.14　拉曼-奈斯声光调制器

电声换能器转换为超声波作用于声光介质,在其中形成声光栅,当平行光束通过它时,衍射导致出射光束产生随时间而周期性变化的光程差,构成了各级闪烁变化的衍射光。用光阑将其他衍射级阻遮,则希望的那一级周期调制衍射光就会输出。

声光调制可以获得较高的对比度,所需的驱动功率也远比电光调制小,但其调制带宽不如电光调制,调制速度也略低。

7.3.3 磁光调制

磁光效应又称为法拉第效应,当光通过介质传播时,若在垂直于光的传播方向上加一强磁场,则光的偏振面产生偏转,其旋转角与介质长度、外磁场强度成正比。

磁光调制的调制原理是:经起偏器的光信号通过磁光晶体,其偏转角与调制电流有关。由于起偏器与检偏器的透光轴相互平行,当调制电流为零时,透过检偏器的光强最大;随着电流逐渐加大,旋转角加大,透过检偏器的光强逐渐下降。利用这一原理既可制作光调制器也可制作光开关。如图 7.15 所示。

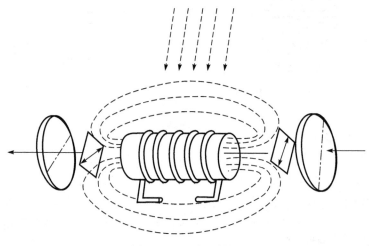

图 7.15 磁光调制器

7.3.3.1 体型磁光调制器

体型磁光调制器的组成如图 7.16 所示。为了获得线性调制,在垂直于光传播的方向上加一恒定磁场 H_{dc},其强度足以使晶体饱和磁化。工作时,高频信号电流通过线圈就会感生出平行于光传播方向的磁场,入射光通过 YIG 晶体时,由于法拉第旋转效应,其偏振面发生旋转,旋转角正比于磁场强度 H

$$\theta = \theta_s \frac{H_0 \sin\omega_H t}{H_{dc}} L_0 \tag{7.4}$$

式中，θ_s是单位长度饱和法拉第旋转角；$H_0\sin\omega_H t$ 是调制磁场。如果再通过检偏器，就可以获得一定强度变化的调制光。

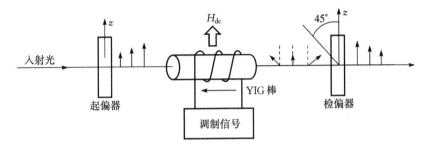

图 7.16 体型磁光调制示意图

7.3.3.2 磁光波导调制器

图 7.17 所示为磁光波导模式转换调制器的结构，圆盘形的钆镓石榴石（$Gd_3Ga_5O_{12}$-GGG）衬底上，外延生长掺 Ga，Se 的钇铁石榴石（YIG）磁性膜作为波导层。

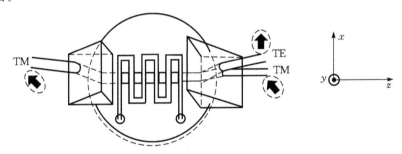

图 7.17 磁光波导模式转换调制器

在磁性膜表面用光刻方法制作一条金属蛇形线路，当电流通过蛇形线路时，蛇形线路中某一条通道中的电流沿 y 方向，则相邻通道中的电流沿$-y$方向，该电流可产生$+z$，$-z$方向交替变化的磁场，磁性薄膜内便可出现沿$\pm z$方向交替饱和磁化。蛇形磁场变化的周期为

$$T = \frac{2\pi}{\Delta\beta} \tag{7.5}$$

式中，$\Delta\beta$ 为 TE 模和 TM 模传播常数之差。可将输入 TM 模（$\lambda=1.52~\mu m$）52％的功率转换到 TE 模上去。磁光波导模式转换调制器的输出耦合器一般使用具有高双折射的金红石棱镜，使输出的 TE 和 TM 模分成两条光束。

7.4　高速通信系统用典型间接调制器

MZI(Mach-Zahnder Interference)波导调制器、电吸收(EA)调制器和 Si 基调制器是目前高级光通信中应用的几种主要间接调制器。

7.4.1　MZI 波导调制器

MZI 波导调制器可以用半导体材料制作,也可以用其他电光材料制作。用铌酸锂(LiNbO$_3$)材料制作的 MZI 波导调制器就是一种常用的电光调制器,其工作原理是:将输入的光信号分为两束,输入 MZI 波导调制器的两臂,分别对两臂或者对其中一臂加上调制偏置电压,两臂信号相互之间发生干涉,干涉信号随两臂调制偏压的相位差变化而变化,最终输出的就是调制后的光信号。具体来讲,对于如图 7.18 所示的基本结构,输入光信号在第一个 3 dB 耦合器处被分成相等的两束,分别进入两波导传输。波导是用电光材料制成,其折射率随外部施加电压的变化而变化,从而导致两路光信号到达第二个耦合器时相位延迟不同。若两束光的光程差是波长的整数倍,两束光相干加强;若两束光的光程差是波长的 1/2,两束光相干抵消,调制器输出很小。因此可通过控制外加电压对光束进行调制。

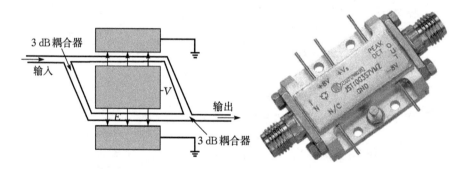

图 7.18　LiNbO$_3$ MZI 波导调制器结构示意图与实物图

幅度调制型 LiNbO$_3$ MZI 调制器中,要控制偏压的幅度使其工作在线性区,如图 7.19 所示。

LiNbO$_3$ MZI 调制器的优点包括:

①具有非常好的消啁啾特性;

②具有非常好的微波特性;

③适合于高速(>10 Gbps)系统的超长距离传输。

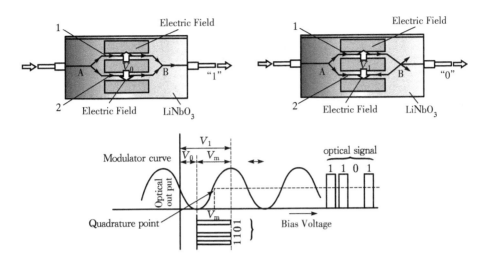

图 7.19　LiNbO₃ MZI 调制器幅度调制原理图

缺点包括：

①调制器的插入损耗大；

②需要较高的驱动电压(典型值为 4 V)；

③难以与光源集成；

④对偏振敏感。

7.4.2　电吸收调制器

电吸收(EA)调制器是一种损耗调制器,利用 Franz Keldysh 效应和量子约束 Stark 效应,工作在调制器材料吸收边界波长处。Franz Keldysh 效应是 Franz Keldysh 在 1958 年提出的,是指在电场作用下半导体材料的吸收边红移的理论,该理论在 1960 年被实验证实。20 世纪 90 年代以后,随着高速率长距离通信系统的发展,对电吸收调制器的研究受到重视,迅速发展起来。

EA 调制器的基本原理是：改变调制器上的偏压,使多量子阱(MQW)的吸收边界波长发生变化,进而改变光束的通断,实现调制。当调制器无偏压时,光束处于通状态,输出功率最大；随着调制器上的偏压增加,MQW 的吸收边移向长波长,原光束波长处吸收系数变大,调制器成为断状态,输出功率最小。图 7.20 为其结构原理图。

图 7.21 是一种 40 Gbps EA 调制器产品实物图。

EA 调制器容易与激光器集成在一起,形成体积小、结构紧凑的单片集成组件,

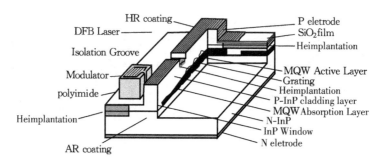

图 7.20　EA 调制器结构原理图

图 7.21　40 Gbps 通信系统中的一种 EA 调制器产品

而且需要的驱动电压也较低(约 2 V)。但它的消光比(约 10 dB)低于 LiNbO₃ MZI 调制器,且频率啁啾(2.5 Gbps——640 km;10 Gbps——80 km)也比 MZI 调制器大,不适合传输距离特别长的高速率海缆系统,当利用 G.652 光纤时,对 2.5 Gbps 系统,EA 调制器的传输距离可达到 600 km。

7.4.3　Si 基光调制器

　　Si 基光调制器研究起步较晚,但是进展较快。由于它易与 CMOS 和 VLSI 工艺兼容,实现光电集成的全 Si 化和单片化是目前的一个研究热点。

　　在 Si 基材料中,常常采用通过改变载流子浓度来改变折射率或吸收系数来设计光调制器。折射率变化可采用两种方案:一种是热光效应,另一种是载流子注入。

　　利用载流子注入的方法已制成 Si 基吸收型调制器,如图 7.22 所示。这是一种基于大截面积单模凸条波导、自由载流子等离子体弥散和波导消失效应的光强度调制器。调制器由具有宽度为 W 的单模凸条波导和波导表面下的 P⁺N 结以及波导两边的 N⁺区组成。凸条波导由 SOI(Silicon On Insulator)上的 Si 导波层组成。为了将载流子注入波导中,在凸条波导的表面下形成陡峭的 P^+N 结。

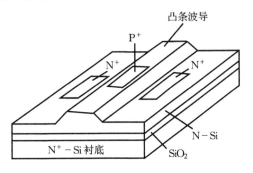

图 7.22　Si 基 SOI 光强度调制器

当光信号由端口耦合进入凸条波导时,如果对波导的 P^+N 结施加正向偏置,大量的载流子将被注入到波导层。由于等离子体弥散效应,波导的折射率逐渐减少,这样便被波导模转换成为衬底的辐射模并导致光吸收系数增加,引起大量波导能量损失并吸收在凸条波导中,从而导致凸条波导的截止,即引起所谓波导消失,从而实现光的调制。

还有另外一种 Si 基光调制器的实现方案,就是采用自由载流子等离子体色散效应调制折射率来构成光调制器。在 N-Si 和栅之间的栅氧化层中,多晶 Si 最初沉积为非晶 Si,然后经过高温退火将非晶 Si 转化为多晶 Si 以减少 Si 中的晶粒间界,这是由于它们限制了掺杂剂的电活性并引发光损耗。为了减少金属接触的光吸收,在多晶 Si 背部两侧的氧化层顶部沉积了宽度为 10.5 μm 的多晶 Si 层。然后将铝接触电极沉积在此多晶 Si 层上。为了做好金属的欧姆接触,在单晶 Si 层(N-Si)和多晶 Si 表面进行重掺杂。这些工艺都与典型的 CMOS 工艺相兼容。图 7.23 为 Si 基 MOS 电容器相位移动器的剖面结构图。

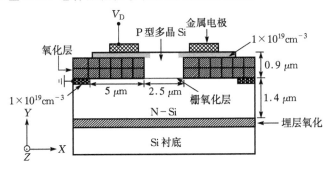

图 7.23　Si 基 MOS 电容器相位移动器剖面结构

基于 MOS 电容器结构的高速 Si 基光调制器的尺寸过大,极大地降低了器件的集成度。而减小调制器尺寸则意味着调制深度或调制效率的降低。采用一种在 SOI 衬底上的环形谐振型光波导制作成直径仅为 12 μm 的 Si 基光调制器,很好地解决了这个问题,如图 7.24 所示。

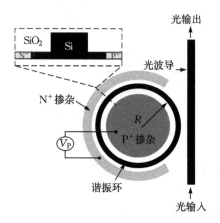

图 7.24　微米级环形谐振器型光调制器示意图

该器件包括一个环形谐振器与一个单波导,环与波导通过一个非常近的耦合区进行耦合,用蒸发和剥离技术制成钛金属接触。当环的圆周周长为波导波长的整数倍时,波导传输功率便大幅度下降。通过改变调谐环形波导中的有效折射率(可通过改变自由载流子的浓度实现),谐振波长便得到调制。

第 8 章　光波分复用器

在过去的近 20 年里,光纤通信技术的进步带来了互联网繁荣,反之,互联网的繁荣又促进了光纤通信技术迅猛发展。随着对以语音、视频为代表的互联网多媒体数据通信需求的急剧上升,传统的光纤通信系统容量已无法满足要求,提高系统性能,增加系统带宽,便成为人们研究的热点,于是先后诞生了空分复用(SDM)、时分复用(TDM)、波分复用(WDM)、光分插复用(OADM)等光纤通信系统带宽扩展技术,其中波分复用技术的发展前景尤为广阔。1995 年,第一套商用密集波分复用(DWDM)系统在美国佛罗里达实现应用。我国在 1996 年建设成首条DWDM 干线(西安—武汉),这也是美国以外地区建设的第一条 DWDM 传输线路。

波分复用技术是一种可在同一根光纤上成倍提高传输容量的技术。分波(或光分用)和合波(或光复用)是波分复用的两个主要功能。分波的基本功能是将来自于单一光纤的多个波长载波信号分离成各个波长分量并耦合到各自光纤中。有多少个波长信道,就有多少根光纤。与光分用功能相反的称之为合波,其功能就是从多根光纤接收多个不同波长的载波信号,并将它们聚焦成一束光并耦合到单根光纤中传输。波分复用的原理如图 8.1 所示。

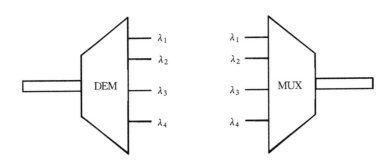

图 8.1　复用器和解复用器示意图

波分复用器是实现波分复用功能的波长选择性分支器件,是 WDM 技术中的关键部件,主要利用光耦合、色散、干涉等物理现象来完成 WDM 中不同波长信道之间的复用和解复用功能。按照复用的波长数(即通路数)的多少,可以划分为普通波分复用器(又称稀疏波分复用器,CWDM)和密集波分复用器(DWDM),前者的通道间隔为数十纳米,通道数一般为几个,后者的通道间隔为数纳米(数十吉赫兹至数百吉赫兹),通道数为几十个到上百个。人们通常把通道间隔更小的称作光频分复用(OFDM)。一般对这三个概念不作严格区分。

复用器与解复用器的共同要求是:复用信道数量要多、插入损耗小、串音衰减大和通带范围宽。它们的不同点在于:解复用器输出光纤直接与光检测器相连,芯径与数值孔径可以做得大一些,因此它的插入损耗可以很小;而复用器的输出光纤必须为传输光纤,不能任意加大芯径和数值孔径,所以复用器的插入损耗一般比较大。在高速光通信系统、接入网和全光网络等领域中,光波分复用和解复用有着广阔的应用前景。

波分复用实现的方法很多,相应的器件也各有特点。目前已广泛商用的波分复用器按工作原理可分为三大类:即角色散器件、干涉滤波器以及光纤耦合器。前两者属于芯区交互型器件,即轴向对准型;第三种属于表面交互型,即横向对准型;其余类型往往是上述两种类型的结合。目前研究比较热门的集成光学波分复用器则是指实现波分复用功能的各元件均集成制作在同一衬底上,并用光波导进行连接。

基于不同原理的波分复用器具有各自的特点,在不同的光纤通信系统中,需要根据系统要求进行选择或搭配使用以使系统性能达到最优化。表 8.1 所示为部分厂商生产的典型波分复用器及其典型参数。

表 8.1　部分典型波分复用器

厂商	波长数	合波器	分波器	厂商	波长数	合波器	分波器
ALCATEL	16	干涉滤波器	干涉滤波器	NEC	32	AWG	AWG
SIEMENS	16	无源耦合器	干涉滤波器	NORTEL	8	干涉滤波器	干涉滤波器
ERICSSON	16	无源耦合器	AWG	CIENA	16	无源耦合器	DTF
LUCENT	16	无源耦合器	龙骨型平面阵列波导	古河电工	8	无源耦合器	光纤 Bragg 光栅

8.1　光波分复用器的工作原理、光学特性与分类

　　当光波分复用器用作解复用器时,注入到入射端(单端口)的各种光波信号,分别按波长传输到对应的出射端(N 个端口之一),如图 8.2 所示。对于不同的工作波长其输出端口是不同的。当特定工作波长的光信号从单输入端口传输到对应的输出端口时,器件具有最低的插入损耗,如图 8.3 所示。同时,其他输出端口对该输入光信号具有理想的隔离。当其用作复用器时,其作用同上述情况相反。某一特定工作波长的光信号从对应输入端口(N 个端口之一)传输到单输出端口时,具有最低的损耗(如图 8.4 所示),且其他输入端口对该输入光有理想的隔离。

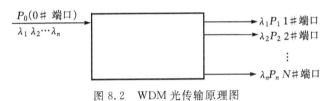

图 8.2　WDM 光传输原理图

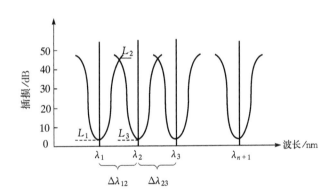

图 8.3　解复用器波长-插入损耗关系曲线

　　波分复用器的主要光学特征参量如下。

　　(1)中心波长(或通带)λ_1 , λ_2 , $\cdots$, λ_{n+1}　　由设计、制造者根据国际/国家标准或实际应用要求选定。例如对于密集型波分复用器 ITU－T 规定在 1 550 nm 区域,1 552.52 nm 为标准波长,其他波长依规定间隔 100 GHz(0.8 nm),或取其整数倍作为复用波长。

　　(2)中心波长工作范围 $\Delta\lambda_1$, $\Delta\lambda_2$, $\cdots$, $\Delta\lambda_{n+1}$　　对于每一工作通道器件必须给出一个适应于光源谱宽的范围。该参数限定了我们所选用的光源(LED 或 LD)

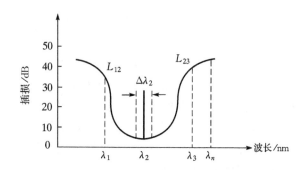

图 8.4　复用器波长-插入损耗关系曲线

的谱宽及中心波长位置。它以 1.0 nm 表示或者是以平均信道之间间隔的 10%表示。

(3)中心波长对应的最小插入损耗 L_1 , L_2 , $\cdots$, L_n　该参数是衡量解复用器的一项重要指标,此值越小越好。此值以小于"X" dB 表示。

(4)相邻信道之间串音耦合最大值 L_{12},L_{23},$\cdots$,L_{nn+1}　该参数是衡量解复用器的另一项重要指标。在数字光通信系统中该参数值一般应大于 30 dB,在模拟通信中则应大于 50 dB。该参数应以隔离度大于"Y" dB 表示。

如图 8.5 所示,波分复用器按照工作原理的不同主要分为三个大类:耦合型、角色散型和滤波器型。而在 CWDM 系统中常用的波分复用器又可以分为波长不敏感型和波长敏感型两类,波长不敏感型波分复用器主要有熔融拉锥耦合型波分

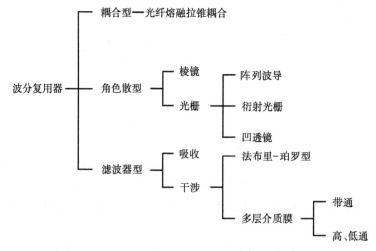

图 8.5　光波分复用器的分类

复用器,而波长敏感型的主要有多层介质膜滤波与阵列波导光栅波分复用器。其中多层介质膜干涉滤波器型波分复用器最为常用,价格相对较低,又能圆满完成 $8:1/1:8,16:1/1:16$ 的复用/解复用任务。

8.2　光纤耦合型波分复用器

光纤耦合型波分复用器具有与光纤耦合容易的典型优势,得到业界重视。现有形式主要有熔融拉锥型和研磨式两大类。

8.2.1　熔融拉锥型光纤耦合器

熔融拉锥型光纤波分复用器是最早采用的一种波分复用器,它可以用瞬逝波理论来描述:当两根单模光纤纤芯充分靠近时,单模光纤中的两个基模会通过瞬逝波产生相互耦合,在一定的耦合系数和耦合长度下,便会出现不同波长信道的分离,从而实现分波的效果。图 8.6 给出了熔融拉锥型光纤波分复用器的结构与制作示意图,其中图(a)显示了熔融拉锥型光纤波分复用器的制作过程:夹具一方面使两根光纤靠紧,同时又起控制光纤耦合距离的作用,合适的耦合系数则直接由光监测来控制。图(b)为成品结构示意图。这种制作工艺使得其很难形成大批量生产。该结构具有可逆性,因此原则上讲可以由图示的基本单元组成多路合波器。

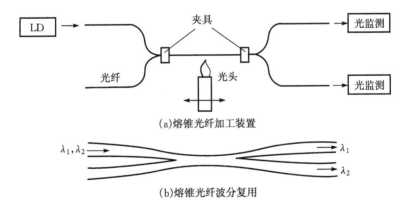

(a)熔锥光纤加工装置

(b)熔锥光纤波分复用

图 8.6　熔锥型光纤波分复用器的结构与制作

图 8.7 所示为熔锥型波分复用器分波的原理。光首先进入两根熔融拉锥光纤的顶部光纤。在传输过程中,光逐渐向底部光纤移动。只要熔融拉锥区足够长,所有的光都可以移动到底部光纤,并且这个光移动过程反复发生,这次光移动是从上

往下,过一段距离就会变为相反方向。由图 8.7 可以看出 980 nm 的光从顶部光纤移动到底部光纤,并且在熔融拉锥结束区再返回到顶部光纤;而 1 550 nm 的光移动过程则相反,即从底部光纤移动到顶部光纤。这个过程恰好完全分开了两个不同波长的光波,其本质上是利用单模光纤耦合系数对波长十分敏感的特性。图 8.8 给出了光纤熔融拉锥光波分复用器的耦合系数与拉锥长度的关系。由图可见,通过选择不同的拉伸终止点,可在两根光纤输出端口获得不同波长的功率输出。如图 8.8 中将拉伸终止点选择在 E 点,便可在两根光纤输出端口的一端获得 1 310 nm 波长的 100%耦合系数输出,而在另外一端获得 1 550 nm 波长的全功率输出。

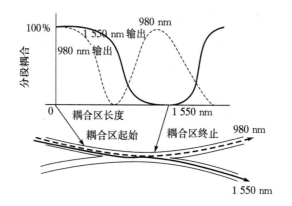

图 8.7　光纤熔融拉锥光波分复用器的分波原理

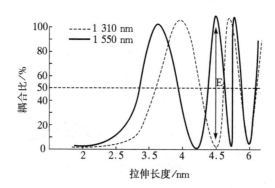

图 8.8　耦合系数与拉锥长度的关系

表 8.2 中列出了常用的光纤熔融拉锥光波分复用器的典型性能指标。

需要注意的是光纤熔融拉锥光波分复用器通常使用单模光纤。这是因为在多模光纤中,高阶模会泄漏进入到包层并耦合到其他光纤的纤芯中,其耦合程度只取决于耦合区的长度,而与波长无关。

表 8.2　常用的光纤熔融拉锥波分复用器典型性能指标

性能指标	980/1 550 nm	1 310/1 550 nm	1 480/1 550 nm	1 510/1 550 nm
带宽/dB	±10	±20	±5	±5
插入损耗/dB	0.3	0.3	0.5	0.5
隔离度/dB	>20	>20	>15	>15
温度稳定性/%	<3	<3	<3	<3
偏振相关性/dB	<0.1	<0.1	<0.1	<0.1
方向性/dB	>60			
工作温度/℃	−40～+85			

8.2.2　研磨式光纤耦合器

　　研磨式光纤耦合器的制作方法是:将两根光纤一定长度部位的包层一侧研磨抛光,再并排放置,使研磨抛光部位面对面紧贴在一起,并在它们之间涂覆一层折射率匹配液,形成耦合区域,在该区域能产生光场之间的耦合。其工作原理是利用包层研磨变薄程度的不同,来改变光场耦合的强弱。

　　除了上述熔锥式和研磨式外,光纤耦合器还有波导型,即在平面衬底上用二氧化硅等材料制作出光波导耦合器。实际工程中,常将多个 2×2 端口光纤耦合器适当串联、并联,构成比较复杂的多端口光纤耦合器,称为星形耦合器。例如:四个 2×2 耦合器可以构成一个 4×4 耦合器,十二个 2×2 耦合器可以构成一个 8×8 耦合器,如图 8.9 所示。

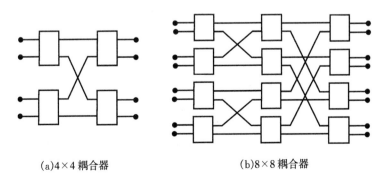

　　　　(a)4×4 耦合器　　　　　　　　　(b)8×8 耦合器

图 8.9　2×2 耦合器的级联

8.3　角色散型波分复用器

所谓角色散型波分复用器就是利用角色散元件来分离和合并不同波长的光信号,从而实现波分复用功能的器件。所有类型的角色散型波分复用器件的示意图都可以用图 8.10 表示。

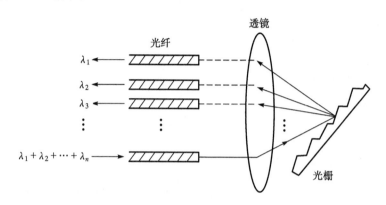

图 8.10　角色散型波分复用器件的示意图

来自输入光纤的光信号被透镜准直,经角色散元件后,不同波长的光信号以不同的角度出射,然后经透镜汇聚到不同的输出光纤中。角色散型复用器是并联器件,其插入损耗并不随复用路数的增多而增加,因而容易获得较多的复用路数。

为使准直透镜能接收从输入光纤来的全部光信号,透镜的直径 b 应满足

$$b \geqslant 2f(NA_f/n_s) \tag{8.1}$$

式中:f 是透镜的焦距;NA_f 是透镜的数值孔径;n_s 是透镜和光纤器件周围介质的折射率。角色散本领和色分辨本领是角色散元件的主要性能指标。角色散本领是相距为单位波长的光波散开角度,其表达式为

$$D_\theta = \frac{\partial \theta}{\partial \lambda} \tag{8.2}$$

若色散元件是线性的,则输出端的线色散为

$$\frac{\partial x}{\partial \lambda} = f \frac{\partial \theta}{\partial \lambda} \tag{8.3}$$

假设复用信道间的波长间隔为 $\Delta \lambda$,且各信道的光源发射单色光,则为尽量减小器件的固有插入损耗和串扰,线色散和光纤直径 D 之间应满足

$$D \leqslant \frac{\partial x}{\partial \lambda} \cdot \Delta \lambda \tag{8.4}$$

色散本领只反映不同波长的谱线中心分离的程度,不能说明两条谱线是否重叠。色分辨本领可以反映器件的波长分辨能力。光学上经常用瑞利判据作为两谱线刚好能分辨的极限,即对波长分别为 λ 和 $\lambda' = \lambda + \delta\lambda$ 的两条谱线,设它们的角间隔为 $\delta\theta$,则谱线的半角宽度 $\Delta\theta = \delta\theta$ 就是两谱线刚好能分辨的极限。由此可以推断出元件能够分辨的最小波长差是

$$\delta\lambda_{\min} = \frac{\Delta\theta}{D_\theta} \tag{8.5}$$

光学元件的色分辨本领定义为

$$R = \frac{\lambda}{\delta\lambda_{\min}} \tag{8.6}$$

为减小复用信道的串扰,复用信道的波长间隔应远大于器件能够分辨的最小波长差。

常用的角色散元件有棱镜和光栅,但实际使用的主要是光栅,特别是衍射光栅。从原理上看,任何等效于具有同样宽度平行等间距缝隙的装置都可以看做是衍射光栅。历史上,最著名的衍射光栅是在玻璃衬底上沉积环氧树脂,然后再在环氧树脂上制造光栅线,做成所谓反射型闪耀光栅。闪耀光栅的优点是,通过参数设置可以将绝大部分的能量集中到所需的级次上,使光强大大增加。历史上,主要有两类闪耀光栅,第一类是用传统的机械方法来制作光栅;第二类是利用单晶硅的各向异性蚀刻方法来制作光栅。

下面简要介绍两种常见的角色散型波分复用器。

8.3.1　光纤光栅型波分复用器

光纤光栅是利用紫外(UV)激光诱导光纤纤芯折射率分布呈周期性变化的机制形成的折射率光栅,它让特定波长的光通过反射和衰减实现波长选择,从而完成波分复用功能。当折射率的周期变化满足 Bragg 光栅条件时(因此,该光栅也可称为光纤 Bragg 光栅,FBG),相应波长的光发生全反射而其余波长的光则顺利通过,这相当于带阻滤波器,其滤波原理如图 8.11 所示。

多波长 FBG 波分复用器要把多个 Bragg 波长 λ_B 分别等于 $\lambda_1, \lambda_2, \cdots, \lambda_N$ 的 FBG 级联起来,如图 8.12 所示,由多个 FBG 和环形器组成,多个波长依次通过各个 FBG 从而把相应的 Bragg 波长的光反射,然后通过环形器把该波长分离出来。

光纤光栅型波分复用器的优点有:

①光栅型器件是并联工作的,插入损耗不会随复用信道的增加而增大,因而可以获得很多复用信道,可以实现几十个波长复用;

②与光纤连接方便,可以任意选择反射波长,容易进行温度补偿,可以批量生

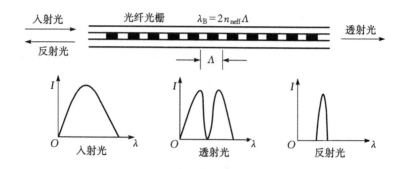

图 8.11　FBG 的滤光原理

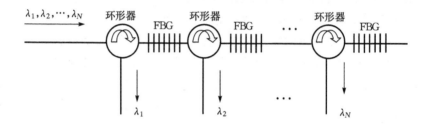

图 8.12　多通道 FBG 波分复用器原理

产,特别适合于波分复用系统的使用。

　　光纤光栅型波分复用器的缺点是:

　　①插入损耗大,约几个 dB;

　　②对光源和 WDM 器件的波长容差要求高;

　　③信道带宽/信道间隔不理想,使得光谱利用率不够高;

　　④若构成实用化密集波分复用器,需要价格昂贵的光环形器,器件的复杂性和成本会随信道数的增加而增加。

8.3.2　反射光栅型波分复用器

　　图 8.13 为反射光栅型波分复用器的工作原理示意图。其具体工作过程是:带有多波长信号的复色光(图中由 λ_1,λ_2 和 λ_3 组成)由底部的输入光纤输入,经梯度折射率透镜准直后入射到反射光栅上,由于光栅的角色散作用,不同波长的光信号以不同角度衍射,然后再由梯度折射率透镜会聚到不同位置的输出光纤上,从而实现对不同波长光信号的解复用功能。

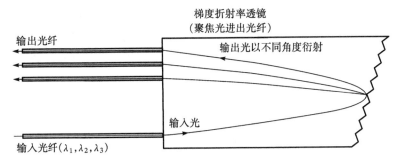

图 8.13 反射光栅型波分分波器的工作原理示意图

为了使反射光栅型波分复用器结构更加紧凑、稳定性更好，现在一般采用自聚焦透镜，其产生的聚光作用与普通透镜完全相同。但用在反射光栅型波分复用器上，其结构比普通透镜更容易对准。

8.3.3 阵列波导光栅(AWG)光波分复用器

由于时代需求，加上微电子、光电子超微技术的发展，各种光波导制备技术日益成熟，目前光波导制备技术已使波导传输损耗小于 0.1 dB/cm，较 10 年前有了质的飞跃。各种光子集成器件已展现在人们面前，引起了光电子设计制造者、系统设计者以及运营厂家的高度重视，其中阵列波导光栅(AWG)是最有前途的一种。AWG 器件的结构如图 8.14 所示。它由输入、输出波导，自由传输区和波导阵列构成。其中，输入、输出波导与单模光纤具有相同的结构和光学参数，起到提高器

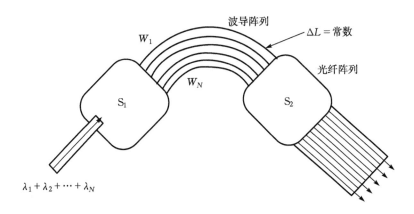

图 8.14 阵列波导光栅型光波分复用器

件与光纤耦合质量以及降低耦合损耗的作用。而波导阵列是 AWG 波分复用器的核心部件,由多根弯曲呈扇形的条形波导组成,任两相邻的条形波导间的光程差为同一固定值。这一光程差使得不同波长光分量经过阵列波导后的波阵面倾斜程度不同,即传播方向不同,从而实现了分波作用。这种器件同其他器件相比的最大特点是具有组合分配功能。以 4×4 阵列波导为例,当具有 4 个波长的信号从 AWG 不同端口输入时,在 AWG 的输出端口波长位置是变化的,即构成一个 4×4 矩阵。

　　通道频谱的不平坦和波导双折射是平面集成波分复用器的两个主要问题。传统的 AWG 通带频谱形状是高斯型,输入波长的波动会产生很大的输出功率变化,不利于功率要求严格的波分复用系统。近年来提出了许多通过改进器件结构使通带频谱平坦化的方法。图 8.15(a)是通常型的 AWG 设计图;图 8.15(b)是改进型的 AWG,其输入输出波导和阵列波导都进行了优化设计;图 8.15(c)中阵列波导终止于反射面,输入输出共用一个自由传播区,尺寸得到大大减小,但制作起来相对复杂些。

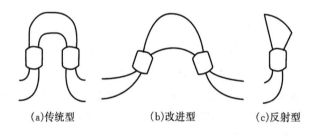

(a)传统型　　　　　　(b)改进型　　　　　　(c)反射型

图 8.15　阵列波导光栅

　　多模干涉器(MMI)具有的自成像效应使它能够很容易制成功率分配耦合器,MMI 型 AWG 是用多模干涉功率分配耦合器替代 AWG 原有的自由传播区域,如图 8.16 所示。这样可以使光能量得到更有效的利用,同时需要的波导数也很少,但是波分复用的性能比起原 AWG 有所下降。

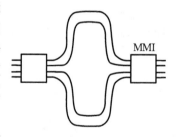

图 8.16　基于 MMI 的 AWG

　　AWG 型波分复用器以光集成技术为基础,具有平面波导器件的优点,诸如适于批量生产、重复性好、尺寸小、可以在光掩膜过程中实现复杂的光路、与光纤的对接耦合容易等,且不需要像蚀刻衍射光栅(EDG)一样刻蚀陡直的光栅面,工艺相对简单和成熟。此外,相对于耦合器型波分复用器,AWG 插损小、波导通道密集,适合高速、多波道 DWDM 系统采用。总之 AWG 各方面性能都能较好,满足现有波分复用系统要求,因此目前在波分复用系统中得到了广泛应用。但 AWG 仍然存在一系列缺点:总成本相对较高,且对环境温度敏感,需要采用环境温度控制技术保证 AWG 型波分复用器的正常工作。表 8.3 和表 8.4 为 32×2.5 Gbps AWG 波分复用系统标准规范。

表 8.3　AWG 1：32 分波器的主要性能指标

性能	单位	指标	性能	单位	指标
通路间隔	GHz	100	非相邻通路隔离度	dB	>25
通带最大中心频率偏移	GHz	±5	极化相关损耗	dB	<0.5
插入损耗	dB	<10	−1 dB 带宽	nm/℃	≥0.2
光反射系数	dB	40	−20 dB 带宽	nm	<1.2
相邻通路隔离度	dB	>22	温度特性	nm	0.005

表 8.4　AWG 32：1 合波器的主要性能指标

性能	单位	32 通路指标	性能	单位	32 通路指标
插入损耗	dB	<12/17*	非相邻通道隔离度	dB	>25
光反射系数	dB	>40	极化相关损耗	dB	<0.5
工作波长范围	nm	1 528.77～1 560.61	各通道插损的最大差异	dB	<3
相邻通道隔离度	dB	>22			

*:12 为波长敏感型器件指标,17 为波长不敏感型器件指标

8.4　滤波器型波分复用器

8.4.1　多层介质膜滤光片型(MDTFF)波分复用器

多层介质膜滤光片是一种多层高反射膜,膜层数目可多达数十层,交替由高折射率(n_H)和低折射率(n_L)的两种电介质材料组成,与滤光片基底和空气相邻的膜层具有较高折射率。如图 8.17 所示。图中 A 为空气,G 为基底,H 为光学厚度为 $\lambda_0/4$ 的高折射率膜层,L 为光学厚度为 $\lambda_0/4$ 的低折射率膜层。器件的中央有两层连续的低折射率膜层(LL),加起来的光学厚度为 $\lambda_0/2$。对于波长为 λ_0 的光,可以完全透射 LL,就像没有 LL 膜层一样。LL 两边是 H 层,整个 HLLH 层的光学

厚度为 λ_0,所以波长为 λ_0 的光也是完全透射的,这样对于整个 $\lambda_0/4$ 膜系,无论有多少层,波长为 λ_0 的光都能透射过去。而对于其他 $\lambda \neq \lambda_0$ 的光,每通过一层,透射率就下降一次,直到最后被滤除。

两个波长的 MDTFF 波分复用器件原理如图 8.18 所示。其中图(a)是用作解复用器的情况,含有两个波长的多波长光信号从端口 1 进入器件,从端口 4 输出其中的一个波长 λ_1 光。在玻璃基片的右侧沉积了多层介质膜,每一层介质膜的光学厚度为 $\lambda_1/4$,这样只有波长为 λ_1 的光透过 MDTFF,波长为 λ_2 的光被反射回左侧,从端口 2 输出。图(b)是用做复用器的情况,波长为 λ_1 和 λ_2 的两束光分别从端口 4 和端口 2 进入器件,经器件复合成多波长光信号从端口 l 输出。

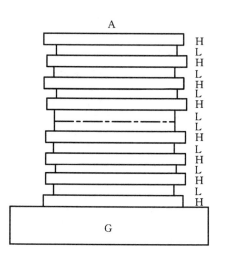

图 8.17　MDTFF 结构示意图

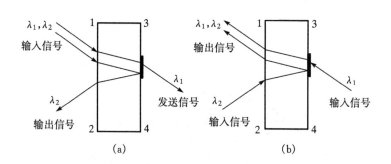

图 8.18　两个波长的 MDTFF 波分复用器件原理图

多波长的 MDTFF 波分复用器由多个透射波长各不相同的 MDTFF 阵列组成,如图 8.19 所示。图中有 8 个 MDTFF 阵列,可以将 8 个波长的多波长信号分解成 8 个独立的单波长信号。多波长信号经透镜聚焦,呈平行光入射器件,每一个波长信号只能在介质光学厚度正好为自己波长 1/4 的 MDTFF 处透过,其他波长的光在此处被反射。图中所有的透镜都是用梯度折射率材料做成的自聚焦透镜,作用是将以极小入射角射入的光束聚焦成平行光输出。

MDTFF 型波分复用器的主要优点是插入损耗低、信道带宽平坦、结构尺寸

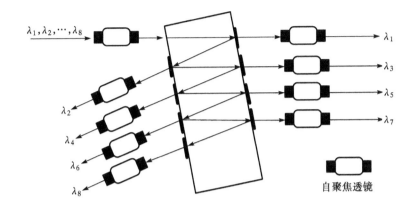

图 8.19　多波长的 MDTFF 波分复用器工作原理

小、性能稳定、偏振相关损耗低。同时,适当选择薄膜材料,可以降低器件对温度的敏感性。但 MDTFF 通道数增多,器件损耗和成本会线性增加。另外,TFF 基板上面高低交替折射率薄膜到了百层以上时,总厚度很大,材料附着在基板上的吸附力可能不足以支撑整个结构,容易造成材料的剥落,形成设计上的限制,使器件难以实现更窄的通道间隔。对较多通道复用的情况,需要大量滤波器的级联,一方面会增加成本,另一方面会引起较大的插入损耗。因此这样的波分复用器主要应用于通道数不多(<16 个)的小型网络中。

8.4.2　马赫-泽德干涉型(Mach Zehnder Interference, MZI)波分复用器

该种波分复用器的滤波单元是马赫-泽德干涉器,它由两个 3 dB 耦合器级联而成,利用两耦合器间的两干涉臂长差可以使不同的波长在不同的输出臂输出。其实现形式可以是在两条相同的单模光纤上连续熔拉两个耦合器而成,也可以由基于平板光波导的集成光学元件实现。

由 MZI 级联构成波分复用器应用实例如图 8.20 所示,它的每一级都是将一束输入的多通道信号分离成互补的两束,一束包括奇数通道信号,另一束包括偶数通道信号,使得通道之间的间隔变为原来的两倍,然后多层级联形成波分复用器。

该种技术的应用大大降低了 WDM 器件信道数量不断增加的压力,降低了整个系统的成本,使许多成熟的滤波技术得以在新的应用中继续发挥作用。

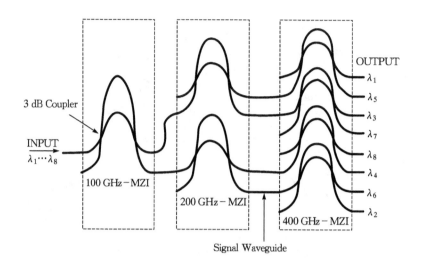

图 8.20　级联 MZI 干涉型波分复用器

8.5　其他类型波分复用器

8.5.1　组合型波分复用器

波分复用器并不总是单独使用,不同形式的滤波器件组合常常能够优势互补,得到更具吸引力的波分复用器。图 8.21 中是由光纤光栅和介质薄膜滤波器组合而成的混合型波分复用器。图中 λ_1 和 λ_5 经过介质薄膜滤波器到达环形器 1,然后通过中心波长为 λ_1 和 λ_5 的 FBG 反射回环形器,而 λ_3 和 λ_7 直接进入环形器 1。其他原理相同,最后获得合波。

8.5.2　基于光子晶体波导耦合器的波分复用器

图 8.22(a)中所示为由介质棒矩阵构成的光子晶体。图 8.22(b)是一个基于光子晶体波导耦合器的 2 信道波分复用器。它有 4 个端口,耦合器相互作用长度为 L,在相互作用区的介质棒有 2 排。为了把输入波导和输出波导分开,引入低损耗的弯头波导。这种光子晶体的带隙在 $0.302\sim0.443$ 之间,且偶模和奇模的有效折射率差别很大。所以,与常规的介质波导耦合器相比,最大的优点是耦合长度可大大缩短,这为器件的微型化提供了便利。

无论是光从 1 端还是从 2 端输入,该器件会把特定频率的信号转换至对边波

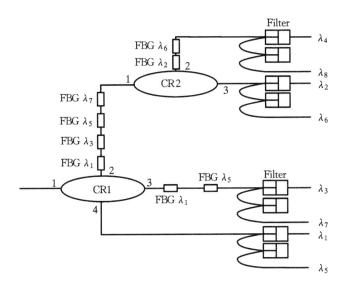

图 8.21　组合型波分复用器

导输出,而具有其他特定频率的信号从原波导输出,这样便把波长信号分开了。为进一步缩小信道间隔,可通过增加器件长度或者增大耦合系数来实现。为增加光子晶体波导耦合器的耦合系数,可以在两直波导之间只放置一排介质棒。

　　基于光子晶体波导耦合器的波分复用器可以使波分复用器/解复用器的尺寸从常规(如定向耦合型波分复用器/解复用器)的毫米至厘米量级降至几十微米至几百微米量级。

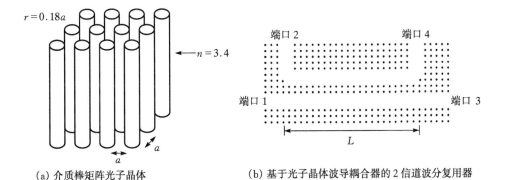

(a) 介质棒矩阵光子晶体　　　　　(b) 基于光子晶体波导耦合器的 2 信道波分复用器

图 8.22　光子晶体及其应用

8.5.3　聚合物微环谐振波分复用器

采用聚合物信道波导和微环波导垂直耦合方式的结构特点是信道和微环不在同一平面内,如图 8.23 所示。

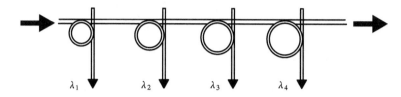

图 8.23　垂直信道微环谐振波分复用器

微环谐振方程如下

$$2\pi R n_c = m\lambda \tag{8.7}$$

式中,R 为微环半径;n_c 为微环波导中模的有效折射率;λ 为真空中的光波长;m 为谐振级数。

相邻微环的半径差

$$\Delta R = \frac{\mathrm{d}R}{\mathrm{d}\lambda}\Delta\lambda = \frac{m n_g}{2\pi n_c}\Delta\lambda \tag{8.8}$$

式中,n_g 为群折射率。从公式(8.8)中可以看出 ΔR 与 $\Delta\lambda$ 呈线性关系,即波长间隔为 $\Delta\lambda$ 的信号光从输入信道波导输入将分别耦合进入半径相差 ΔR 的相邻微环波导中发生谐振,然后耦合进入相应的输出信道波导中输出,从而实现分波。

图 8.24 是硅基竖直耦合三环谐振波分复用器结构图。单环谐振波分复用器虽然可以实现波分复用功能,但是这种器件具有某些不足之处,例如,当非谐振光较强时,波谱响应为洛伦兹型,上凸形的谐振峰峰顶不够平坦,边沿不够陡峭,信道

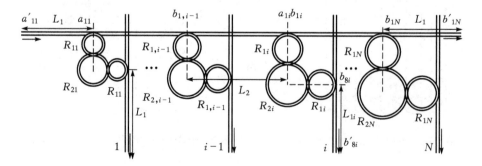

图 8.24　硅基竖直耦合三环谐振波分复用器

间的串扰偏大,这在一定程度上影响了器件的波分复用性能。与前者相比,双环谐振波分复用器可以对波分复用性能起到一定的改善作用。例如,能够形成箱形波谱响应,使得谐振峰峰顶变得比较平坦,边沿变得陡峭,并使非谐振光有所减弱,从而可以在一定程度上减小各输出信道的插入损耗和串扰。

采用小环与信道、小环与大环在波导厚度方向上进行竖直耦合,可以增大两者之间的耦合面积,增加耦合层厚度,进而增大两者之间的振幅耦合比率。通过两个半径较小的微环和一个半径较大的微环的串联,可以有效地增大自由光谱区(FSR)和信道数量,并能形成箱形波谱响应,使得谐振峰峰顶变得更加平坦,边沿更加陡峭,使非谐振光变得更弱,从而可以更加有效地减小各输出信道的插入损耗和串扰。

但是双环间的耦合是在沿波导宽度的方向上进行侧向耦合,耦合作用较弱,耦合间隙较小,这使得器件的工艺制备遇到较大的困难。

8.6 光波分复用器的应用现状及发展趋势

目前,介质薄膜滤波器、光纤布拉格光栅和阵列波导光栅是三类最成熟的波分复用器技术,因为在不同信道数及不同信道间隔范围内的整体优势,几乎占据了市场的全部份额。介质薄膜滤波器主要应用于 16 个信道以下、信道间隔在 200 GHz 以上的系统;阵列波导光栅主要应用于信道数在 16 至 40 之间、信道间隔在 100 GHz 至 50 GHz 之间的系统中;光纤布拉格光栅则填补了前两种波分复用器在市场上的空白,在更高的信道数或更窄的信道间隔情况下有一定的优势。其他类型的波分复用器虽然不是市场的主流,但也因为各自一些优势和特点,没有从市场中消失,而是在通过不断的技术改进,力争获得更大的应用空间。

光波分复用器未来主要向着以下四个方向发展。

(1)结构集成化、光纤化 随着光通信网络向多通道高密度方向的发展,复用器的通道数越来越多,信道间隔越来越窄,波分复用器的性能指标及其稳定性要求越来越高。集成平面波导器件体积小,性能稳定,插入损耗低,平均信道封装成本低,且可以重复批量生产,因此是未来技术发展的一个必然趋势。器件的光纤化是另一个主要趋势。光纤化的波分复用器可以与其他光纤器件(如带尾纤的激光器、光电探测器等)平滑耦合连接,且插入损耗较低,性能也比较稳定,如现在广泛应用的光纤布拉格光栅,以及正在研发的光纤激光器、光纤放大器等。

(2)性能灵活、动态可调 未来光网络发展的一个主要趋势是灵活和动态可调,性能动态可调的波分复用器是实现网络动态可调的前提。具有性能稳定、灵活、动态可调特点的波分复用器不仅可用于点对点的通信系统中,将其与光开关阵列组合还能构成光交叉互连器和上下话路器,适应了网状结构系统的需求。

(3)光电混合集成　目前的波分复用技术主要是一种无源技术,随着集成化技术的提高,通过与有源技术的融合,最终实现光电混合系统 OEIS(Optics Electronics Integration Structure)是未来器件技术发展的一个趋势。这一技术将多种功能模块集成在一个统一的平台上,避免了多个分离的有源或无源器件之间的连接,提高了系统的稳定性。

(4)新应用、新技术、新材料、新工艺　应用于"光纤到户"和"光纤到路"的稀疏波分复用(CWDM)局域网技术是未来光网络技术发展的一个方向。这些网络的特点是信道数较少,传输距离比较短,要求的成本很低。为实现这一技术,一些新的材料,包括聚合物材料、特殊的玻璃材料和一些半导体材料受到了很大的青睐,基于这些材料系的波分复用技术的研究也是未来的一个热点。

第9章 其他光通信无源器件

光纤通信中所用的光器件可分成光有源器件和光无源器件两大类。二者的区别在于器件在实现本身功能的过程中，其内部是否发生光电能量的转换。若出现光电能量的转换，则称其为光有源器件，如激光器、接收机等；反之，称之为光无源器件，如光隔离器、光耦合器等。

在光纤通信中，光无源器件是重要的组成部分，它们在光路中起着光纤连接、光功率分配、光信号的衰减和光波分复用等作用，没有它们就构不成光纤通信系统。随着光纤技术的飞速发展，光无源器件无论在结构上还是在性能上都有了很大的提高，近几年来，世界各国都在研究和开发所谓的的全光网络，即希望在整个传输系统中全部采用光信号，取消光电转换步骤，尽量使用光学手段实现对信号的处理，这对光通信器件尤其是无源器件提出了相当高的要求。在这一章中将对一些重要的光无源器件进行介绍，前面对光波分复用器和光开关器件已单独介绍过，本章不再介绍。

9.1 光纤连接器

9.1.1 光纤连接器的作用及要求

光纤连接器是光纤通信系统中应用最广泛的一种无源器件。

任何光纤通信系统都是由光纤、器件和系统设备构成的。光信号由发射端到接收端是通过一段又一段光纤、一个又一个器件及系统设备来完成传输的。他们之间的接续就是通过光纤连接器来实现的。因而光纤连接器的作用就是有效地传输光信号并使光信号保持在光纤中进行传输。

光纤连接器是非永久性连接，除了应用在系统的终端来完成可能随时需要改变连接的地方，如光纤与光发射机和接收机、光纤与放大器、光交叉点等接续外，还可以用在室外光缆进入一个建筑物的分接箱、需要改变网络配置的地方，如通信分线箱、安装通信设备的房间和通信插头等。它具有一次安装简单、可在工厂中安装在光缆上、允许重新配置、提供标准接口等优势，其使用使得光通道间的可拆式连接成为可能，从而为光纤提供了测试入口，方便了光系统的调测与维护，同时又为网络管理提供了媒介,使光系统转接调度更加灵活。

光纤连接器的使用必定会引入一定的插损而影响传输性能。对于光纤连接器的一般要求是:

①插入损耗小;

②重复性好,一般要求重复使用次数大于 1 000 次;

③一致性与互换性好,要求同一种型号的活动连接器可以互换;

④稳定性好,连接后,插入损耗随时间、环境、温度的变化不大;

⑤拆、装方便;

⑥体积小、价格低廉;

⑦在距离 LD 光源较近处使用的光纤活动连接器还要求具有大的回波损耗,以消除端面反馈光对 LD 的不利影响。

9.1.2　光纤连接器的基本结构

光纤连接器基本上是采用某种机械和光学结构,使两根光纤的纤芯对准,保证 90％以上的光能够通过。目前有代表性并且正在使用的有以下几种。

1. 套管结构

由插针和套筒组成。插针为一精密套管,光纤固定在插针里面;套筒也是一个加工精密的套管(有开口和不开口两种),两个插针在套筒中对接并保证两根光纤纤芯的对准。图 9.1 为其结构示意图。其原理是:以插针的外圆柱面为基准面,插针与套筒之间为紧配合。当外圆柱面的同轴度、插针的外圆柱面和端面以及套筒的内孔加工得非常精密时,两根插针在套筒中对接,就实现了两根光纤纤芯的对准。由于这种结构设计合理,加工技术能够达到要求的精度,因而得到了广泛的应用。FC,SC,ST 等型号的连接器均采用这种结构。

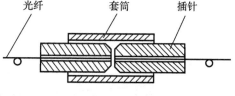

图 9.1　套管结构

2. 双锥结构

这种连接器的特点是利用锥面定位。插针的外端面加工成圆锥面,基座的内孔也加工成双圆锥面,通过两个插针插入基座的内孔实现纤芯的对接。插针和基座的加工精度极高,锥面与锥面的结合既要保证纤芯的对准,还要保证光纤端面间的间距恰好符合要求。它的插针和双锥套筒采用聚合物模压成型,精度和一致性都很好。这种结构由 AT&T 创立和采用。图 9.2 为其结构示意图。

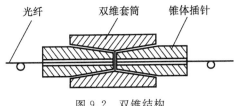

图 9.2　双锥结构

3. V 形槽结构

其对准原理是将两个插针放入 V 形槽基座中,再用压盖板将插针压紧,使纤芯对准。这种结构可以达到较高的精度。其缺点是结构复杂,零件数量偏多。该结构如图 9.3 所示。

4. 球面定心结构

如图 9.4 所示,这种结构由两部分组成,一部分是装有精密钢球的基座,另一部

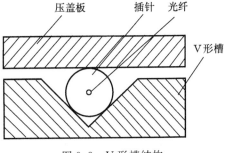

图 9.3　V 形槽结构

分是装有圆锥面的插针。钢球开有一个比插针外径大的通孔。当两根插针插入基座时,球面与锥面接合将纤芯对准,并保证纤芯间距控制在要求的范围内。这种设计思想巧妙,但零件形状复杂,加工调整难度大。

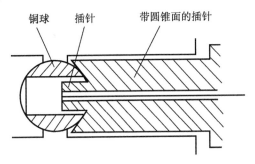

图 9.4　球面定心结构

5. 透镜耦合结构

透镜耦合又称远场耦合,分为球透镜耦合和自聚焦透镜耦合,其结构分别见图 9.5(a)和图 9.5(b)。这种结构经过透镜来实现光纤纤芯的对准。用透镜将一根光纤的出射光变成平行光,再由另一透镜将平行光聚焦并导入另一光纤中去。其优点是降低了对机械加工的精度要求,使耦合更容易实现。缺点是结构复杂、体积

大、调整元件多、接续损耗大。在光通信中,尤其是在干线中很少采用这类连接器。但是在某些特殊的场合,如在野战通信中这种结构仍有应用。

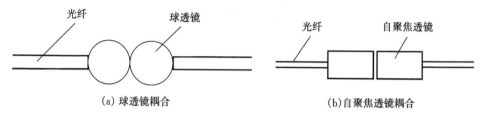

(a) 球透镜耦合　　　　　　　　(b)自聚焦透镜耦合

图 9.5　透镜耦合结构

以上五种对准结构各有优缺点。但从结构设计的合理性、批量加工的可行性及实用效果来看,精密套管结构占有较明显优势,是连接器发展主流。我国多采用这种结构制作连接器。

9.1.3　常用光纤连接器

光纤连接器的种类很多,用途也很广泛。从结构上可分为单芯光纤连接器和多芯光纤连接器,目前使用最多的是单芯光纤连接器,它有单模光纤用和多模光纤用之分;根据用途可分为连接器插头、跳线、变换器、转换器、裸光纤连接器等。

1. 光纤连接器插头(Plug Connector)

依据光纤活动接头的结构和形状,最常用的是 FC,ST 和 SC 型光纤连接器。

(1)FC 型光纤连接器　FC 型光纤连接器采用插头—转接座—插头的结构,插针套管的标准直径为 2.5 mm,并采用 M8 螺纹式锁紧机构,外面用一个弹性套筒将套管压紧,精确定位,如图 9.6 所示。早期 FC 型光纤连接器对接端面采用平

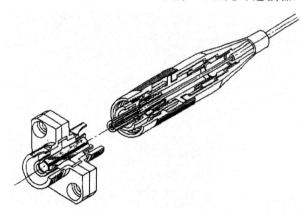

图 9.6　FC 型光纤连接器

面接触方式,后来将对接端面改为球面,极大地改善了回波损耗。

FC 型光纤连接器最早由日本研制,具有插损低、回损高等特点,在 20 世纪 80 年代初就在电信工业中获得广泛应用,是日本和世界其他国家普遍采用的一种连接器。

(2)ST 型光纤连接器　ST 型连接器是 1985 年首先由 AT&T 公司的贝尔实验室开发的。光纤定位于精密的、直径为 2.5 mm 圆柱形插针内,并用一个开槽的圆柱形套筒实现对准。对接的光纤端部用连接机构的弹簧负载保持直接接触。其插头和转换器如图 9.7 所示。它是一种完全接触式光连接器,互配的插针套管端面真正接触,消除了气隙,避免了接触界面处的菲涅耳反射;键槽结构则防止了互连光纤端面因旋转而造成的损伤;弹簧支承的浮动式套管结构,降低了端面抛光要求。

ST 型光纤连接器的优点是:插损低、回损高、重复性优良、便于使用、可现场安装、成本较低。已广泛用于局部区域网、计算机互连、仪器、军用制导系统和其他一些要求较好性价比的场合。

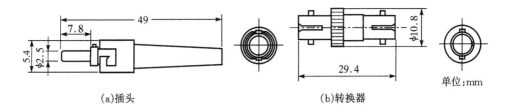

(a)插头　　　　　　　　　　　　(b)转换器

图 9.7　ST 型光纤连接器

(3)SC 型光纤连接器　SC 型光纤连接器是近几年由日本 NTT 公司首先研制成功的。它改善了以往结构中采用的螺母或卡口式联接方式,而使用矩形、插拔式连接,具有插入损耗低、回波损耗高、重复性高、密度高、成本低、使用方便、不需要留旋转空间、可制成单芯(如图 9.8(a))或多芯光纤(图 9.8(b))连接器、体积小等优点。目前,日本和欧洲部分国家正在新的光纤设施中逐步用 SC 型替代 FC 型光连接器,在光纤入户中也备受重视。

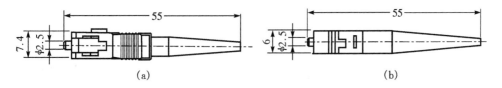

(a)　　　　　　　　　　　　　　(b)

图 9.8　SC 型光纤连接器

2. 光纤跳线(Jumper)

将一根光纤的两头都装上插头就形成跳线。它可以是单芯的也可以是多芯的,两个插头的型号可以相同也可以不同。跳线是最常用的光连接器功能元件,用于终端设备和光缆线路及各种光无源器件之间的互连,以构成光纤传输系统。跳线选用时应注意如下参数:

插头型号——跳线两头的型号可以相同也可以不同;

光纤型号——如:单模、多模、色散位移、保偏等;

光纤芯径——如:$\phi62.5\ \mu m$,$\phi50\ \mu m$,$\phi9\ \mu m$,$\phi8\ \mu m$,$\phi4\ \mu m$;

光纤芯数——如:单芯、双芯、四芯等;

光缆类型——如:塑料光纤、涂覆光纤、带状光缆等;

光缆外径——如:$\phi3.5\ mm$,$\phi3\ mm$,$\phi2.5\ mm$,$\phi2\ mm$,$\phi0.9\ mm$ 等;

光缆长度——如:$0.5\ m$,$1\ m$ 等;

插头数——如:一头装插头一头不装、两头各装一个插头、两头各装两个插头等;

插入损耗——如:$<0.5\ dB$,$<0.3\ dB$ 等;

回波损耗——如:$>40\ dB$,$>50\ dB$,$>60\ dB$ 等;

插针材料——如:陶瓷、玻璃、不锈钢、塑料等;

插针端面形状——如:平面、球面、斜球面;

套筒材料——如:磷青铜、铍青铜、陶瓷等。

3. 常用的光纤变换器(Converter)

对于 FC,ST 和 SC 型光纤连接器,应具有下述 6 种变换器:

FC→ST　　将 FC 插头变换成 ST 插头(图 9.9(a));

ST→FC　　将 ST 插头变换成 FC 插头(图 9.9(b));

ST→SC　　将 ST 插头变换成 SC 插头(图 9.9(c));

SC→FC　　将 SC 插头变换成 FC 插头(图 9.9(d));

FC→SC　　将 FC 插头变换成 SC 插头;

SC→ST　　将 SC 插头变换成 ST 插头。

4. 常用光纤转换器(Adaptor)

上述 FC,SC,ST 三种型号的转换器,只能对同型号的插头进行连接,不同型号插头的连接,就需要下面三种转换器。图 9.10 是三种转换器的结构图。即:

FC/SC 型转换器——用于 FC 与 SC 型插头互连;

FC/ST 型转换器——用于 FC 与 ST 型插头互连;

SC/ST 型转换器——用于 SC 与 ST 型插头互连。

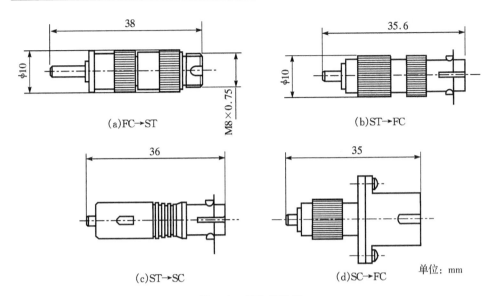

(a)FC→ST

(b)ST→FC

(c)ST→SC

(d)SC→FC

单位：mm

图 9.9　各种变换器

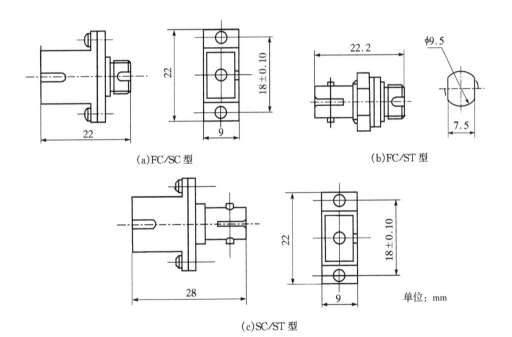

(a)FC/SC 型

(b)FC/ST 型

(c)SC/ST 型

单位：mm

图 9.10　三种转换器

5. 常用裸光纤转接器(Bare Fiber Adaptor)

裸光纤转接器也有各种型号,如 FC,SC,ST 等。图 9.11 是几种裸光纤转接器。

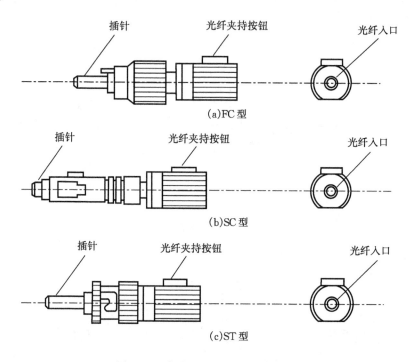

图 9.11　各种型号的裸光纤转接器

9.1.4　光纤连接器的损耗

任何光纤的接续都会带来连接损耗,直接影响光纤通信系统的传输距离。因此,损耗成为光纤接头和光纤活动连接器的最关键的性能指标。光纤活动连接器的典型损耗是 1 dB,而光纤接头的典型损耗是 0.1 dB。光纤接续的损耗一般分为内部损耗和外部损耗。

1. 内部损耗

内部损耗是由被接续的两根光纤间结构参数不匹配引起的,是一种固有因素,不能通过提高接续技术来解决。

(1) 芯径失配损耗　当光从纤芯半径为 a_1 的光纤射向纤芯半径为 $a_2(a_2 < a_1)$ 的光纤时导致的损耗。

多模与单模光纤芯径失配损耗分别表示为

$$IL_a = -10\lg (a_2/a_1)^2 \tag{9.1}$$

$$\mathrm{IL}_a = -10\lg\left(\frac{a_1^2 + a_2^2}{2a_1a_2}\right)^2 \tag{9.2}$$

（2）数值孔径失配损耗　光从数值孔径 NA_1 的光纤射向数值孔径 NA_2（$\mathrm{NA}_2 <$ NA_1）的光纤时导致的损耗（如图 9.12 所示），表示为

$$\mathrm{IL_{NA}} = -10\lg(\mathrm{NA}_2/\mathrm{NA}_1)^2 \tag{9.3}$$

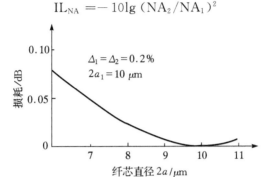

图 9.12　单模光纤纤芯失配损耗曲线

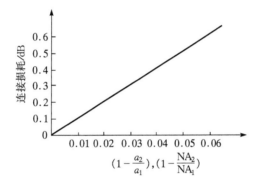

图 9.13　单模光纤数值孔径失配损耗曲线

当然还有同心度不良、折射率分布失配（模场直径不匹配）等引起的损耗，如图 9.14 所示。

2. 外部损耗

外部损耗则主要是由于接续操作工艺的不完善而引起的一种外部损耗。理论上可以通过改进接续工艺来消除。

（1）纤芯横向错位损耗　是由于纤芯横向错位（如图 9.15(a)）引起的损耗，它是连接损耗的重要原因。

芯径 $2a$ 的渐变型折射率多模光纤在模式稳态分布时，其错位 d 引起的损耗表示为

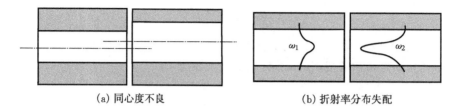

(a) 同心度不良　　　　　　　　(b) 折射率分布失配

图 9.14　光纤间同心度不良、折射率分布失配导致的内部连接损耗

$$\mathrm{IL}_d = -10\lg\left[1 - \frac{1}{\pi}\frac{d}{a}\sqrt{1 - \frac{d^2}{4a^2}} - \frac{\pi}{2}\sin^{-1}\frac{d}{2a}\right]$$
$$\approx -10\log[1 - 2.35(d/a)^2] \tag{9.4}$$

单模光纤的传输模为束半径 w 的高斯分布，其错位 d 引起的损耗由下式表示

$$\mathrm{IL}_d = -10\lg e^{-(d/w)^2} \approx 4.34\,(d/w)^2 \tag{9.5}$$

若取多模渐变型光纤 $2a = 50\ \mu m$，$\Delta = 1\%$，单模光纤 $2a = 10\ \mu m$，$\Delta = 0.3\%$，令错位损耗为 0.1 dB，则可算得多模渐变型光纤的横向错位为 2.46 μm，单模光纤为 0.72 μm。图 9.15(b) 侧是同样结构参数下实际光纤横向错位损耗统计平均值，从中查得 0.1 dB 错位损耗对应多模渐变型光纤横向错位 3 μm、单模光纤 0.8 μm。可见理论与实践符合良好。

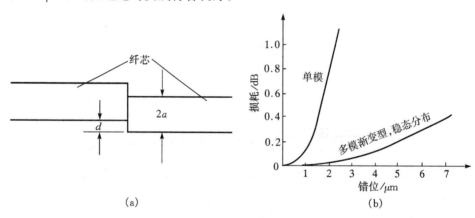

图 9.15　纤芯错位损耗

（2）端面间隙损耗　由于光纤连接端面处存在折射率 n_0 的空气间隙 Z 而引起的损耗。

多模渐变光纤在模式稳态分布时，端面间隙损耗为

$$\mathrm{IL}_Z = -10\lg\left(1 - \frac{Zn_1}{4an_0}\sqrt{\Delta}\right) \tag{9.6}$$

单模光纤为

$$IL_Z = -10\lg\left[1 + (\lambda Z/2\pi n_2 w^2)^2\right]^{-1} \tag{9.7}$$

图 9.16 给出了由 3 种不同类型光纤的端面纵向间隙引起的光损耗的曲线。当 $n_1 = 1.46, n_2 = 1.455, \lambda = 1.31\ \mu m, a = 25\ \mu m$ 时,可以算出,$Z = 1\ \mu m$ 的端面间隙损耗,对于多模渐变折射率光纤为 0.006 dB,单模光纤为 0.089 dB。因而只要端面间隙控制在 1 μm 之内,端面间隙损耗即可忽略不计。这一点目前在工艺上可以保证。

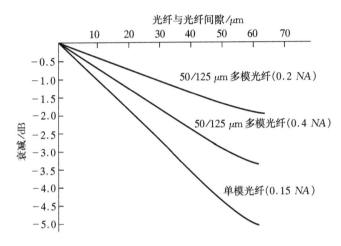

图 9.16　3 种不同类型光纤的端面纵向间隙引起的光损耗曲线

(3) 光纤倾斜损耗　由于两光纤轴线的倾斜角度 θ 而引起在连接处的光功率损耗,如图 9.17 所示。右侧为倾斜损耗曲线,倾斜角度 θ 用弧度表示,包层折射率 $n_2 = 1.455$,波长 $\lambda = 1.31\ \mu m$。可见,若要求倾斜损耗小于 0.1 dB,多模渐变型光纤在模式稳态分布时倾斜角应小于 0.7°,单模光纤小于 0.3°。事实上在生产中倾斜角度一般可控制在 0.1° 以内,因而倾斜损耗常可以忽略不计。

(4) 菲涅耳反射损耗　由于光纤两个端面间隙中存在不同的介质,使进入的光产生多次反射,从而产生损耗。表示为

$$IL_f = -10\lg\left(\frac{4(n_1/n_0)}{(1+n_1/n_0)^2}\right)^2 \tag{9.8}$$

在前述参数选取下,菲涅耳反射损耗为 0.32 dB。

光纤的内、外损耗可以相互作用,并对光纤接续损耗产生一定的影响。例如,光纤纤芯的部分重叠就是许多不同的作用之和,其中包括芯直径的变化、包层中的芯同心度、芯的不圆度和两根光纤的横向对准。由此可以得到一个结论:由于上述的内、外部损耗的各种因素对光纤接续损耗的贡献各不相同,可能同时存在几种影

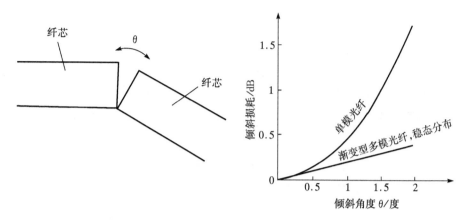

图 9.17　光纤倾斜损耗

响因素,实际的光纤接续需要考虑诸因素的综合影响。

9.1.5　光纤连接器的性能

　　光纤连接器的性能不仅关系到其正常使用,还直接影响光纤通信系统的通信质量,因此,对光纤连接器的性能要求也很严格。主要性能有光学性能、互换性能、机械性能、环境性能和寿命性能。

1. 光学性能

　　对于光纤连接器的光学性能方面的要求,主要是插入损耗和回波损耗两个性能参数。

　　(1)插入损耗 IL,简称插损　光纤中因光纤连接器的介入而引起传输线路有效功率减小的量值,定义式为

$$IL = -10\lg \frac{P_1}{P_0}(dB) \tag{9.9}$$

其中 P_0 为输入端光功率, P_1 为输出端光功率。插损越小越好,ITU 建议应不大于 0.5 dB。多模光纤连接器注入的光功率应经稳模器以滤去高次模,使光纤中模式为稳态分布,以准确衡量连接器插损。

　　(2)回波损耗 RL,简称回损　又称后向反射损耗,用以衡量从连接器反射回来并沿输入通道返回的输入功率分量,定义为

$$RL = -10\lg \frac{P_r}{P_0}(dB)$$

其中, P_0 为输入端光功率, P_r 为后向反射光功率。回损越大越好,以减少反射光对光源和系统的影响。其典型值初期要求应不小于 25 dB,现要求不小于 38 dB。

通过对光纤连接器端的端面进行专门的球面(PC)或斜球面(APC)抛光或研磨处理(如图 9.18),以及镀制增透介质膜可以增大回波损耗。

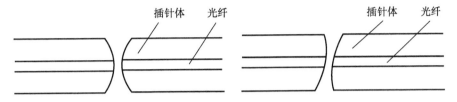

图 9.18　球面与斜球面端面处理

2. 互换性能

互换性能是指不同插头之间,或者不同转换器任意置换后,其插入损耗的变化范围。由于光纤连接器是一种通用的光接口元件,因此,对于同一种型号的光纤连接器,如无特殊要求,任意组合而成的连接器组合与已匹配好的连接器组合相比较,传输功率的附加损耗可忽略不计。但是目前由于连接方式、加工精度及光纤本征特性的限制,该附加损耗不能完全忽略。用户与厂家一般将此附加损耗限制在小于 0.2 dB 的范围内。

3. 机械性能

光纤连接器机械性能的试验方法,ITU 建议按 IEC874—1 总规范最新修订版所规定的方法进行。

①对于抽样数量,除特殊要求外,IEC 规定一般不少于 5 个连接器/光缆组合件;

②对于配对连接器的轴向抗张强度和至少包含 5 个连接器的光缆组合件的强度保持力,IEC 确定其最小值为 90N;

③对于弯曲性能,IEC 规定至少应测试 5 个连接器/光缆组合件样品;

④对于耐机械性能,即重复插拔性能,IEC 规定应从 5 个连接器/光缆组合件样品中取出一个,用人工方式接入端口至少 200 次,连接器应加以清洗,每重复接入 25 次就要测量一次插入损耗,完成测试后,与初始值相比,其最大附加损耗不应超过 0.2 dB,并且仍能正常工作;

⑤对于下垂性能,IEC 规定应至少试验 5 个安装了连接器的光缆组合件。试验后的最大附加损耗不应超过 0.2 dB;

⑥对于振动性能,IEC 规定振动频率范围为 10~55 Hz,稳定振幅为 0.75 mm。试验后的最大附加损耗不应超过 0.2 dB。

4. 环境性能

光纤连接器环境性能的试验方法,ITU 建议按安装条件来考虑。所抽样品及

数量,除特殊要求外,ITU 建议一般选用装配了连接器的光缆,其数量不少于 10
根。对于部分试验项目,ITU 还明确了试验条件及评价标准:

①对于温度循环性能的试验,低温应为 −40℃,高温为 +70℃。循环次数为
40 个温度周期。试验后,与初始值相比较,附加损耗不应超过 0.5 dB;

②对于高湿度(稳态湿热)性能,试验环境为(60±2)℃,相对湿度 90%～
95%,持续时间为 504 h。试验后,与初始值相比较,附加损耗不应超过 0.5 dB;

③高低温性能,主要是用以评估储存温度对装配了连接器的光缆组合件的影
响。要在最高温度 +80℃ 和最低温度 −55℃ 下各持续保温 360 h,然后把带连接
器的光缆稳定在(21±2)℃、相对湿度约为 50% 的环境下,持续 24 h,试验后,与初
始值相比较,附加损耗不应超过 0.05 dB。

5. 寿命性能

由于维护中转接跳线和正常测试等需要,光纤连接器经常要进行插拔,由此引
出了插拔寿命(即最大可插拔次数)的问题。光纤连接器的插拔寿命一般由元件的
机械磨损情况决定的。目前,光纤连接器的插拔寿命一般可超过 1 000 次,附加损
耗<0.2 dB。对采用开槽耦合套筒的光纤连接器来说,由于陶瓷材料存在裂纹生
长,因此静态疲劳将导致套筒破裂,此类套筒若未经筛选,20 年破裂的概率为
10^{-4},若以比工作应力大 2.6 倍的筛选力进行筛选试验,那么在 20 年内将不会发
生破裂。

9.2　光耦合器

在光纤通信工程中,许多应用需要连接两个以上的设备,因此,必须用光耦合
器来完成三个或者更多个光节点的连接任务。光纤耦合器是实现光信号分路、合
路、插入和分配的一种器件,是一种多功能、多用途的器件。可以根据耦合器对通
过其光的方向是否敏感而将耦合器分为方向耦合器和非方向耦合器。所谓方向耦
合器是对通过它的光方向敏感的耦合器。一个好的耦合器应满足下列要求:低损
耗、易操作、可重复性、低成本、尺寸小、热稳定、模相关性小、信道隔离度高等。

早期的光纤耦合器多用于从传输干路上取出一定的功率用于监控等。现今,
单模光纤耦合器在光纤通信系统、光纤传感器、光纤测量技术和信号处理系统中有
很广泛的应用。其中的单模光纤定向耦合器在光纤通信中可用作分路和合路器
件、波分复用器件、分布式反馈激光器外腔、可调谐本地振荡器及光纤激光器等;在
传感器领域可做成光纤位移速度、振荡、压力等多种传感器;它还是光纤陀螺仪和
光纤水听器的关键器件。

随着研究开发的深入,光耦合器的性能和制作工艺也在不断地改进,已形成多

功能、多用途的产品系列,在格局上基本上形成了以熔融拉锥器件为主、波导型器件逐步发展起来的局面。

9.2.1　Y 形耦合器

　　Y 形耦合器是方向耦合器的一种,结构如图 9.19,可用作光功率分路器、合路器、光开关、干涉仪(由两个 Y 形耦合器组成)及调制器,主要优点是比定向耦合器长度短。但其两臂输入端附近的波前几乎垂直于输入波导的传播方向,导致在分支点有严重的辐射损耗。图 9.20 采用触角形结构来降低损耗:在触角形耦合 Y 分支中,由于 $n_3 < n_1(n_3 < n_2)$,输入场会进入 n_3 区。由于 n_3 区的传播能力很弱,所以,原波导场扩散到 n_3 区导致波前垂直于两臂波导,大大降低了耦合器损耗。

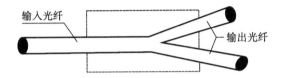

图 9.19　简单 Y 形耦合器的结构

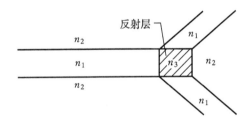

图 9.20　触角形 Y 耦合器

　　Y 形耦合器典型工作波长为 1 330 nm,1 550 nm,还可根据需要选择其他波长,附加损耗<0.1 dB,分光比 1∶99～50∶50,分光比容差±2％,方向性>60 dB,工作温度-40～85℃。

9.2.2　星形耦合器

　　星形耦合器就是有多个输入端口和多个输出端口的耦合器,其中每个输入端口的光功率都可以分配给所有输出端口,可分为 $N \times M$ 全星形耦合器和 $1 \times M$ 分路器/合路器。

　　制造多模光纤的星形耦合器的两个基本工艺为混合棒法和熔接法。在混合棒法中,用一个薄玻璃片将输入光纤的光混合,然后在输出光纤中对混合光进行分配。可以利用这种方法制造图 9.21 所示的透射式或反射式星形耦合器。通常,反射式星形耦合器多用于端口总数目(输入端加上输出端)一定但输入和输出端的相对数目可以选择或根据需要可以变化的情况。由于入射光中的一部分还会返回到输入端,所以该类耦合器的效率往往较低。透射式星形耦合器的输入和输出端在设计和制造之初就已经固定,当输入、输出端数目相同时,它的效率是反射式的两倍。总之,反射式和透射式星形耦合器各有所长,特定场合的耦合器的选择要依网络拓扑结构而定。

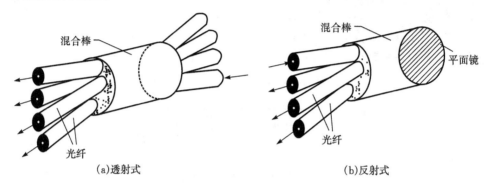

图 9.21 采用混合棒工艺的星形光纤耦合器

熔接法星形耦合器的制造过程将这些构成星形耦合器的光纤捆成一束、扭转、加热并拉成图 9.22 所示的器件。如果是多模光纤,该方法就依赖于不同光纤之间高阶模的耦合。与以混合棒技术为基础的星形耦合器相比,这种耦合器与模的关系更加密切,并且可能引起输出端功率的剧烈起伏。

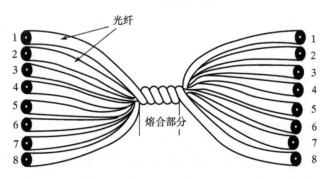

图 9.22 采用熔接工艺的星形光纤耦合器

9.2.3 集成光波导型耦合器

集成光波导型耦合器工艺制作可以分为两步:首先,利用光刻技术将所要求的分支功能的掩模沉积到玻璃衬底;然后,利用离子交换技术将波导扩散进玻璃衬底,在其表面掩模处形成圆形的嵌入波导,如图 9.23 所示。这类耦合器的一个重要优点是灵活性高。目前有 9 μm,50 μm 和 62.5 μm 几种类型分别与单模光纤、50 μm 和 62.5 μm 多模光纤相匹配,从而简化和改进了耦合器与光纤的互连问题。

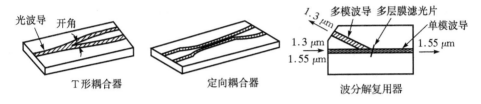

图 9.23 集成光波导型耦合器

9.3 光衰减器

通信系统中光功率的动态控制、DWDM 系统中信道功率的均衡以及一些测试系统中,均需用到光衰减器。光衰减器的工作原理在很多情况下是光纤连接器的逆向过程。光衰减器可分为固定光衰减器和可变光衰减器(VOA)两大类。可变光衰减器又分为手调可变光衰减器和电调可变光衰减器(EVOA)。EVOA 因其实时可调的特性,在通信系统中需求很大。以下介绍一些常用光衰减器。

9.3.1 固定光衰减器

固定光衰减器分光纤位移型、直接镀膜型、光纤拉锥型和衰减光纤型等。

1.光纤位移型光衰减器

图 9.24 所示是一种光纤轴向位移型光衰减器,通过精密的机械结构将两根光纤拉开一定间距,实现光功率衰减,光纤轴向位移型光衰减器可制成光纤适配器结构。利用光纤径向的相对位移也可以制作光衰减器,但机械结构相对复杂,工艺难度较大。

2.直接镀膜型光衰减器

在光纤端面直接镀金属吸收膜或反射膜来衰减光功率,也可以制成光纤适配器结构的光衰减器。

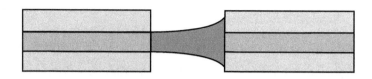

图 9.24　光纤轴向位移型光衰减器

3. 光纤拉锥型光衰减器

用制作光纤耦合器的熔融拉锥机将一根光纤拉成锥状,同时监控衰减值,达到目标值时停火,可以制成固定光衰减器。拉锥部分非常脆弱,需要特别保护。可沿用光纤耦合器工艺制成类似耦合器外观的在线式光衰减器;也可另行设计工艺,制成光纤适配器结构的光衰减器。如图 9.25 所示。

图 9.25　光纤拉锥型光衰减器

4. 衰减光纤型光衰减器

目前已经有厂家提供衰减光纤,通过掺杂,使单位长度的衰减值为某特定值。光纤适配器的尺寸已有标准规定,可针对适配器尺寸制作一系列衰减值的光纤,并用其制作各种衰减值的适配器型光衰减器。

9.3.2　可变光衰减器

与固定光衰减器不同,可变光衰减器引入许多参数指标,主要有:插损(衰减值调至最小的损耗值)、衰减范围、衰减精度、衰减值的波长相关性等。对于 EVOA,还有调节速度(即调至某衰减值所需时间)。

1. 衰减片型光衰减器

图 9.26 为一个步进双轮式 VOA,两个圆盘上分别装有几个衰减片,用步进马达驱动相应衰减片至光路中,即可实现不同衰减值的组合。如果衰减片的衰减值分别为 0 dB,5 dB,10 dB,15 dB,20 dB,25 dB,则可获得 5 dB,10 dB,15 dB,20 dB,25 dB,30 dB,35 dB,40 dB,45 dB,50 dB 等十挡衰减量;如果衰减片分别为 0 dB,10 dB,20 dB,30 dB,40 dB,50 dB 和 0 dB,2 dB,4 dB,6 dB,8 dB,10 dB,则可获得 2~60 dB 的衰减范围,步进衰减精度为 2 dB。

图 9.27 所示为双轮连续式 VOA,第一个圆盘的衰减片为 0 dB,10 dB,20 dB,

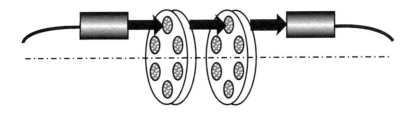

图 9.26　步进双轮式可变光衰减器

30 dB,40 dB,50 dB 六挡,第二个圆盘上沿圆周方向镀连续均匀变化的衰减膜,相应衰减值在 0～15 dB 内连续变化。

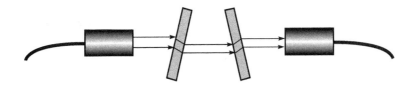

图 9.27　双轮连续式可变光衰减器

2. 挡光型光衰减器

挡光型光衰减器如图 9.28 所示,驱动挡光元件拦在两个准直器之间,可实现光功率的衰减。挡光元件可以是片状或锥形,后者可通过旋转来推进,前者需平推或通过一定机械结构将旋转变为平推。该类衰减器可制成光纤适配器结构,也可以制成图 9.28 所示的在线式结构,通过扳手旋转螺丝来调节衰减量。

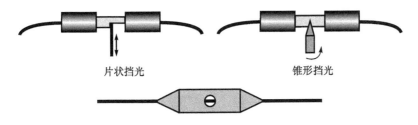

片状挡光　　　　　　　　　　锥形挡光

图 9.28　挡光型光衰减器

3. 液晶光衰减器

图 9.29 所示为液晶可变光衰减器,不加电压时,液晶对偏振光的偏振面旋转 90°,入射光在第一个分束元件中被分开为 o 光和 e 光传播,被液晶旋光后在第二个分束元件中分别转换为 e 光和 o 光,合成一束,耦合进入输出准直器,因此无衰

减。当给液晶加电压时,旋光角 θ 不再是 $90°$,根据马吕斯定律,透射率为 $\sin^2\theta$,其他光被衰减掉。

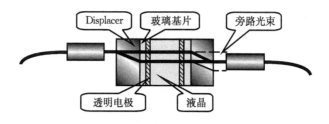

图 9.29　液晶可变光衰减器

4. 热光衰减器

图 9.30 所示为一种热光衰减器,采用 Mach Zehnder 结构,在一个干涉臂上制作电极,通过热光效应产生位相差 δ,光透射率为 $\cos^2(\delta/2)$,其他光被衰减掉。该衰减器用 PLC 实现,可以做成光衰减器阵列,具有集成优势,比如用于 AWG 的通道均衡。

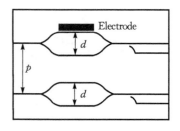

图 9.30　热光衰减器

9.3.3　光衰减器的应用

光衰减器用在光纤传输系统中,可以使光探测器接收的光功率电平降低至光接收机的动态范围内。将激光器和发光二极管的光强限制在动态范围之内的目的,就是要保证不会因为激光器和发光二极管的光强过大而引起辐射方式、模式结构和中心波长产生不希望的变化。将光衰减器安装在光发射机端会带来一个问题,即需要对终端中心局或者环型回路进行远端功率监控。因此,对于局间应用而言,光衰减器通常直接安装在终端中心局的光接收机之前。

图 9.31 给出在光接收机之前安装一个可变光衰减器的光纤传输系统示意图。

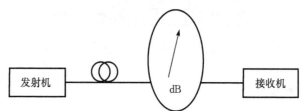

图 9.31　使用了一个可变光衰减器的光纤传输系统的示意图

　　在这样的光纤传输系统中,可以根据传输线路在不同的服务期间的线路光损耗情况,用一个可变光衰减器周期性地调整系统的光输出功率。线路光损耗增加可能是由光纤、接头或连接器老化而引起的。可变光衰减器对于系统光性能的测量也是十分重要的。例如,误码率是接收光功率的函数。

　　光衰减器的一个新的应用是控制掺铒光纤放大器的增益和 CWDM 及DWDM 系统的光功率。这些电光衰减器可以工作在 1 550 nm 波长范围。光衰减器应用场所一般是在中心局或室外分线箱中。

9.4　光隔离器

　　光隔离器的功能是让正向传输的光通过而隔离反向传输的光,从而防止反射光影响系统的稳定性,与电子器件中的二极管功能类似。光隔离器按偏振相关性分为偏振相关型和偏振无关型,前者因两端无输入输出光纤而又称为自由空间型(free space),后者两端有输入输出光纤而又称为在线型(in line)。LD 发出的光具有极高的线性度,因而适于采用成本低性能好的偏振相关型光隔离器;通信线路或者 EDFA 中的光偏振特性非常不稳定,需要器件有较小的偏振相关损耗,因而一般采用在线型光隔离器。

　　光隔离器的基本原理是偏振光的马吕斯定律和法拉第(Farady)磁光效应。

　　自由空间型光隔离器的基本结构和原理如图 9.32 所示,由一个磁环、一个法拉第旋光片和两个光轴成 45°夹角的偏振片组成。正向入射的线偏振光偏振方向沿偏振片 1 的透光轴方向,经过法拉第旋光片后逆时针旋转 45°至偏振片 2 的透光轴方向,顺利透射;反向入射的线偏振光偏振方向沿偏振片 2 的透光轴方向,经法拉第旋光片时仍逆时针旋转 45°与偏振片 1 的透光轴垂直,被隔离而无法通过。自由空间型光隔离器相对简单,装配时偏振片和旋光片均倾斜一定角度(比如 4°)以

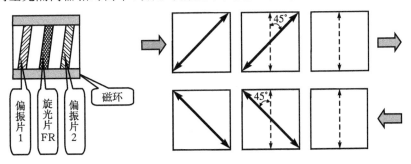

图 9.32　自由空间型光隔离器结构和原理

减少表面反射光,搭建测试架构时要注意测试的可重复性。

应用更多的是在线型光隔离器。最早的在线型光隔离器是用 Displacer 晶体与法拉第旋光片组合制作的,后因体积大和成本高而被 Wedge 型光隔离器取代;在线式光隔离器因采用双折射晶体而引入偏振模色散(PMD),因此又发展出了 PMD 补偿型 Wedge 隔离器;某些应用场合对隔离度提出更高要求,因此出现双级光隔离器,在更宽的带宽内获得更高隔离度。下面依次介绍这些在线型光隔离器的结构和原理。

9.4.1 Displacer 型光隔离器

Displacer 型光隔离器结构和光路如图 9.33 所示,由两个准直器、两个 Displacer 晶体、一个半波片、一个法拉第旋光片和一个磁环(图中未画出)组成。正向光从准直器 1 入射到 Displacer1 上,被分成 o 光和 e 光传输,经过半波片和法拉第旋光片后,逆时针旋转 $45°+45°=90°$,发生 o 光与 e 光的转换,经 Displacer2 合成一束耦合进入准直器 2;反向光从准直器 2 入射在 Displacer2 上,被分成 o 光和 e 光传输,经过法拉第旋光片和半波片后,逆时针旋转 $45°-45°=0°$,未发生 o 光和 e 光的转换,经 Displacer1 后两束光均偏离准直器 1 而被隔离。

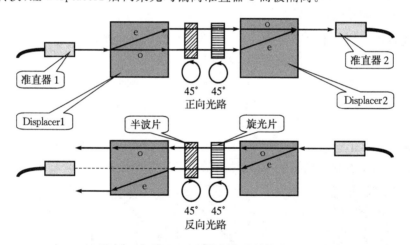

图 9.33　Displacer 型光隔离器结构和原理

Displacer 型光隔离器的缺点是,为了满足隔离度要求,反向光路中的两束光需偏移较大距离,而即使双折射特性较好的钒酸钇双折射晶体,其长度与偏移量的比值也只能做到 10：1,这就要求 Displacer 晶体体积非常大,造成器件体积大和成本高昂。

9.4.2 Wedge 型光隔离器

Wedge 型光隔离器的结构和光路如图 9.34 所示,由两个准直器(图中未画出)、一个磁环、一个法拉第旋光片和两个光轴成 45°夹角的楔形双折射晶体组成。来自输入准直器的正向光被 Wedge1 分成 o 光和 e 光分别传输,经过旋光片时偏振方向逆时针(迎着正向光传播方向观察,以下同)旋转 45°,进入 Wedge2 时未发生 o 光与 e 光的转换,因此两束光在两个楔角偏中的偏振态分别是 o→o 和 e→e,两个楔角片的组合对正向光相当于一个平行平板,正向光通过后方向不变,耦合进入输出准直器;来自输出准直器的反向光被 Wedge2 分成 o 光和 e 光分别传输,经过旋光片时偏振方向仍逆时针旋转 45°,进入 wedge1 时发生 o 光和 e 光的转换,因此两束光在两个楔角片中的偏振态是 o→e 和 e→o,两个楔角片的组合对反向光相当于一个渥拉斯顿棱镜,反向光通过后偏离原方向,不能耦合进入输入准直器。

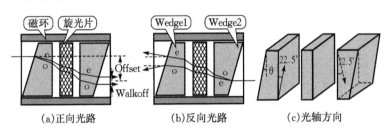

图 9.34 Wedge 型光隔离器结构和原理图

注意正向光分成两束通过后,相对于入射光发生横向位移(Offset),两束光分开一定距离(Walkoff),两束光在楔角片中的的折射率不同,因而引入 PMD。封装设计时应对 Offset 加以考虑;Walkoff 一般约 10 μm,会引入少许 PDL,但关系不大;对于 PMD,根据需要进行补偿,方法是在后面增加一个双折射晶体平板,其光轴与 Wedge2 的光轴垂直,厚度经光路追迹计算后得到。

与 Displacer 型光隔离器相比,Wedge 型光隔离器对反向光的隔离机制大为不同,前者使反向光相对于输入准直器发生横向位移,后者使反向光相对于输入准直器发生角度偏离。Wedge 晶体的截面积只要对通过的光斑保证有效孔径,厚度只要便于装配即可,因此 Wedge 型光隔离器的晶体体积小且制成的器件成本低,已经取代 Displacer 型。

9.4.3 双级光隔离器

图 9.35 所示为双级光隔离器方案一,两个全同单级光隔离器串接起来,各楔角片的光轴方向如图 9.35 右所示,正向光在第一级和第二级中分别为 o 光和 e

光,因此两级产生的 PMD 相互补偿。这种方案的缺点是对装配精度的要求非常高,否则隔离度指标比单级光隔离器还差。

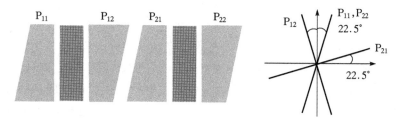

图 9.35　双级光隔离器方案一

图 9.36 是双级光隔离器方案二,两个单级光隔离器相对旋转 45°串接。其缺点是旋转时很难同时将隔离度和 PMD 调至最佳状态,因此两级需先分别进行 PMD 补偿,再相对旋转进行组装以做出合格的双级光隔离器,复杂的工艺导致良率不高和制作效率低下。

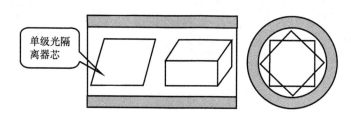

图 9.36　双级光隔离器方案二

图 9.37 是双级光隔离器方案三,是方案一中两个单级光隔离器唯有楔角不同的改进型。

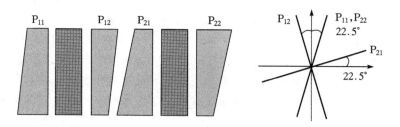

图 9.37　双级光隔离器方案三

真正制约 Wedge 型光隔离器隔离度的原因是法拉第旋光片的消光比和波长相关性。两级串接的核心作用就是要克服这两方面的影响,当然同时也使反向光偏移了更大角度。

　　方案一中,如果 P_{12} 和 P_{21} 的光轴完全垂直,则反向光在 P_{22} 中开始分成两路传播,在各楔角片中的偏振态为 o→e→o→e 和 e→o→e→o,相当于通过两个渥拉斯顿棱镜,因此偏离角度约为单级光隔离器的两倍;如果楔角片 P_{12} 和 P_{21} 的光轴并非完全垂直,夹角为 $90°-\Delta$,那么从 P_{21} 进入 P_{12} 的两路光将各分为两路传播,会增生另外两路偏振态为 o→e→e→o 和 e→o→o→e、强度正比于 $\sin^2\Delta$ 的光。由于前后两级相当于两个倒装的渥拉斯顿棱镜,因而被第二级偏离的光束,又被第一级折回,如图 9.38 左所示。这两路光直接耦合进入输入端准直器,成为制约隔离度的主要原因。分别取 $\Delta=0.1°$ 和 $0.2°$,得到隔离度为 55 dB 和 49 dB,可见很小的装配误差就会导致隔离度剧烈下降。

　　方案三中,两级的楔角不同,被第二级偏离的光束,并不会被第一级完全折回(图 9.38 右侧),于是可以提高隔离度,且增大装配容差。

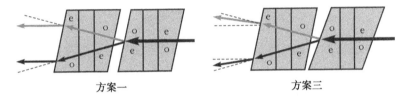

方案一　　　　　　　　　　　　　　方案三

图 9.38　偏振态为 o→e→e→o 和 e→o→o→e 的两路反向光轨迹示意图

第10章 光纤通信系统的性能与设计

学习了构成光通信系统的各种器件之后,我们就需要从光通信系统的总体要求出发,通过研究和评价光通信系统的各个性能指标,明确在分析设计一个模拟或数字光通信系统时如何确定各种器件参数。本章主要介绍几种光通信系统的性能评价。

10.1 模拟基带直接光强调制光纤传输系统性能评价与设计

模拟光纤通信系统包括基带直接光强调制型和负载波复用型两大类型。模拟基带直接光强调制(模拟基带 D-IM)光纤传输系统由光发射机(光源通常为发光二极管)、光纤线路和光接收机(光检测器)组成。

10.1.1 评价参数

评价模拟信号直接光强调制系统传输质量的最重要的两个特性参数是信噪比和信号失真。

1.信噪比

信噪比(Signal-Noise Rate,简称 SNR 或 S/N),是指一个系统中信号与噪声的比例。此处的信号是指需要系统进行传输或处理的电子信号,噪声是指经过该系统后产生的、原信号中并不存在的、无规则的额外信号(或信息),并且噪声信号并不随原信号的变化而变化。正弦信号直接光强调制系统的信噪比主要受光接收机性能的影响,因为输入到光检测器的信号非常微弱,所以对系统的 SNR 影响很大。这种系统的信噪比定义为接收信号功率和噪声功率的比值

$$\frac{S}{N_P} = \frac{信号功率}{噪声功率} = \frac{\langle i_s^2 \rangle R_L}{\langle i_n^2 \rangle R_L} = \frac{\langle i_s^2 \rangle}{\langle i_n^2 \rangle} \tag{10.1}$$

式中,$\langle i_s^2 \rangle$ 为均方信号电流,$\langle i_n^2 \rangle$ 为均方噪声电流,R_L 为光检测负载电阻。用 dB 作单位表示为

$$\mathrm{SNR} = 10\lg \frac{\langle i_s^2 \rangle}{\langle i_n^2 \rangle} \tag{10.2}$$

取光源驱动电流 $I = I_B(1 + m\cos\omega t)$，且设光源具有严格线性特性，不存在信号畸变，则输出光功率

$$P = P_B(1 + m\cos\omega t) \tag{10.3}$$

式中，P_B 为偏置电流 I_B 产生的光功率；m 为调制指数；$\omega = 2\pi f$；f 为调制频率；t 为时间。

一般光纤线路有足够的带宽，可以假设信号在传输过程中不存在失真，只受到 $\exp(-\alpha l)$ 的衰减，其中 α 为光纤线路平均损耗系数，l 为传输距离。由于到达光检测器的信号很弱，光接收机引起的信号失真可以忽略。在这些条件下，光检测器的输出光电流为

$$i_s = I_0(1 + m\cos\omega t) \tag{10.4}$$

均方信号电流为

$$\langle i_c^2 \rangle = \left(\frac{I_m}{\sqrt{2}} \right)^2$$

式中，$I_m = mI_b$ 为信号电流幅度；I_b 为平均信号电流，定义为

$$I_b = gI_P = g\rho P_b \tag{10.6}$$

式中，$P_b = KP_B$ 为输入光检测器的平均光功率，K 代表光纤线路的衰减；ρ 为光检测器的响应度；I_P 为一次光生电流；g 为 APD 的倍增因子；m 为调制指数，定义为

$$\begin{aligned}
m &= \frac{信号电流幅度}{平均信号电流} = \frac{I_{om}}{I_b} \\
&= \frac{(I_{max} - I_{min})/2}{I_{min} + (I_{max} - I_{min})/2} \\
&= \frac{I_{max} - I_{min}}{I_{max} + I_{min}}
\end{aligned} \tag{10.7}$$

模拟基带 D-IM 系统的噪声主要来源于光检测器的量子噪声、暗电流噪声、负载电阻 R_L 的热噪声和前置放大器的噪声，总均方噪声电流可写成

$$\begin{aligned}
\langle i_n^2 \rangle &= \langle i_q^2 \rangle + \langle i_d^2 \rangle + \langle i_T^2 \rangle \\
&= 2e\rho P_b B + 2eI_d B + \frac{4kTFB}{R_L}
\end{aligned} \tag{10.8}$$

式中，$\langle i_q^2 \rangle$，$\langle i_d^2 \rangle$ 和 $\langle i_T^2 \rangle$ 分别为量子噪声、暗电流和热噪声产生的均方噪声电流；响应度 $\rho = \eta e/hf$；e 为电子电荷；B 为噪声带宽，一般等于信号带宽；I_d 为暗电流；$k = 1.38 \times 10^{23} \text{J/K}$ 为玻耳兹曼常数；T 为热力学温度；R_L 为光检测器负载电阻；F 为前置放大器的噪声系数。据此推出正弦信号直接光强调制系统的信噪比为

$$\text{SNR} = 10\lg \frac{(m\rho P_b g)^2/2}{B(2e\rho P_b + 2eI_d + 4kTF/R_L)} \tag{10.9}$$

2. 信号失真

为使模拟基带 D-IM 系统输出光信号真实地反映输入电信号,要求系统输出光功率与输入电信号成比例地随时间变化,即不发生信号失真。一般来说,实现电/光转换的光源,由于在大信号条件下工作,线性度较差,所以发射机光源的输出功率特性是 D-IM 系统产生非线性失真的主要原因。因而,这里略去光纤传输和光检测器在光电转换过程中产生的非线性失真,只讨论 LED 的非线性失真。

非线性失真一般可以用幅度失真参数——微分增益(DG)和相位失真参数——微分相位(DP)表示。DG 可以从 LED 输出功率曲线看出,其定义为

$$DG = \left[\frac{\left. \dfrac{dP}{dI} \right|_{I_2} - \left. \dfrac{dP}{dI} \right|_{I_1}}{\left. \dfrac{dP}{dI} \right|_{I_2}} \right]_{max} \times 100\% \tag{10.10}$$

DP 是 LED 发射光功率 P 和驱动电流 I 的相位延迟差,其定义为

$$DP = \left[\varphi(I_2) - \varphi(I_1) \right] \tag{10.11}$$

式中,I_1 和 I_2 为 LED 不同数值的驱动电流,一般取 I_2 大于 I_1。

虽然 LED 的线性度比 LD 好,但仍然不能满足高质量信号传输的要求。导致 LED 非线性的因素很多,要从器件角度大幅度改善动态非线性失真非常困难,因而需要从电路方面进行非线性补偿。D-IM 系统的非线性补偿有许多方式,目前一般采用预失真补偿方式,也就是在系统中加入预先设计的、与 LED 非线性特性相反的非线性失真电路。这种补偿方式不仅能获得对 LED 的补偿,而且能同时对系统其他元件的非线性进行补偿。由于这种方式是对系统的非线性补偿,因而,如果把预失真补偿电路置于光发射机,则会给实时精细调整带来一定困难;而如果把预失真补偿电路置于光接收机,则便于进行实时精细调整。

设系统发射端输入信号 V_1 与接收端输出信号 V_2 之间相移为 φ_1,它包含了 LED 输出光功率 P 与驱动电流 I 之间的相移,以及系统中其他各级输出信号和输入信号之间的相移。由于 φ_1 随输入信号 V_1 而变化,如图 10.1(a),因而产生微分相位 DP。微分相位补偿即设计一种电路,使其相移特性 φ_2 与 φ_1 的变化相反,如图 10.1(b)所示。两个非线性电路相加,使系统总相移 $\varphi = \varphi_1 + \varphi_2$ 不随输入信号大小而变化,如图 10.1(c)所示。

在模拟电视光纤传输系统中,使用最广泛的电路是微分相位四点补偿电路,如图 10.1(d)图所示。其相位补偿利用"集电极和发射极输出的信号相位差 180°"的原理构成的全通相移网络来实现。

与微分相位补偿原理相似,微分增益补偿是对 LED 等非线性器件产生的高频动态幅度失真的补偿,目前最广泛使用的微分增益四点补偿电路如图 10.2 所示。

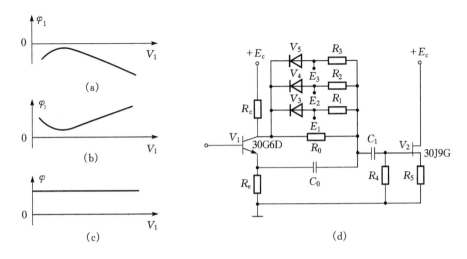

图 10.1　微分相位补偿原理及其典型电路

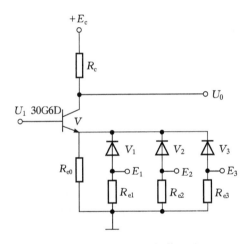

图 10.2　微分增益补偿电路

10.1.2　光端机要求及设计选择

1. 光发射机

　　模拟基带 D-IM 光纤传输系统光发射机的功能是把模拟电信号转换为光信号。对光发射机的基本要求是:发射(入纤)光功率要大,以利于增加传输距离;非线性失真要小,以利于减小微分相位(DP)和微分增益(DG),或增大调制指数;调制指数 m 要适当大:m 大,有利于改善 SNR;但 m 太大,不利于减小 DP 和 DG;光功率温度稳定性要好。LED 温度稳定性优于 LD，用 LED 作光源一般可以不用自动温度控制和自动功率控制，因而可以简化电路、降低成本。

    模拟基带 D-IM 光纤电视传输系统光发射机工作时，先输入电视信号再经同步分离和箝位电路后，输入 LED 的驱动电路。其中驱动电路的末级及其工作原理如图 10.3。图中 $R_1 C_1$ 电路用于调节 D-IM 系统电视信号的幅频特性，R_e 用于监测通过 LED 的电流，R_c 用于控制通过 LED 的极限电流，V_2 用于保护 LED 防止反向击穿，LED 的工作点由箝位电路调节。

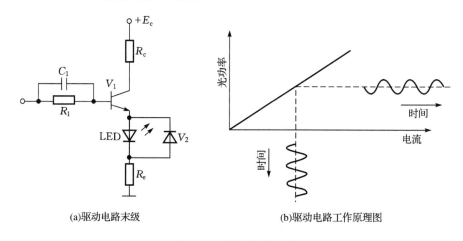

(a)驱动电路末级   (b)驱动电路工作原理图

图 10.3   LED 驱动电路

    由于全电视信号随亮场和暗场的变化而变化，为保证动态 DP 和 DG 的规定值，必须保持 DP 和 DG 补偿电路的工作点不随亮场和暗场而变化，所以应有钳位电路来保证其工作点恒定。在全电视信号中，图像信号随亮场和暗场的变化而变化，其同步脉冲信号在工作过程中是不变的，因而利用同步脉冲和图像信号处于不同电平的特点，对全电视信号中的同步脉冲进行分离和钳位。

2. 光接收机

    光接收机的功能是把光信号转变成电信号。对光接收机的基本要求是：信噪比(SNR)要高、幅频特性要好、带宽要宽。光接收机的主要组成如图 10.4 所示。它主要由接收电路和判决电路两大部分组成，接收电路有光电变换、前置放大器、主放大器、均衡滤波和自动增益控制(AGC)电路五部分组成。判决电路由判决器、译码器、输出接口和时钟恢复电路组成。

    目前在光纤通信系统的光电变换器中主要采用 PIN 光电二极管或雪崩光电二极管(APD)。PIN-PD 只需较低偏压(10～20 V)就能正常工作，电路简单，但没有内增益，SNR 较低。APD 需要较高偏压(30～200 V)才能正常工作，且内增益

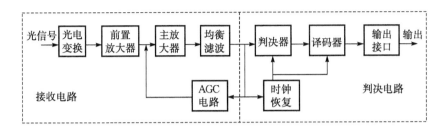

图 10.4　光接收机主要的组成

随环境温度变化较大,应有偏压控制电路。

　　主放大器是一个高增益宽频带放大器,主要用于把前放输出的信号放大到系统需要的适当电平。由于光源老化使光功率下降,环境温度影响光纤损耗变化,以及传输距离长短不一,使输入光检测器的光功率大小不同,所以需要 AGC 来保证光接收机输出恒定。

10.1.3　系统性能设计

　　模拟基带直接光强调制光纤电视传输系统方框图如图 10.5 所示。

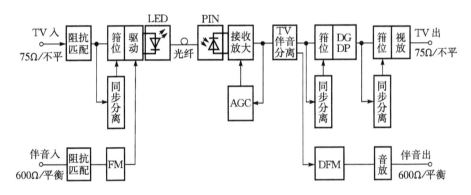

图 10.5　模拟基带直接光强调制光纤电视传输系统方框图

　　在发射端,模拟基带电视信号和调频(FM)伴音信号分别输入 LED 驱动器,在接收端进行分离。改进 DP 和 DG 的预失真电路置于接收端。主要技术参数举例如下。

1. 光纤损耗对传输距离的限制

　　模拟基带直接光强调制光纤电视传输系统的传输距离主要受光纤损耗的限制。根据发射光功率、接收灵敏度和光纤线路损耗可以计算传输距离 L,其公式为

$$L = \frac{P_t - P_r - M}{\alpha} \tag{10.12}$$

式中，P_t 为发射光功率（dBm）；P_r 为接收灵敏度（dBm）；M 为系统余量（dB）；α 为光纤线路（包括光纤、连接器和接头）每千米平均损耗系数（dB/km）。

2.系统对光纤带宽的要求

对于多模光纤，长度为 L 的光纤线路总带宽 B（MHz）和单位长度（1 km）光纤带宽 B_1 的关系为

$$B_1 = BL^\gamma \tag{10.13}$$

式中，串接因子 $\gamma = 0.5 \sim 1$，为方便起见，取 $\gamma = 1$，这是最保守的取值。如果光纤线路总带宽 $B = 8$ MHz，根据式 10.13 的计算，$0.85~\mu m$ 和 $1.31~\mu m$ 中继距离分别为 $L = 4$ km 和 $L = 12$ km，所需单位长度光纤带宽分别为 $B_1 = 32$ MHz · km 和 $B_1 = 96$ MHz · km。

10.2　副载波复用光纤传输系统性能评价与设计

N 个频道的模拟基带电视信号调制频率分别为 $f_1, f_2, f_3, \cdots, f_N$ 的射频（RF）信号，把 N 个带有电视信号的副载波 $f_{1s}, f_{2s}, f_{3s}, \cdots, f_{Ns}$ 组合成多路宽带信号，再用这个宽带信号对光源（一般为 LD）进行光强调制，实现电/光转换。光信号经光纤传输后，由光接收机实现光/电转换，经分离和解调，最后输出 N 个频道的电视信号。图 10.6 为副载波复用光纤传输系统方框图。

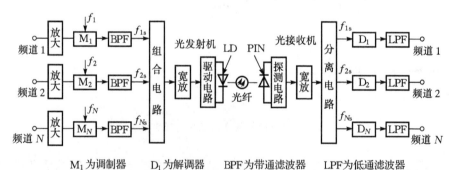

M₁ 为调制器　　　D₁ 为解调器　　　BPF 为带通滤波器　　　LPF 为低通滤波器

图 10.6　副载波复用光纤传输系统方框图

模拟基带电视信号对射频的预调制通常用残留边带调幅（VSB - AM）和调频（FM）两种方式，各有自己的适用场合和优缺点。本节主要讨论残留边带调幅副载波复用（VSB - AM 或称 SCM）模拟电视光纤传输系统。

10.2.1　评价参数

对于副载波复用模拟电视光纤传输系统,评价其传输质量的特性参数主要是载噪比(CNR)和信号失真。

1. 载噪比

载噪比 CNR 的定义是:把满负载、无调制的等幅载波置于传输系统,在规定的带宽内特定频道的载波功率(C)和噪声功率(N_P)的比值,并以 dB 为单位,用公式表示为

$$\frac{C}{N_P} = \frac{\langle i_c^2 \rangle}{\langle i_n^2 \rangle} \tag{10.14}$$

式中,$\langle i_c^2 \rangle$ 为均方载波电流,$\langle i_n^2 \rangle$ 为均方噪声电流。

设电光转换、光纤传输和光电转换过程中都不存在信号失真,则输入激光器的调幅信号电流为

$$I(t) = I_b + (I_b - I_{th}) \sum_{i=1}^{N} m_i \cos\omega_i t \tag{10.15}$$

激光器的输出光功率为

$$P(t) = p_b + p_s \sum_{i=1}^{N} m_i \cos\omega_i t \tag{10.16}$$

式中,$p_s = p_b - p_{th}$,p_b 和 p_{th} 分别为偏置电流 I_b 和阈值电流 I_{th} 对应的光功率,N 为频道总数,m_i 为第 i 个频道的调制指数,ω_i 为第 i 个频道的副载波角频率。

从光检测器输出的(载波)信号电流为

$$i_c = I_0 (1 + m \sum_{i=1}^{N} m_i \cos\omega_i t) \tag{10.17}$$

均方(载波)信号电流

$$\langle i_c^2 \rangle = \left(\frac{I_m}{\sqrt{2}} \right)^2 \tag{10.18}$$

式中,$I_m = mI_0$ 为信号电流幅度;I_0 为平均信号电流;m 为每个频道的调制指数;N 为频道总数 。

SCM 模拟电视光纤传输系统中产生噪声的主要有激光器、光检测器和前置放大器。采用 PIN-PD,略去暗电流,系统的总均方噪声电流可表示为

$$\langle i_n^2 \rangle = \langle i_{RIN}^2 \rangle + \langle i_q^2 \rangle + \langle i_T^2 \rangle = (RIN) I_0^2 B + 2eI_0 B + \frac{4kTFB}{R_L} \tag{10.19}$$

式中,$\langle i_{RIN}^2 \rangle$ 为激光器的相对强度噪声;$\langle i_q^2 \rangle$ 为激光器的量子噪声;$\langle i_T^2 \rangle$ 为激光器折合到输入端的放大器噪声产生的均方噪声电流;e 为电子电荷;B 为噪声带宽;

$k=1.38\times10^{-23}$ J/K 为玻耳兹曼常数；T 为热力学温度；R_L 为光检测器负载电阻；F 为前置放大器噪声系数；相对强度噪声（RIN）是激光器谐振腔内载流子和光子密度随机起伏产生的噪声，一般不可忽略。最后得到每个信道的载噪比为

$$CNR = 10\lg\frac{(mρp_0)^2}{2B[(RIN)(ρp_0)^2+2eρp_0+4kTF/R_L]} \tag{10.20}$$

由此可见，CNR 随调制指数 m 和平均接收光功率 p_0 的增加而增加，随着三项噪声的增加而减小。

图 10.7 是不同形式的噪声对载噪比的影响，在接收功率很高的情况下光源噪声成为主要噪声，载噪比为一个常数。中等大小的接收光功率，主要噪声来源为量子噪声。而当接收光功率很低时，接收机的噪声又成为主要噪声。极限条件依赖于发送机和接收机的特性。

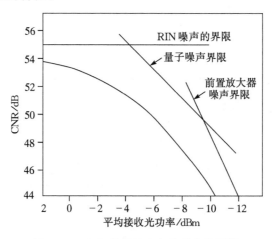

图 10.7　CNR 的特性和各种噪声的界限

2. 信号失真

副载波复用模拟电视光纤传输系统产生信号失真的原因很多，但主要原因是作为载波信号源的半导体激光器在电/光转换时的非线性效应。由于到达光检测器的信号非常微弱，在光/电转换时可能产生的信号失真可以忽略。只要光纤带宽足够宽，在传输过程中可能产生的信号失真也可以忽略。

副载波复用模拟电视光纤传输系统的信号失真用组合二阶互调（CSO）失真和组合三阶差拍（CTB）失真这两个参数表示。

两个频率的信号相互组合，产生和频 $ω_i+ω_j$ 和差频 $ω_i-ω_j$ 信号，如果新频率落在其他载波的视频频带内，视频信号就要产生失真。这种非线性效应会发生在所有 RF 电路中，包括光发射机和光接收机。在给定的频道上，所有可能的双频组

合的总和称为组合二阶(CSO)互调失真。通常用这个总和与载波的比值表示,并以 dB 为单位,记为 dBc。组合三阶差拍(CTB)失真是三个频率 $\omega_i + \omega_j + \omega_k$ 的非线性组合,其定义和表示方法与 CSO 相似,单位相同。

CSO 和 CTB 将以噪声形式对信号产生干扰,为减小这种干扰,可以采用如下方法。

(1)采用合理的频道频率配置,改善 CSO 和 CTB　为改善 CSO,系统频道 N 的副载波频率 f_N 和频道 1 的副载频 f_1 应满足 $f_N < 2f_1$,即副载波最高频率应小于最低频率的 2 倍。这样,如图 10.8 所示,二阶互调($f_i + f_j$)都大于 f_N,落在系统频带的高频端以外;二阶互调($f_i - f_j$)都小于 f_1,落在低频端以外。同理,为减少落在系统频带内的三阶互调,应适当配置各频道的副载波频率,使三阶互调频率($f_i \pm f_j \pm f_k$)即使落在系统频带内,也不落在工作频道的信号频带内,如图 10.9 所示。这样,虽然系统输出端存在互调干扰,但分离和滤波后经各频道单独输出时,其影响就不明显了。

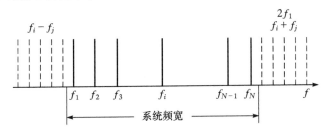

图 10.8　$f_N < 2f_1$ 的 SCM 系统频谱分布

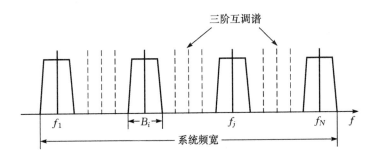

图 10.9　带内三阶互调干扰的最佳频谱分布

(2)限制调制指数 m,以保证 CSO 和 CTB 符合规定的指标　通常,CSO 与 m^2 成正比,CTB 与 m^4 成正比,因此随着 m 值的增大,CSO 和 CTB 迅速劣化。由于驱动激光器的信号电流随 m 值的增大而增加,可能偶然延伸到 LD 的阈值以下或超过功率特性曲线的线性部分,引起削波(削底和限顶)效应,如图 10.10 所示,产生信号失真。

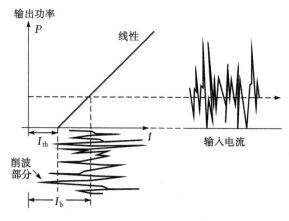

图 10.10　激光器的削波效应

由于多路 RF 信号的叠加具有随机性,当 N 很大时,服从高斯分布,产生过大信号的概率很小。分析计算表明,CSO 和 CTB 是参数 $\mu = m \sqrt{\dfrac{N}{2}}$ 和 N 的十分复杂的函数,其中 m 为调制指数,N 为频道总数。

10.2.2　光端机要求及设计选择

1. 光发射机

对残留边带-调幅光发射机的基本要求是:输出光功率要足够大,输出光功率特性(P-I)线性要好;调制频率要足够高,调制特性要平坦;输出光波长应在光纤低损耗窗口,谱线宽度要窄;温度稳定性要好。VSB-AM 光发射机的构成示于图 10.11。

输入到光发射机的电信号经前馈放大器放大后,受到电平监控,以电流的形式驱动激光器。LD 输出特性要求是线性的,但在实际电/光转换过程中,微小的非线性效应是不可避免的,会影响系统的性能。所以优质的光发射机都要进行预失真控制。方法是加入预失真补偿电路(预失真线性器)。预失真补偿电路实际上是一个与激光器的非线性相反的非线性电路,用来补偿激光器的非线性效应,以达到高度线性化的目的。为保证输出光的稳定,通常采用制冷元件和热敏电阻进行温度控制。同时利用激光器的后向输出,通过 PIN-PD 检测的光电流实现自动功率控制。为抑制光纤线路上不均匀点(如连接器)的反射,通常在 LD 输出端设置光隔离器。

正确选择光发射机对系统性能和 CATV 网的造价都有重大意义。目前可供

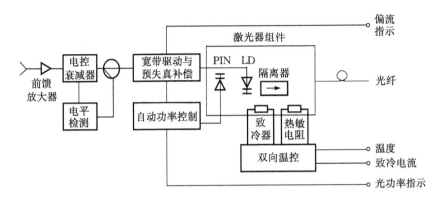

图 10.11　VSB－AM 光发射机的构成

选择的光发射机有如下几种。

(1)直接调制 1 310 nm 分布反馈(DFB)激光器光发射机(如图 10.12 所示)

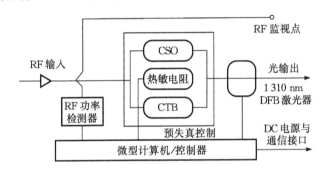

图 10.12　直接调制 DFB 光发射机方框图

直接调制 1 310 nm DFB 光发射机是目前 CATV 光纤传输网特别是分配网使用最广泛的光发射机。原因是这种光发射机发射光功率高达 10 mW,传输距离可达 35 km,而且性能良好,价格比其他两种光发射机便宜。这种良好性能来自 DFB 单模激光器,其谱线宽度非常窄。

(2)外调制掺钕钇铝石榴石(Nd：YAG)固体激光器光发射机(如图 10.13 所示)　外调制 YAG 光发射机采用外调制技术,具有极好的防信号失真性能。外调制 YAG 光发射机主要由 YAG 激光器、电光调制器、预失真线性器和互调控制器构成。预失真线性器作为调制器的驱动电路,互调控制器实际上是一个自动预失真控制器。波长为 1310 nm 外调制 YAG 光发射机发射光功率高达 40 mW 以上,相对强度噪声(RIN)低到－165 dB/Hz,信号失真性能极好。缺点是:设备较大,技术较复杂,这种光发射机主要用于 CATV 干线网,也可用于分配网。

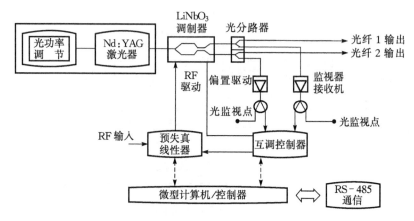

图 10.13　外调制掺钕钇铝石榴石(Nd：YAG)固体激光器光发射机

（3）外调制 1 550 nm 分布反馈(DFB)激光器发射机（如图 10.14 所示）　外调制 1 550 nm DFB 光发射机结合了直接调制 1 310 nm DFB 光发射机和外调制 YAG 光发射机的优点。这种光发射机采用 DFB-LD 作光源，用电流直接驱动，因而与 1 310 nm DFB 光发射机一样具有小型、轻便等优点；采用外调制技术，又与外调制 YAG 光发射机一样具有极好的信号防失真性能。虽然外调制 1 550 nm DFB 光发射机的发射光功率只有 2～4 mW，但是这种缺点是可以克服和弥补的。

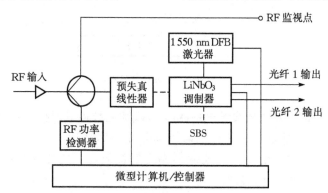

图 10.14　外调制 1 550 nm 分布反馈(DFB)激光器发射机

20 世纪 90 年代后期以来，1 550 nm 掺铒光纤放大器(EDFA)已经投入实用，使用 EDFA 可以把微弱的光信号放大到 50 mW 以上，另一方面，1 550 nm 的光纤损耗比 1 310 nm 的低。外调制 1 550 nm DFB 光发射机和 EDFA 组合提供了一个具有长距离传输潜力的光发射源，但由于 EDFA 要产生噪声，所以这种组合的载噪比(CNR)不能和直接调制 1 310 nm DFB 光发射机或外调制 YAG 光发射机的性能相匹敌。外调制 1 550 nm DFB 光发射机和 EDFA 结合,在两个重要场合特别适用。一个主要应用是取代微波和强化前端所要求的超长传输距离。但这时必须采用复杂的技术抑制受激布里渊散射(SBS)。SBS 是一种依赖光功率的非线性效应,这种效应随光纤长度的增长而明显增加,所以必须进行补偿。另一个重要应用是在密集结构的结点上,这种结构需要高功率以分配给多个光分路。在这种场合就不存在 SBS 的限制了。

2. 光接收机

对 VSB-AM 光接收机的基本要求是:在一定输入功率条件下,有足够大的 RF 输出和尽可能小的噪声,以获得大的 CNR 或 SNR;要有足够大的工作带宽和频带平坦度,因而要采用高截止频率的光检测器和宽带放大器。

VSB-AM 光接收机的构成如图 10.15 所示。PIN-PD 把光信号转换为电流;前置放大器大多采用能把信号电流变换为电压的跨阻抗型放大器;主放大器设有自动增益控制(AGC)。

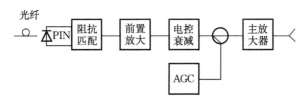

图 10.15 VSB-AM 光接收机的构成

PIN-PD 的光接收机输出信号电压 $U(V)$ 和输入平均光功率 $P_0(W)$ 的关系为

$$U = \frac{\rho P_0 m G_1 G_2}{\sqrt{2}} \tag{10.21}$$

式中,ρ 为光检测器响应度(A/W);m 为调制指数;G_1 为前置放大器变换增益(V/A);G_2 为主放大器电压增益。

10.3 数字光纤通信系统性能评价与设计

作为数字通信理想的信道,数字光纤传输系统具有以往数字传输系统抗干扰能力强、保密性好、所用设备简单稳定可靠以及转接交换方便、工作频带宽等优点,因而被认为是数字通信方式与光纤通信手段的完美结合。

10.3.1 电发射端机

通信中传送的许多信号(如话音、图像信号等)都是模拟信号。电发射端机的任务,就是把模拟信号转换为数字信号,完成 PCM 编码,并按照时分复用方式把多路信号复接、合群,从而输出高比特率的数字信号。

PCM 编码包括采样、量化和编码三个步骤。模拟信号数字化 PCM 过程如图 10.16 所示。这种电信号就是数字基带信号,由 PCM 电发射端机产生。抽样过程就是以一定的抽样频率 f 或时间间隔 T 对模拟信号进行采样,把原信号的瞬时值变成一系列等距离的不连续脉冲。量化过程就是用一种标准幅度量出抽样脉冲的幅度值,并用四舍五入的方法把它分配到有限个不同的幅度电平上。编码过程就是用一组组合方式不同的二进制脉冲代替量化信号。采用 n 位的二进制编码,就有 2^n 个码组。码位数越多,分级就越细,误差越小,量化噪声也越小。实际上量化是在编码过程中同时完成的,故编码过程也称为模/数变换,可记作 A/D。

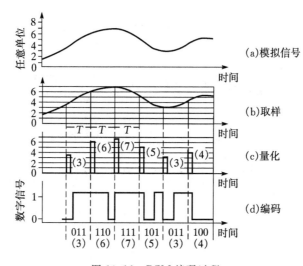

图 10.16　PCM 编码过程

10.3.2　光发射端机

如图 10.17,电发射端机的输出信号,通过光发射机的输入接口进入光发射机。输入接口不仅要保证电、光端机间信号的幅度、阻抗适配,而且要进行适当的码型变换(线路编码)。线路编码是指使用一套规则将信号符号编排为一个特殊的格式,其作用是将传送码流转换成便于在光纤线路中传输、接收及监测的线路码型。由于光源不可能有负光能,所以往往采用 0,1 二电平码。但简单的二电平码具有随信息随机起伏的直流和低频分量,在接收端对判决不利,因此需要进行线路编码以适应光纤线路传输的要求。常用光线路码型大体可以归纳为 3 类:扰码二进制、字符换码和插入码型。

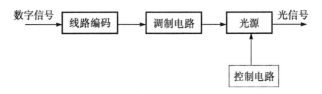

图 10.17　光发射端机的组成

1. 扰码

SDH 光纤通信系统中广泛使用的是加扰的 NRZ 码,它是将输入的二进制 NRZ 码序列人为地扰乱,以抑制长连"0"、长连"1"的个数,并使"0""1"个数分布均匀。扰码器和解扰器由 M 序列伪随机码发生器和模二加电路构成。扰码二进制将输入的二进制 NRZ 码进行扰码后输出仍为二进制码,没有冗余度,因此很难实现不中断业务的误码检测,辅助信号的传送也很困难,不太适合作为准同步数字系列(PDH)的线路码,但在数字同步体系(SDH)中,监测信息和辅助信号的传送通过帧结构中的开销字节来实现,扰码二进制被作为光线路码。扰码的优点是一般可以满足提取时钟分量、码流中直流分量稳定的要求,没有冗余度,即不增加传输的码速率。扰码的缺点是码型没有规律,难以实现不中断业务的误码检测,传输辅助信号比较困难。

信号序列扰乱方法有:

①用一个随机序列与输入信号序列进行逻辑加,这样就能把任何输入信号序列变换为随机序列,但完全随机的序列不能再现;

②用伪随机序列来代替完全随机序列进行扰码与解扰。图 10.18 所示为一个五级扰码器和解扰器的构成。

2. 字符换码

字符换码是将输入的二进制码分成一个个的"码字",而输出用另一种对应的"码字"代替。在我国,最典型也最常用的是 $mBnB$ 码。它是把输入码流每 m 比特分成一组,然后把每组编成 n 比特输出。每组的 m 个二进制码记为 mB,变换为 n 个二进制码,记为 nB,因此称为 $mBnB$ 码,其中 m 和 n 都是正整数,通常 $n>m$,一般选取 $n=m+1$。常用的 $mBnB$ 码有 1B2B,3B4B,5B6B,8B9B 和 17B18B 等。最简单的 $mBnB$ 码是 1B2B 码,它是把原信息码的"0"变换为"01",把"1"变换为"10"。因此最大的连"0"和连"1"的数目不会超过两个,例如 1001 和 0110,但是码速率提高了 1 倍。$mBnB$ 码的缺点是传输辅助信号比较困难。

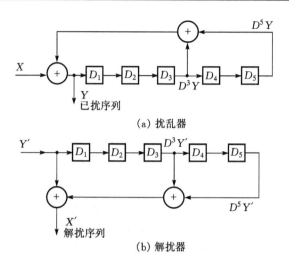

图 10.18　扰乱器与解扰器的构成

3. 插入码型

插入码是把输入二进制原始码流分成每 m 比特（mB）为一组，然后在每组 mB 码末尾按一定的规律插入一个码，组成 $m+1$ 个码为一组新的线路码流。根据插入码的用途不同，可以分为 mB1C 码、mB1H 码和 mB1P 码等。

mB1C 码的编码原理是，把原始码流分成每 m 比特（mB）为一组，然后在每组 mB 码的末尾插入 1 比特补码，这个补码称为 C 码，所以称为 mB1C 码。

mB1H 码是由 mB1C 码演变而成的，即在 mB1C 码中，扣除部分 C 码，并在相应的码位上插入一个混合码（H 码），所以称为 mB1H 码。所插入的 H 码可以根据用途不同分为三类：第一类是 C 码，它是第 m 位码的补码，用于在线误码率监测；第二类是 L 码，用于区间通信；第三类是 G 码，用于帧同步、公务、数据、监测等信息的传输。

在 mB1P 码中，P 码称为奇偶校验码，P 码有以下两种情况：

① P 码为奇校验码时，其插入规律是使 $m+1$ 个码内"1"码的个数为奇数，例如：

mB 码	100	000	001	110	⋯
mB1P 码	1000	0001	0010	1101	⋯

② P 码为偶校验码时，其插入规律是使 $m+1$ 个码内"1"码的个数为偶数，例如：

mB 码	100	000	001	110	⋯
mB1P 码	1001	0000	0011	1100	⋯

10.3.3　光接收端机

光发射机发射的光信号在光纤中传输时,不仅幅度被衰减,而且脉冲的波形被展宽。光接收机的作用是检测接收到的微弱光信号,并放大、再生,恢复成原传输的信号。对强度调制(IM)的数字光信号,在接收端采用直接检波(DD)方式时,光接收机的主要组成如图 10.19 所示。

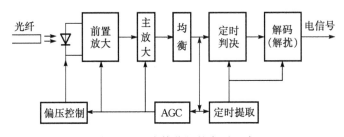

图 10.19　光接收机的主要组成

10.3.4　光中继器

在光纤通信线路上,光纤的吸收和散射将会导致光信号衰减,光纤的色散将使光脉冲信号畸变,导致信息传输质量降低,误码率增高,限制了通信距离。为了满足长距离通信的需要,必须在光纤传输线路上每隔一定距离加入一个中继器,以补偿光信号的衰减和对畸变信号进行整形,然后继续向终端传送。

1. 中继器的组成与结构

根据光中继器的作用,一个功能最简单的中继器应由一个设有码型变换的光接收机和设有均放和码型变换的光发射机相接而成,如图 10.20 所示。

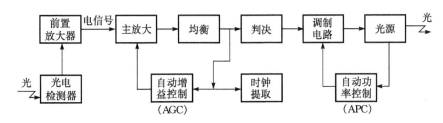

图 10.20　最简单的光中继原理方框图

显然,一个幅度受到衰减、波形发生畸变的信号,经过中继器的放大、再生之后就可恢复为原来的情况。但是作为一个实用的光中继器,为了维护的需要,还应具有公务通信、监控、告警的功能,有的中继器(机)还有区间通信的功能。另外,实际使用的中继器应有两套收、发设备,一套是输出,一套是输入,故实际的中继器方框图应如图 10.21 所示。

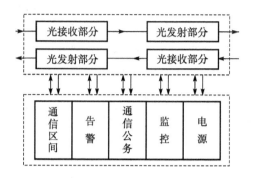

图 10.21　实用的中继器方框图

中继器的结构有的是机架式的,设在机房中;有的是箱式或罐式的,直埋在地下或在架空光缆中架在杆上,对于直埋或架空的中继器需有良好的密封性能。

2. 监控系统

监控系统为监视、监测和控制系统的简称。与其他通信系统一样,在一个实用的光纤通信系统中,为保证通信的可靠,监控系统是必不可少的。由于光纤通信是在近 20 年来发展起来的新的通信手段,故在光纤通信的监控系统中,应用了许多先进的监控手段,如用计算机进行集中监控等方式。

(1)监控系统的基本组成　监控系统根据功能不同大致有三种组成方式:第一,在一个数字段内对光传输设备和复用设备进行监控,这是一种基本的监控方式;第二,在具有多个方向传输的终端站内,对多个方向进行监控;第三,是对跨越数字段的设备进行集中监控。其中后两种监控方式是建立在第一种方式之上的监控方式。第一种监控方式的组成框图如图 10.22 所示。图中,主控站、副控站、被控站都装有微机,能迅速处理监控信息。主控站的功能为收集本站和被控站、副控站发来的监测信息,同时还可以向这些站发出指令,对这些站实行控制。副控站是辅助主控站工作的。它亦可收集本站和其他被控站的信息并转送给主控站,但副控站不能发控制指令。

这种监控系统的工作过程大致如下:首先是由主控站的监控微机不断地向各被控站发出各种询问指令,被控站监控微机收到询问指令后就将本站设备的运行情况编成数字信号不断地传向主控站。主控站监控微机收到各被控站发来的信息后进行判别处理,完成监测过程。主控站的监控设备可根据上述处理的信息,人工或自动发出控制指令,控站收到指令后,由监控设备完成所需的控制"动作",完成

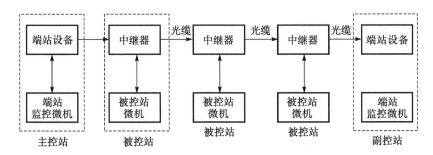

图 10.22 对一个数字段监控的组成方框图

监控过程。图 10.23 所示是一种多方向监控组成框图,其中,T‐SV(Terminal Supervisory)为端站监控设备,R‐SV(Repeater Supervisory)为中继器监控设备。除了图中画出的监控设备外,还有相应的端站设备和中继器。对跨越数字段的监控,其监控系统组成的方框图如图 10.24 所示。

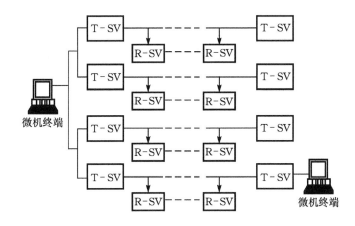

图 10.23 多方向监控系统组成方框图

(2)监控信号的传输 在上面讨论的光纤通信监控系统中,监控信号在主控站和被控站之间传输有如下两类方式。

第一种方式的光缆中设专用金属线传输监控信号。用这种方式传输监控信号的优点是:让主信号(光信号)"走"光纤,让监控信号"走"金属线。这样,主信号和监控信号可以完全分开,互不影响,光系统的设备相对简单。这种方式类似于在同轴电缆中采用的方式。然而,在光缆中加设金属导线对,也会带来较多的问题。由于金属线要受雷电和其他强电、磁场的干扰,从而会影响传输的监控信号,使监控的可靠性要求难以满足。而且,一般来说,距离越长干扰越严重,因而使监控距离

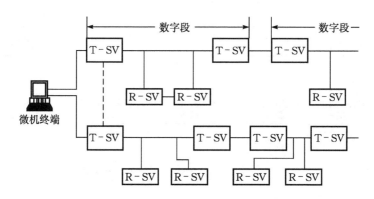

图 10.24　跨越数字段监控系统组成方框图

受到了限制。鉴于上述原因,在光缆中加金属线对传输信号监控不是发展方向,逐渐被淘汰。

第二种是用光纤传输监控信号,这种方法又可细分为如下两种方式。

①频分复用传输方式。从对数字信号的频域分析来看,光纤通信中的主信号(高速数字信号)的功率谱密度处在高频段位置上,其低频分量很小,几乎为零,而监控信号(低速数字信号)的功率谱密度则处在低频段位置,如图 10.25 所示。这就为采用频分复用方式传输监控信号创造了一个可行的条件。采用频分方式可有不同的方法,脉冲调顶方法是其中一种有效的方法,其实施方案是:将主信号(即数字信号电脉冲)作"载波",用监控电数字信号对该主信号进行脉冲浅调幅,即使监控信号"载"在主信号脉冲的顶部,或者说对主信号脉冲"调顶"之后,再将这个被"调顶"的主信号对光源进行强度调制,变为光信号耦合进光纤。主信号被监控信号调顶后的波形示意图如图 10.26 所示。

②时分复用方式。这种方式就是在

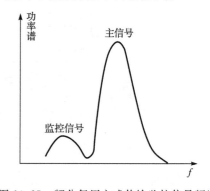

图 10.25　频分复用方式传输监控信号频谱

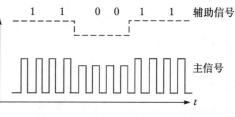

图 10.26　脉冲调顶方法示意图

主信号码流中插入冗余(多余)的比特,用这个冗余的比特来传输监控信号等。这就是说,将主信号和监控信号的码元在时间上分开传输,达到复用的目的。具体实施方法有:如将主信号码流中每 m 个码元之后插入一个码元,一般称为 H 码(意思是混合码),这种不断插入的 H 码就可传输监控、区间通信、公务联络、数据等信号。

10.4　光纤通信性能评价的两类关键指标

目前,ITU - T 已经对光纤通信系统的各个速率、各个光接口和电接口的各种性能给出具体的建议,系统的性能参数有很多,这里介绍系统最主要的两大性能参数:误码性能和抖动性能。

10.4.1　误码性能

系统的误码性能是衡量系统优劣的一个非常重要的指标,它反映数字信息在传输过程中受到损伤的程度。一般用在一个较长时间内的传输码流中出现误码的概率表示

$$\text{BER} = \frac{B_\text{E}}{B}$$

式中,B 为传送的总码元数;B_E 为其中传送错误的码元数。

误码性能的评定方法可以从以下两个方面来考虑。一方面,光纤数字通信系统传输的信息种类可以是电话,亦可为数据等。传输电话时,根据人类语言的特点,并非一定要用每秒误码这种标准来衡量,仅需用每分钟误码的数量级来描述即可。但是,对传输数据来讲,最关心的是在传输数据码组这个时刻有无误码产生。另一方面,误码发生的特点,不仅是随机的、单个地出现,而且还有突发的、成群地出现。在考虑了这些因素之后,ITU - T 建议在 27 500 km 假设参考连接情况下,误码率指标如表 10.1 所示。可根据表的说明结合图 10.27 来理解。

表 10.1　误码分类、定义和指标

性能分类	定　义	门限值	要求达到的指标	每次观测的时间
劣化分(DM)	每分钟的误码率劣于门限值	1×10^{-6}	平均时间百分数少于 10%	1 分钟(min)
严重误码秒(SES)	1s 内的误码率劣于门限值	1×10^{-3}	时间百分数少于 0.2%	1 秒种(s)

性能分类	定　义	门限值	要求达到的指标	每次观测的时间
误码秒 （ES）	每一个观测秒内，出现误码数（与之对应的每个观测秒内未出现误码，则称之为无误码秒）	0	误码秒的时间百分数不得超过 8%（与之对应的无误码秒的时间百分数不少于 92%）	1秒钟（s）

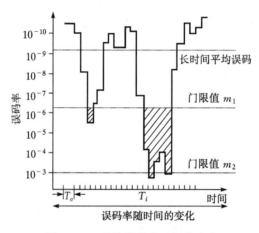

图 10.27　计算误码率时间的变化

10.4.2　抖动性能

抖动是电信号传输过程中的一种瞬时不稳定现象。所谓数字信号的抖动一般是指定时抖动，它是数字传输过程中的一种不稳定现象，即数字信号在传输过程中，脉冲在时间间隔上不再是等间隔的，而是随时间变化的一种现象。如图 10.28 所示。

在系统中有效瞬间可以是一个明显可辨的数字信号上的任何一个固定点。在数字传输中，随着传输速率的提高，脉冲的宽度和间隔越窄，抖动的影响就越显著。因为抖动使接收端脉冲移位，从而可能把"1"判为"0"，或把"0"判为"1"，造成误码。抖动可以分为相位抖动和定时抖动。所谓相位抖动，是指传输过程中所形成的周期性的相位变化。定时抖动是指脉码传输系统中的同步误差。在数字传输系统中，抖动的来源有以下几个方面：线路系统的抖动、随机性抖动源、系统抖动源、复用器的抖动、PDH 复用器的抖动和 SDH 复用器的抖动。抖动的大小或幅度通常

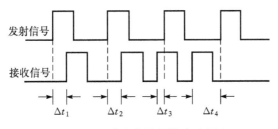

图 10.28　数字信号的抖动示意图

可用时间、相位度数或数字周期来表示。根据 ITU 建议,普遍采用数字周期来度量,即用"单位间隔"或称时隙(UI)来表示。当脉冲信号为二电平 NRZ 时,1 UI 相当于 1 比特信息所占用的时间,它在数值上等于传输比特率的倒数。不同的码速率,1 UI 的时间是不同的(见表 10.2),而且时间相差非常大,一般用抖动占 UI 的相对值来表示。

表 10.2　不同码率对应的 1 UI 的时间

码率/Mbps	2.048	8.448	34.368	139.264
单位抖动/ns	488	118	29.1	7.18

由于抖动会引起误码率的增加,并且难以完全消除,因此为了保证整个系统正常工作,根据 ITU - T 建议和我国指标,抖动的性能参数主要有以下几个。

(1)输入抖动容限　输入抖动容限是指光纤系统允许的输入信号最大抖动范围,它衡量数字设备输入口适应一定数字信号抖动的能力,显然与光端机的性能有关,其测试框图如图 10.29 所示。

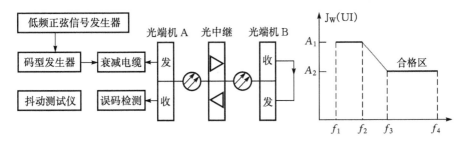

图 10.29　输入抖动容限测试框图

通过改变低频正弦信号发生器的幅度和频率,调制伪随机码,使光端机的输入信号产生抖动。固定一个低频信号频率,加大其幅度,直到产生误码,用抖动测试仪测出此时的抖动值即为输入抖动容限,它必须满足表 10.3 的要求。

表 10.3 数字接口的最大允许输出抖动

码速 /Mbps	抖动峰峰幅度 /UI		抖动频率/kHz				伪随 机码
	A_1	A_2	f_1	f_2	f_3	f_4	
2.048	1.5	0.2	0.020	2.4	18	100	$2^{15}-1$
8.448	1.5	0.2	0.020	0.400	3	400	$2^{15}-1$
34.368	1.5	0.15	0.100	1	10	800	$2^{23}-1$
139.246	1.5	0.075	0.200	0.500	10	3500	$2^{23}-1$

(2)输出抖动容限 输出抖动容限是指没有输入抖动时的最大输出抖动,它用于衡量系统输出口的信号抖动。其测试框图与图 10.29 相似,只是去掉了低频正弦信号发生器。

(3)抖动转移特性 这是指输入口的某些抖动会被转移到输出口,特别是低频抖动。它用输出信号的抖动值和输入信号的抖动值之比表示,衡量光端机自身对抖动特性的传递关系。其测试框图同图 10.29,测试时将输入抖动调整到适当值(1 UI 左右),测量输出端的抖动值,两者之比即为抖动增益。测出不同频率下的抖动增益即得抖动转移特性。CCITT 建议最大增益应小于 1 dB。

10.5 光纤通信系统设计

目前,由于光纤通信系统中各相关部件如光发射机、光纤和光缆、光接收机、光纤连接器件等产品都已规范化和标准化,光纤通信系统的设计工作变得简单、快捷。

10.5.1 光纤通信系统设计的内容

光纤通信系统的设计,其主要工作内容应包括以下几个方面:

①选择合理、经济的路由。这要由实地考察来确定。例如对于电力系统和铁路系统,它们的路由就是高压输电线路和铁道线路。

②确定中继段的长度和选择中继站站址。前者要通过计算光功率和损耗来确定,后者需现场考察来确定。

③选择性能满足要求的光纤和光缆。这要由选择的工作波长或窗口以及传输速率和带宽的要求来决定。指标确定后,可由中标厂家进行生产或购买已有成品。

④选择匹配相当、性能满足要求的光端机(光发射机组件和光接收机)组件。这要根据系统的使用目的,是模拟系统还是数字系统,再根据带宽和传输速率的要求来确定。

⑤选择匹配相当、性能满足要求的中继器组件。选择的原则和光端机一样。

⑥选择光纤连接器件,如光纤活动连接器及数量。此外,还应考虑光纤的固定连接问题。

10.5.2　设计光纤通信系统时有关指标的计算与分析

光纤数字通信系统的中继距离设计需要考虑两个独立的限制因素,即衰减限制和色散限制。后者直接与传输速率有关,在高速率传输情况下甚至成为决定因素。因此在高比特率系统的设计过程中,必须对这两个因素的影响都给予考虑。

10.5.2.1　衰减对中继距离影响的分析

因为光纤的衰减大小直接制约着光纤通信系统的有效传输距离,所以要求光纤与光纤之间的连接损耗要尽量小。

一个中继段上的光传输衰减包括两部分的内容,一类是固有损耗,由将要连接的两根光纤彼此特性上的不同或光纤自身的不完善造成,不能通过改善接续工艺和熔接设备来根除,因此在进行接续时,需要特别注意选择两特性基本相同的光纤进行连接。通常要考虑的因素有:单模光纤的模场直径偏差、纤芯与包层的同心度偏差以及不圆度,等等。另一类是指由外部原因造成光纤连接损耗增大的现象。例如,横向错位损耗、端面间隙损耗、端面倾斜损耗等,均属于人为的操作工艺不良和操作中的缺陷以及熔接设备精度不高等原因所致。从测试结果可以看出:

①当两连接光纤之间存在横向错位 $x = 2~\mu m$ 就可产生 $0.74~dB$ 的连接损耗,可见单模光纤对横向错位产生的连接损耗最为敏感;

②当两连接光纤的特性参数不一致时,同样会给系统引入损耗,因此在光缆施工之前要求进行配盘,使参数相近的光纤进行连接,以达到减小由于模场直径、数值孔径失配而带来的连接损耗。

③当进行连接的光纤轴向存在一段空隙时,存在端面间隙损耗。为此,在进行接续时,如光纤端面间隙过大,会使传导模泄漏出去而产生连接损耗,尤其是在用活动连接器接续时更为突出。

10.5.2.2　色散对中继距离影响的分析

单模光纤的研制和应用之所以越来越深入,越来越广泛,是由于单模光纤不存在模间色散,因而其总色散很小,即带宽很宽,能够传输的信息容量极大,加之石英光纤在 $1.31~\mu m$ 和 $1.55~\mu m$ 波长窗口附近损耗很小,使其成为长途大容量信息传输的理想介质。

1.产生色散现象的原因

从前面的分析可知,光纤自身存在色散,即材料色散、波导色散和模式色散。对于单模光纤,因为仅存在一个传输模,故其色散只包括材料色散和波导色散。除此之外,还存在着与光纤色散有关的种种因素,会使系统性能参数出现恶化,如误码率、衰减常数变坏。其中比较重要的有三类:码间干扰、模分配噪声和啁啾声。

2.模分配噪声对中继距离的影响

如果数字系统的码速率不是超高速,并且在单模光纤的色散可忽略的情况下,不会发生模分配噪声。但随着技术的不断发展,为了能够更进一步地充分发挥单模光纤大容量的特点,提高传输码速率越来越提到议事日程上。随之人们要面对的问题便是模分配噪声。由于在高速率下激光器的谱线和单模光纤的色散相互作用,产生了一种叫模分配噪声的现象,它限制了通信距离和容量。

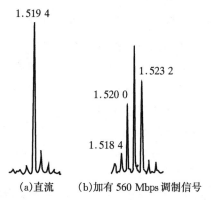

图 10.30　普通激光器的静态和动态谱线

(1)激光器的谱线特性　当普通激光器工作在直流或低码速情况下,它具有良好的单纵模(单频)谱线,如图 10.30(a)所示。当此单纵模耦合到单模光纤中之后,便会激发出传输模,从而完成信号的传输。然而在高码速(如 565 Mbps)情况下,其谱线呈现多纵模(多频)谱线,如图 10.30(b)所示。而且从图 10.31 可以看出,各谱线功率的总和是一定的,但每根谱线的功率是随机的。可想而知,由这样多个能量随机分配的谱线,在光纤中各自激励其传输模之后会形成何等局面。

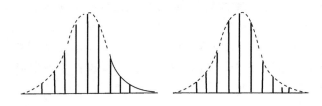

图 10.31　高速调制时多纵模的随机起伏

(2)模分配噪声的产生　因为单模光纤具有色散,所以激光器的各谱线(各频率分量)经过长光纤传输之后,将会产生不同的迟延,在接收端造成了脉冲展宽。

又因为各谱线的功率呈随机分布,因此当它们经过上述光纤传输后,在接收端采样点得到的采样信号就会有强度起伏,引入了附加噪声,这种噪声就称为模分配噪声。由此还看出,模分配噪声是在发送端的光源和传输介质光纤中形成的噪声,而不是接收端产生的噪声,故在接收端是无法消除或减弱的。这样当随机变化的模分配噪声叠加在传输信号上时,会使之发生畸变,严重时,使判决出现困难,造成误码,从而限制传输距离。

(3)模分配噪声对灵敏度的影响　据资料分析显示,在使用多纵模半导体激光器的系统中,由其多纵模的起伏性和光纤色散而引起的灵敏度下降如图 10.32 所示。其中 k 为模分配系数,一般 k 值在 0 到 1 之间,不同的激光器的 k 值不同,同一激光器不同模式的 k 值也不同。从图中可以看出,在给定的 k 值情况下,如当 $\varepsilon < 0.1$ 时,由模分配噪声引起的灵敏度下降可以忽略(小于 0.5 dB),但随着 ε 的增加,灵敏度下降很快,同时在 $k > 0.5$ 时,在相同的 ε 值下,模分配噪声引起的灵敏度下降大于色散导致的脉冲展宽引起的灵敏度下降。

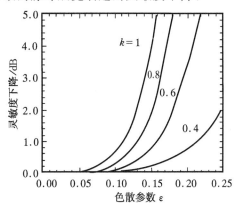

图 10.32　模分配噪声引起的接收机灵敏度下降

3. 啁啾噪声对中继距离的影响

模分配噪声的产生是由于激光器的多纵模性造成的,因而人们提出使用新型的单纵模激光器,以克服模分配噪声的影响,但随之又出现了新的问题。

(1)啁啾噪声的产生　对于处于直接强度调制状态下的单纵模激光器,其载流子密度的变化随注入电流的变化而变化,这样使有源区的折射率指数发生变化,从而导致激光器谐振腔的光通路长度相应变化,结果使振荡波长随时间偏移,这就是所谓的啁啾声现象。

(2)啁啾噪声对灵敏度的影响　由于啁啾噪声的产生与所传输的光脉冲波形和宽度等有关,就其对灵敏度下降的影响程度很难做出精确的估算,但在用近似矩形脉冲进行实验得到的结果中,啁啾噪声主要出现在脉冲的上升和下降沿,其中上升沿频率出现紫移(频率升高),而下降沿频率出现红移(频率降低)。正是由于频率的移动,当该脉冲经过光纤时,在光纤色散的作用之下,波形会发生展宽,导致灵敏度下降,如图 10.33 所示。

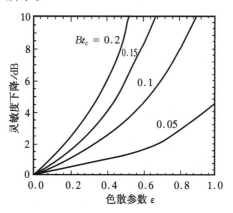

图 10.33　啁啾声引起的接收机灵敏度下降

　　上述分析仅就啁啾噪声对接收灵敏度下降进行了粗略的估算,实际上还有许多因素致使啁啾噪声增加,导致接收灵敏度下降。例如当激光器的偏置处于阈值之上时,其啁啾噪声影响程度随之减小,但这会使消光比增加,而消光比过大,同样会造成灵敏度下降。因而在实际系统设计中,存在最佳消光比,与系统中存在的啁啾噪声共同作用可使灵敏度下降达到最小。

第 11 章 光波分复用系统

　　光纤通信具有容量大、可靠性高、通信距离长、抗电磁干扰能力强、建设成本低、尺寸小、重量轻等一系列优点,是现代通信中最主要的一种传输技术。随着网络的飞速发展和计算机的普及,人们对光通信网络的带宽需求也在向"无限渴求"发展。提高通信网络的带宽是广大用户都希望的事情,也是光通信网络技术发展的关键,如何在同一根光纤中传输更多的信息是其中的关键技术之一。

　　实现光纤通信扩容有多种方法,包括时分复用、波分复用、频分复用和光孤子等。电域的时分复用技术已经成熟,且应用广泛,但由于电子瓶颈的限制难以实现40 GHz 以上的商用通信系统。光域的时分复用和光孤子具有很大潜力,但离实际应用还有相当长的距离,光域的频分复用对应于光通信领域,也停留在实验阶段,而波分复用作为大容差的一种频分复用,具有易实现、成本低的优点,是目前提高光纤通信容量的最有效方法。本章主要讨论光波分复用的原理、系统构成及其应用。

11.1 光波分复用技术概述

11.1.1 几种典型的复用技术

　　随着科学技术的迅猛发展,通信领域的信息传送量迅速膨胀。信息时代需要越来越快速度、越来越大容量的传输网络,就此发展起了一系列扩容技术,主要包括以下几种。

1. 空分复用 SDM

　　这是传统的系统扩容方式。空分复用是靠增加光纤数量的方式线性增加传输的容量,传输设备也线性增加。在光缆制造技术已经非常成熟的今天,几十芯的带状光缆已经比较普遍,而且先进的光纤接续技术也使光缆施工变得简单。但光纤数量的增加无疑给施工以及将来线路的维护带来了诸多不便,并且对于已有的光缆线路,如果没有足够的光纤数量,通过重新铺设光缆来扩容,工程费用将会成倍增长。而且,这种方式并没有充分利用光纤的传输带宽,造成光纤宽带资源的浪费。作为通信网络的建设,不可能总是采用铺设新光纤的方式来扩容,事实上,在工程之初也很难预测日益增长的业务需要和规划铺设的光纤数。因此,空分复用的扩容方式十分受限。

2. 时分复用 TDM

时分复用是一种比较常用的扩容方式,其发展经历了传统 PDH 的一次群至四次群的复用,到如今 SDH 的 STM－1,STM－4,STM－16 乃至 STM－64 的复用。通过时分复用技术,可以成倍地提高光传输信息的容量,但是高速率系统的时分复用会造成器件设备成本的增加,而且 40 Gbps 的 TDM 已经接近了电子器件的速率极限,同时高速光纤通信系统需要解决一系列严重问题,比如光纤色散问题、非线性效应等。当达到一定的速率等级时,不得不寻找另外的解决办法。

不管是采用空分复用还是时分复用的扩容方式,基本的传输网络均采用传统的 PDH 或 SDH 技术,即采用单一波长的光信号传输,这种传输方式是对光纤容量的一种极大浪费,因为光纤的带宽相对于目前我们利用的单波长信道来讲几乎是无限的。

3. 波分复用 WDM

WDM 波分复用是利用单模光纤低损耗区的巨大带宽,将不同波长的光混合在一起进行传输,这些不同波长的光信号所承载的数字信号可以是相同速率、相同数据格式,也可以是不同速率、不同数据格式。可以通过增加新的波长特性,按用户的要求确定网络容量。目前的技术可以完全克服 2.5Gbps 以下速率的 WDM 由于光纤的色散和光纤非线性效应带来的限制,满足对传输容量和传输距离的各种需求。WDM 扩容方案的缺点是需要较多的光纤器件,从而增加了失效和故障的概率。

4. TDM 和 WDM 技术合用

根据不同的光纤类型选择 TDM 的最高传输速率,在这个基础上再根据传输容量的大小选择 WDM 复用的光信道数,在可能情况下使用最多的光载波。

11.1.2　WDM 技术发展历程

波分复用技术从光纤通信出现伊始就出现了两波长 WDM(1310 nm/1550 nm)系统,20 世纪 80 年代就在美国 AT&T 网中使用,速率为 21.7Gbps。

但是到 20 世纪 90 年代中期,WDM 系统发展的速度并不快,主要原因在于:

①在 TDM 时分复用技术的发展中,155 Mbps－622 Mbps－2.5 Gbps 的 TDM 技术相对简单。据统计,在 2.5 Gbps 系统以下(含 2.5 Gbps),系统每升级一次,每比特的传输成本下降30%左右。所以,在过去的系统升级中人们首先想到并采用的是 TDM 技术。

②当时波分器件还没有完全成熟,波分复用器/解复用器和光放大器在 20 世纪 90 年代初才开始商用。

1995 年掺铒光纤放大器(EDFA)问世以后,为求增加光纤网络的容量及灵活性,世界上的运营公司及设备制造厂家把更多目光转向了 WDM 技术,基于掺铒光纤放大器(EDFA)1550 nm 窗口的 DWDM 系统发展进入了快车道。Lucent 率先推出 82.5 Gbps 系统,Ciena 推出了 162.5 Gbps 系统。到 1998 年,大约 90% 的长途通信线路装用 DWDM 系统,容许一根光纤同时传输更多路光载波,也让光纤具有更大的传输容量。实际装用的 DWDM 系统已达到一根光纤的传输总容量为 Tbps 量级。与此同时,EDFA 与 DWDM 系统联合运用,每隔 80~100 km 设置一个线路中间放大站,长途线路的传输距离可达 1000 km。而这一技术得以发展迅速的主要原因在于:

①光电器件的迅速发展,特别是 EDFA 的商用化,使得在光放大器(1530~1565 nm)区域采用 WDM 技术成为可能;

② TDM 的 10 Gbps 面临着电子元器件的挑战,利用 TDM 方式已日益接近硅和镓砷技术的极限,没有太多的潜力可挖,并且传输设备的价格也很高;

③已铺设的 G.652 光纤的 1550 nm 窗口的高色散限制了 TDM 10 Gbps 系统的传输,光纤色度色散和极化模色散的影响日益加重。人们正越来越多地把兴趣从电复用转移到光复用上,即从光域上用各种复用方式来改进传输效率从而提高复用速率,而 WDM 技术是目前能够商用化的、最简单的光复用技术。

11.1.3 光波分复用技术的特点与优势

与其他扩容技术相比,光波分复用技术具有以下优势:

①可以充分利用光纤的低损耗波段,增加光纤的传输容量,使一根光纤传送信息的物理限度增加一倍至数倍。目前我们只是利用了光纤低损耗谱的(1310~1550 nm)极少一部分,波分复用可以充分利用单模光纤的巨大带宽,约为 25 THz,传输带宽充足;

②具有在同一根光纤中传送 2 个或数个非同步信号的能力,有利于数字信号和模拟信号的兼容,与数据速率和调制方式无关,在线路中间可以灵活取出或加入信道;

③较强的灵活性,对已建光纤系统,尤其早期铺设的芯数不多的光缆,只要原系统有功率余量,可进一步增容,实现多个单向信号或双向信号的传送而不用对原系统作大改动,具有较强的灵活性;

④由于大量减少了光纤的使用量,大大降低了建设成本,当出现故障时,恢复起来也方便;

⑤降低了成本,增加了有源光设备的共享性,在传送多个信号或增加新业务时降低了成本;

⑥系统中有源设备大幅减少,这样就提高了系统的可靠性。目前,由于多路载波的光波分复用对光发射机、光接收机等设备要求较高,技术实施起来有一定难度,同时多纤芯光缆的应用对于传统广播电视传输业务未出现特别紧缺的局面,因而WDM的实际应用还不多。但是,随着有线电视综合业务的开展,对网络带宽需求的日益增长,以及各类选择性服务的实施、网络升级改造经济费用的考虑等等,WDM的特点和优势在CATV传输系统中逐渐显现出来,表现出了广阔的应用前景,甚至将影响CATV网络的发展格局;

⑦在国家骨干网的传输中,EDFA的应用可以大大减少长途干线系统SDH中继器的数目,从而减少成本。距离越长,节省成本就越多;

⑧是网络扩充和发展中理想的扩容手段,也是引入宽带新业务(例如CATV,HDTV和B-ISDN等)的方便手段,增加一个附加波长即可引入任意想要的新业务或新容量。

11.2　WDM系统的概念、组成与结构

11.2.1　光波分复用基本概念

波分复用是光纤通信中的一种传输技术,它利用了光纤具有优良的带宽资源、一根光纤可以同时传输多个不同波长的光载波的特点,把光纤可能应用的波长范围划分成若干个波段。每个波段作为一个独立的通道传输一种预定波长的光信号,形成一个波长信道。由于每个不同波长信道的光信号在同一光纤中是独立传播的,因此,在一根纤芯中可实现多种信息(如声音、数据和图像等)的传输。它能充分利用光纤宽带的传输特性,使一根光纤起到多根光纤的作用。光波分复用的实质是在光纤上进行光频分复用(OFDM),只是因为光波通常采用波长而不用频率来描述、监测与控制而习惯被称作波分复用。随着电/光技术的发展,在同一光纤中波长的密度会变得很高,当一个通信窗口内的通道数大于8时,被称作密集波分复用(Dense Wavelength Division Multiplexing,DWDM),与此对照,较低密度的就称为稀疏波分复用(Coarse Wave Division Multiplexing,CWDM)。

这里可以将一根光纤看作是一个"多车道"的公用道路,传统的TDM系统只不过利用了这条道路的一条车道。提高比特率相当于在该车道上加快行驶速度来增加单位时间内的运输量,而使用DWDM技术,类似利用公用道路上尚未使用的车道,以获取光纤中未开发的巨大传输能力。

　　光波分复用一般把波分复用器和解复用器(也称合波/分波器)分别置于光纤两端,实现不同光波的耦合与分离。其主要原理和性能指标已在第 8 章介绍,这里不再赘述。图 11.1(a)是未采用波分复用技术的传统光纤通信系统,传输 N 路信号需要 N 组类似的通信线路。图 11.1(b)中的系统采用了波分复用技术,用一个波分复用器(合波器)在发送端将不同波长的光载波合并起来并送入一根光纤进行传输,在接收端再由另一个波分复用器(分波器)将这些承载不同信号的光载波按照波长分开,这样一根光纤就可以同时传输 N 路信号。与单信道通信系统相比,WDM 不仅极大地提高了网络系统的复合通信容量,而且使得系统的信道与波长一一对应,提高了网络系统的灵活性。

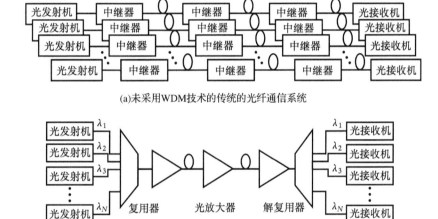

(a)未采用WDM技术的传统的光纤通信系统

(b)采用WDM技术的光纤通信系统

图 11.1 　采用 WDM 技术和未采用 WDM 技术的比较

　　波分复用系统中最关键的元件是位于光纤链路两端的复用器(合波器)和解复用器(分波器),其性能的优劣对系统的传输质量有着决定性的影响。光复用器功能是把 WDM 系统中的 N 个波长分别为 λ_1 , λ_2 , $\cdots$, λ_n 的光信号复合成为一个多波长光信号,经一根光纤输出。光解复用器的功能正好相反,它要把从一根光纤输入的多波长信号分解成 N 个单波长光信号 λ_1 , λ_2 , $\cdots$, λ_n ,每个单波长光信号各经一根光纤输出。随着波分复用技术以及掺铒光纤放大器的发展和快速成长,复用通道数不断提高,实现技术不断革新。经过数十年发展,波分复用器在应用范围上也有了很大的突破,已从单一的用于 WDM 系统中的波长复用和解复用发展到用于全光网中的光交叉互联(OXC)、分插复用(OADM)和波长路由选择。

　　WDM 是发掘光纤巨大潜在容量的利器,未来通信网的传输线路肯定是越来越多地采用 WDM,并且越来越多的路数可同时传输。这对于扩大通信网络容量、推进通信业务快速增长非常有利。并且,采用 WDM 来扩大容量是符合经济节约原则的,很显然,当通信业务量增加 100 倍时,一根光纤采用 100 路 WDM 系统比铺设 100 根光纤而每根光纤只传送一路光载波的方案要经济得多。WDM 是适应通信业务快速发展和扩大通信网容量的最佳选择,而且由于 WDM 的经济性,直接降低了用户支付资费,用户更加乐于使用通信业务,从而进一步促使通信网扩大带宽容量。所以说,波分复用 WDM/DWDM 技术是最重要的光通信技术。

11.2.2　WDM 系统的基本组成

　　一般说来,WDM 系统主要由五个部分组成:光发射机、光中继放大、光接收机、光监控信道和网络管理系统,其总体结构如图 11.2 所示。

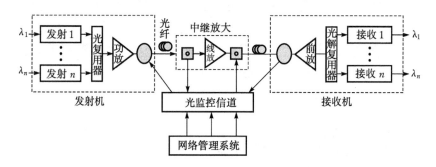

图 11.2　WDM 总体结构示意图

　　光发射机是 WDM 系统的核心,根据 ITU - T 的建议和标准,除了对 WDM 系统中激光器的中心波长有特殊要求外,还要根据 WDM 系统的不同应用(主要是传输光纤的类型和无中继传输距离)来选择一定色散容量的发射机。在发送端,首先将来自终端(如 SDH 端机)的光信号,利用光转发器(OTU)把符合 ITU - T G.957 建议的非特定波长的光信号转换成具有稳定的特定波长的光信号,利用合波器合成多通道光信号,通过光功率放大器(BA)来放大输出多通道光信号。

　　光纤经过长距离(80～120 km)传输后,需要对光信号进行放大,目前使用的光功率放大器多为掺铒光纤放大器(EDFA)。通常在 WDM 系统中需要采用增益平坦技术,使 EDFA 对不同波长的光信号具有相同的放大增益,同时还需要考虑到不同数量的光信道同时工作时的各种情况,确保光信道增益竞争不影响传输性能。在应用时,可根据具体情况,将 EDFA 用作线路放大器(LA)、功率放大器(BA)和前置放大器(PA)。

在接收端,光前置放大器(PA)放大经传输衰减的主信道信号,采用分波器从主信道光信号中分出特定波长的光信号。接收机不但要满足一般光接收机对光信号的灵敏度、过载功率等参数要求,还要能承受有一定噪声的信号,要有足够的电带宽性能。

光监控信道主要是监控系统内的各信道的传输情况。在发送端,插入本节点产生的波长为 1510 nm 的光监控信号,与主信道的光信号合波传输;在接收端,将接收到的光信号分波,得到 1510 nm 波长的光监控信号。帧同步字节、公务字节和网管所用的开销字节等都是通过光监控信道来传递的。

网络管理系统通过光监控信道传送开销字节到其他节点或接收来自其他节点的开销字节对 WDM 系统进行管理,实现配置管理、故障管理、性能管理和安全管理等功能,并与上层管理系统(如 TMN)互联。

11.2.3　WDM 设备的传输方式

1. 单向 WDM 传输

如图 11.3 所示,单向波分复用系统采用两根光纤,一根光纤只能完成一个方向光信号的传输,反向光信号的传输由另一根光纤来完成。这种 WDM 系统可以充分利用光纤的巨大带宽资源,使一根光纤的传输容量扩大几倍至几十倍。在长途网中,可以根据实际业务量的需要逐步增加波长来实现扩容,十分灵活。在不清楚实际光缆色散的前提下,也是一种暂时避免采用超高速光系统而利用多个 2.5 Gbps系统实现超大量传输的手段。单向波分复用系统优点是由不同的光波长携带各信号,彼此不会混淆。同一波长可以在两个方向上重复利用。缺点是光纤及光器件资源利用率不高。

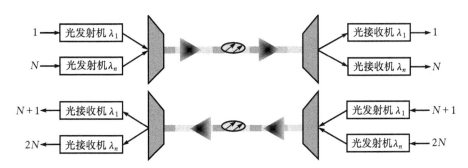

图 11.3　双纤单向 WDM 传输

2. 双向 WDM 传输

如图 11.4 所示,双向传输即光通路在一根光纤上同时向两个不同的方向传输,所用波长相互分开,以实现双向全双工的通信。优点是可以减少使用光纤和线路放大器的数量,节约成本。但是系统的开发和应用相对说来要求较高,需要解决多通道干扰,要进行光放大以延长传输距离。

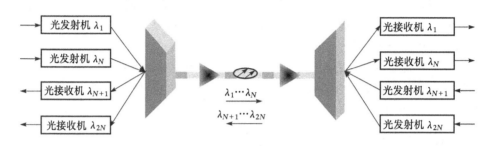

图 11.4　单纤双向 WDM 传输

单纤双向 WDM 传输方式允许单根光纤携带全双工通路,通常可以比单向传输节约一半的光纤器件,由于两个方向传输的信号不交互产生 FWM(四波混频)产物,因此其总的 FWM 产物比双纤单向传输少很多。缺点是该系统需要采用特殊的措施来对付光反射(包括由于光接头引起的离散反射和光纤本身的瑞利后向反射),以防多径干扰。当需要将光信号放大以延长传输距离时,必须采用双向光纤放大器以及光环形器等元件,但其噪声系数稍差。

为了抑制多通道干扰(MPI),必须注意到光反射的影响、双向通路之间的隔离、串扰的类型和数值、两个方向传输的功率电平值和相互间的依赖性、光监控信道(OSC)传输和自动功率关断等问题,同时需要使用双向光纤放大器。所以双向 WDM 系统的开发和应用相对来说要求较高,但与单向 WDM 系统相比,双向 WDM 系统可以减少使用光纤和线路放大器的数量。

另外,通过在中间设置光分插复用器(OADM)或光交叉连接器(OXC),可使各波长光信号进行合流与分流,实现波长的上下路(Add/Drop)和路由分配,这样就可以根据光纤通信线路和光网的业务量分布情况,合理地安排插入或分出信号。

11.3　密集波分复用(DWDM)技术

DWDM 技术是利用单模光纤的带宽以及低损耗的特性,采用多个波长作为载波,允许各载波信道在光纤内同时传输的技术。与通用的单信道系统相比,DWDM 不仅极大地提高了网络系统的通信容量,充分利用了光纤的带宽,而且它具有扩容简单和性能可靠等诸多优点,特别是可以直接接入多种业务使得它的应用前景十分光明。

ITU - T G.692 建议,WDM 系统不同波长的频率间隔应为 100 GHz 的整数倍(对应波长间隔约为 0.8 nm 的整数倍),当光载波波长间隔小于 0.8 nm 时的复用技术为密集波分复用(DWDM)技术,其绝对参考频率为 193.1 THz(对应的波长为 1552.52 nm)。DWDM 中各信道之间的光载波间隔比光波分复用情况下的信道间隔窄很多,因而大大增加了复用信道数量,提高了光纤频带利用率,当然也增加了其技术的复杂程度。本节简单介绍 DWDM 系统的结构、原理、性能及应用。

11.3.1　DWDM 系统的构成

图 11.5 是一个典型的 DWDM 系统构成及通道光谱示意图。发送端的光发射机发出波长不同而精度和稳定度满足一定要求的光信号,经过光波长复用器复用在一起送入 EDFA,再将放大后的多路光信号送入光纤传输,中间可以根据传输距离等决定有或没有光线路放大器,到达接收端经光前置放大器(主要用于提高接收灵敏度,以便延长传输距离)放大以后,送入光波长分波器分解出原来的各路光信号。

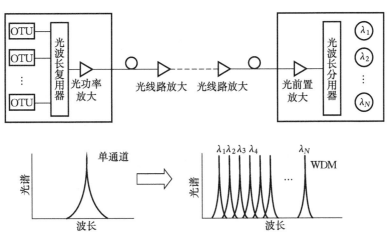

图 11.5　DWDM 系统的构成及通道光谱示意图

WDM 工作波长可以从 800～1 700 nm,适应于所有低衰减、低色散窗口,可以充分挖掘现有光纤的带宽资源。朗讯公司提出使用打通 1 400 nm 窗口的全波光纤,这样便为 WDM 的应用开拓了更大的波长空间,为全光接入提供了技术保障。

在 DWDM 长途光缆系统中,由于各波长间隔比较窄,因而可以共用一个 EDFA。但是,部分 DWDM 系统中,O/E/O 再生中继器与 EDFA 是同时使用的,其中 EDFA 用来补偿光纤的损耗,而传统的 O/E/O 再生中继器则可以用来补偿色散、噪声积累所带来的信号失真。

最初的 DWDM 系统是为长途通信而设计的,虽然随着技术的发展,用户需求的提高,现在越来越多地将其应用到城域网和接入网之中。然而长途干线通信、大容量光纤通信系统仍是其应用的主要领域。图 11.6 是图 11.5 的一个具体例子,它是一种典型的采用色散补偿光纤和增益均衡技术的 DWDM 多路复用系统,由多信道发送机、信道选择接收机和中继系统构成。

1. 多信道发送机

图 11.6 所示系统共有 16 个信道,每个信道的传输速率均为 10 Gbps,光源均采用 DBR - LD 分布反馈激光器,其各信道均以 80 GHz 为信道间隔,实现从

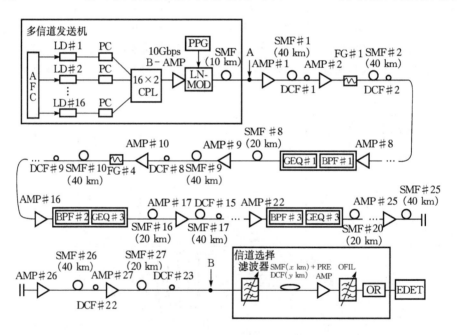

图 11.6 DWDM 传输系统示意图

AFC—自动频率控制器;PC—偏振控制器;CPL—耦合器;B - APM—助推放大器;
LN - MOD— LiNbO$_3$调制器;PPG—脉冲序列发生器;SMF—普通单模光纤;
DCF—色散补偿光纤;FC—光纤光栅;GEQ— 增益均衡器;BPF—带通滤波器;
OFIL—调谐光滤波器;OR—光接收机;EDET—误码检测仪

1549.53 nm 到 1559.13 nm16 个信道的波长排列,这样 16 个信道的输出光可以通过 16×2 的星形耦合器实现光波长复用。由于使用了星形耦合器,会给系统带来插入损耗,因而采用助推放大器 B-AMP 来补偿功率的损失,随后将复用的多路信号送入一个具有 10 Gbps 速率、使用 2^7-1 个伪码的外调制器进行调制,并将输出光信号直接耦合进光纤中进行传输。

2. 中继系统

中继系统是指从 A 点到 B 点的信号传输系统。它包括 1000 km 的单模光纤和 172.5 km 的色散补偿光纤。由于随着传输距离的不断增加,信号的传输衰减也随之增加,通常采用光放大器来补偿光功率的损失,因此在系统中,除了 8,16,22,25 和 27 号段外,所有各段放大器跨度间隔为 40 km 的单模光纤(SMF 损耗 8 dB)和 7.5 km 的色散补偿光纤(DCF,损耗 4 dB),每跨度的损耗达到 12 dB。

3. 信道选择接收机

由于在接收端 B 点所接收的信号为光频分多路复用信号,因而在图 11.6 中信道选择工作是由信道选择滤波器来完成的。但在信道选择过程中因存在分配损耗,从而限制了信道数目。为了增加信道数目,在其后使用了 980 nm 泵浦光前置放大器和一个具有 0.6 nm 带宽的干涉滤波器,以补偿因信道选择带来的光功率损失,而在信道选择器和光前置放大器之后,还使用了 SMF 和 DCF,这样可以通过适当地选择它们各自的长度,使每一信道的色散值达到最佳的目的。

11.3.2　DWDM 系统三种典型结构方式

当密集波分复用技术应用于光纤通信系统中时,通常采用三种典型的结构方式,即点对点传输、广播式分配网和多路多址局域网。

1. 点对点传输方式

在图 11.7 中给出了点对点传输方式的系统结构。由于在 DWDM 方式下,各信道的波长间隔小于 0.8 nm,与波分复用方式比较,可传输的信道数目更多,频带利用率更高,然而在采用 DWDM 的点对点传输方式时,信道间隔、光纤带宽和光纤损耗都直接对系统容量产生影响,下面分析其影响程度。

(1)信道间隔　当 DWDM 系统的数目越多时,信道间的波长间隔也就越窄,这样信道与信道之间更易存在相互干扰,严重时影响系统的传输质量,因而系统中所选用的信道间隔必须满足最小信道间隔的要求。通常对于强度调制-直接检波方式的光信号,在进行光频分复用时,要求信道间隔大于 0.8 nm,而对于相干检测方式的光信号,则要求信道间隔可以小到只有信道码速率的 5~6 倍,即几个吉赫兹。

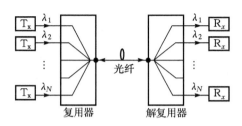

图 11.7　点对点的传输方式结构示意图

（2）光纤带宽　目前在 1.55 μm 附近的光纤低损耗窗口可以做到 120 nm 的宽度，如果采用相干检测的方式，信道间隔在码率为 2 Gbps 以下可以小到 10 GHz，因而可以在 120 nm 范围内进行 1500 个信道的复用，这样有效码率达到 2 Gbps×1500＝3 Tbps。如果再与光放大器结合起来使用，则可以克服由光纤损耗而引起的对中继距离的限制，从而大大提高系统的容量和传输距离。

2. 广播式分配网络

图 11.8 为广播式分配网络的典型结构，从图中可以看出，由于每一信道使用了不同频率的光载波信号，这样在发送端便可以利用星形耦合器，将不同频率的光信号按一定顺序排列，使之成为 DWDM 多路信号。该信号经光纤传输之后，在接收端被分配给所有的接收机，每个接收机可以通过调谐来随意选择各信道信号。

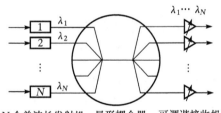

图 11.8　广播式分配网络结构示意图

到目前为止，已经对 DWDM 广播式分配网络进行了大量的实验研究，最早的实验是在 1986 年进行的。实验中采用了 IM/DD 方式，并利用 8×8 星形耦合器，这样将间隔为 15 nm 的 7 个信道的信号进行分配，而在接收端利用机械调谐的 10 nm 带宽的滤波器进行波长选择，其调谐范围为 400 nm。每一路码率达到 280 Mbps。随着集成光学技术的不断发展，星形耦合器可以做到 128×128 以上，在采用相干检测情况下，信道间隔可小到 6 GHz 以下，从而使信道数目达到 100 个以上，甚至复用信道数＞1000 的超密集波分复用 UDWDM 也已实现原型验证，使人们看到了为数目巨大的用户提供服务的可能性。

通常在对不同波长光信号进行复用和分配的过程中,会引入插入损耗和分配损耗,就目前的工艺水平而言,插入损耗可以做到很小,而分配损耗却随用户数目的增加而增加,所以用户数目常要求限制在 100 以内。但根据现有资料显示,如果利用光放大器来补偿光功率的损失,那么在 527 km 范围内,可以将有效码率 39.81 Gbps 的信号分配给四千三百八十万个用户,大大增加了用户数目。

3. 多路多址局域网络

图 11.9 是多路多址局域网络的结构示意图,从图中可以看出,该网络是利用 $N \times N$ 星形耦合器,将 N 个通信节点联系在一起,每一节点中具有一个不同的发射波长和一个能接收所有发射波长的接收机,这样每一节点既能向所有节点发送信息,又能通过采用波长滤波器或衍射光栅分波器,把 N 个波长信道分开,并送入 N 个光接收器,再由节点处理后送入用户,从而达到接收网络中的所有用户传输的信息的目的。

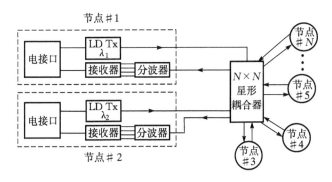

图 11.9　多路多址局域网络结构图

这种网络结构具有很多的优点,它可用于点对多点的大流量的通信,同时网络中传输的各载波信息彼此独立,互不相关,而且每一载波信息可以采用不同的调制方式(数字或模拟)和不同的码率,据有关报道,曾利用该种网络结构进行了一个具有 18 个节点,网径为 57.8 km 的实验,每一节点发射机的码率为 1.5 Gbps,使得网络的有效码速率达到 27 Gbps。

11.3.3　两种接口类型的 DWDM 系统

DWDM 系统根据其光接口特性,可分为开放式 WDM 系统和集成式 WDM 系统。

1. 开放式系统

开放式 WDM 系统的结构,如图 11.10 所示。这里所说的开放式具有以下两层含义:

一是将非标准的 DWDM 系统光接口转换为具有 ITU－T G.692 的标准 DWDM 系统光接口,从而实现多种设备间、多厂家设备间的互操作性能,即不同生产厂家的 DWDM 系统间、DWDM 系统与所承载的业务节点(SDH 设备、路由器、千兆交换机等)间可以实现互联互通,并可以进行传输质量监测。这是一种物理层功能,即系统光接口的信号可以在开放式 DWDM 系统中完成接口标准化,从而利用 DWDM 平台进行业务承载传输。

二是 DWDM 系统支持多种业务格式和信号速率。因为 DWDM 系统最初的应用是解决多套 SDH 节点的同光纤传输问题,随着数据业务的发展,要求 DWDM 系统通过增加不同功能的接口单元(Optical Transport Unit,OTU)以支持新型的高速数据接口,如 POS、1000M 以太网、10 吉比特以太网、ATM 等。更高的要求是除了对 DWDM 系统本身提供的传输质量进行监测外,还能够对数据业务进行二层或其他的性能监测,如以太网业务的丢包率等。

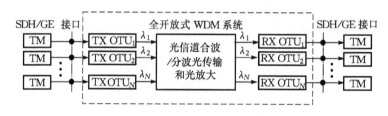

图 11.10　开放式系统示意图

开放式 DWDM 系统对 SDH 终端设备的光接口无特殊要求。这类系统在波分复用器前加入光转发器(OTU),将业务节点非规范波长的光信号转换为标准波长的光信号。因而开放的 WDM 系统适用于多种环境,彻底实现了 SDH 与 WDM 的分开。

2. 集成式系统

集成式 WDM 系统(如图 11.11)完全没有 OTU,OTU 的功能由接入到 WDM 系统的业务节点设备实现。因此,集成式 WDM 系统对业务节点设备有特殊的要求,即业务节点设备

图 11.11　集成式 WDM 系统示意图

必须有能发送特定波长、有一定色散容限光信号的发射机,必须有能接收经过 WDM 传输劣化、有一定信噪比光信号的接收机。业务节点设备一般不符合这个要求,而只有专门为集成 WDM 系统设计的业务节点的发射机和接收机才具有这些功能。

以下介绍中继光转发器(IR OTU)的功能。如图 11.12 所示,IR OTU 接收了经 WDM 传输的光信号,经过 3R(Reshaping, Retiming, Regenerating)再生后,再经过波长转换成符合 WDM 系统要求的光信号继续向下游传输。IR OTU 实际上是能发送特定波长光信号的单盘电中继器。

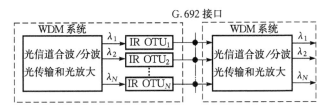

图 11.12　WDM 系统中通过中继光转发器(IR OTU)实现光通道的级联传输示意图

对信号进行再定时,需对传输系统中引入的同步抖动等进行抑制和滤除。对 OTU 的定时指标应充分重视,它包括抖动输入容限、输出抖动和抖动传递函数。在各运营商对设备制造商的 DWDM 系统测试中,OTU 的抖动相关指标非常重要。特别是在长途干线网中,抖动传递性能直接关系到 OTU 可级联的能力(应大于 32 级),从而实现长距离(可达数千米)无 SDH 传输。

集成式系统结构紧凑、成本低、施工便利,但不适于长途干线网,且对传输性能的监视能力弱。开放式 WDM 系统便于利用原有设备扩容,具有网络层次、结构清晰等特点,可以建立容纳多厂家设备的宽松环境,但成本较高。由于 DWDM 系统应用的一个重要特点就是光透明性,且必须多种业务接口支持,所以开放式 DWDM 系统是发展的方向。集成式 DWDM 系统由于成本低等特点,对传输距离不长、服务质量要求一般的工程可以采用。

11.4　稀疏波分复用(CWDM)技术

DWDM(密集波分复用)无疑是当今光纤应用领域的首选技术,但其也存在着价格比较昂贵的问题。因此考虑到安装成本、不同运营者的需求以及带宽增加等问题,在接入网应用中近来流行一种称为稀疏波分复用的低成本 WDM 传输技术,即 CWDM 技术。

CWDM 系统是在 1530～1560 nm 的频谱范围内每隔 8 nm 以上(常用如

10 nm 或 20 nm)分配一个波长,此时可以使用频谱较宽的、对中心波长精确度要求低的、比较便宜的激光器。通常为了节约投资成本,常不使用光放大器。当需要使用无源器件(如滤波器)时,也尽量使用造价较低的熔融拉锥型滤波器。这样利用 CWDM 技术可实现有线电视、电话业务和 IP 信号的共纤传输,它是实现三网合一目标的重要技术解决方案。

CWDM 面向的是城域网接入层。从原理上讲,它就是利用光复用器将不同波长的光信号复用至单根光纤进行传输,在链路的接收端,借助光解复用器将光纤中的混合信号分解为不同波长的信号,连接到相应的接收设备。它与 DWDM 的主要区别在于:相对于 DWDM 系统中 0.8 nm 以下的波长间隔而言,CWDM 具有更宽的波长间隔,业界通行的标准波长间隔为 20 nm。各波长覆盖了单模光纤系统的 1270～1611 nm。

由于 CWDM 系统的波长间隔宽,对激光器的技术指标要求较低,最大波长偏移可达 $-6.5～+6.5$ nm,激光器的发射波长精度可放宽到 ± 3 nm,而且在工作温度范围($-5℃～70℃$)内,温度变化导致的波长漂移仍然在容许范围内,激光器无需温度控制机制,所以激光器的结构大大简化,成品率得到提高。

另外,较大的波长间隔意味着光复用器/解复用器的结构大大简化。例如,CWDM 系统的滤波器镀膜层数可降为 50 层左右(而 DWDM 系统中的 100 GHz 滤波器镀膜层数约为 150 层),这促使成品率提高,成本下降(比 DWDM 滤波器的成本要少一半以上),有利于竞争。

11.4.1　光波长区的分配

ITU-T 已经对规定了 CWDM 系统使用的光波长范围,该范围覆盖了单模光纤 1260 nm 以上的 O,E,S,C,L,U 六个波段,如表 11.1 所示。

表 11.1　CWDM 系统通路波长分配表

序号	系统标称中心波长/nm	波段
1	1 271.0	
2	1 291.0	
3	1 311.0	O
4	1 331.0	
5	1 351.0	

序号	系统标称中心波长/nm	波段
6	1 371.0	
7	1 391.0	
8	1 411.0	E
9	1 431.0	
10	1 451.0	
11	1 471.0*	
12	1 491.0*	S
13	1 511.0**	
14	1 531.0**	C
15	1 551.0**	
16	1 571.0**	
17	1 591.0*	L
18	1 611.0*	

　　CWDM 系统的光通路用所采用光在真空中的波长 λ 来表示，其光频率 f 和 λ 之间的换算关系可以用以下表达式来表示

$$\lambda = c/f \tag{11.1}$$

式中 c 是光在真空中的速度，取值为 3×10^8 m/s。

11.4.2　光接口分类

　　图 11.13 显示了 CWDM 系统应用的配置及参考点的定义。该系统参考模型是以 ITU - T 建议 G.695 中的 BLACK LINK 模型为基础，参考 BLACK BOX 模型中的参考点，根据 WDM 的实际情况设置的。模型没有包含任何光放大器，其中，OTU - T 代表系统发送端光转发器单元，OTU - R 代表系统接收端光转发器单元（可选），OM 和 OD 分别表示光复用器单元和光解复用器单元。

　　图中各参考点定义为：R 参考点为客户信号接收点；S 参考点为客户信号发送点；S_S 参考点为系统支路侧的单通路发送端输出点；R_{S-M} 参考点为系统支路侧的

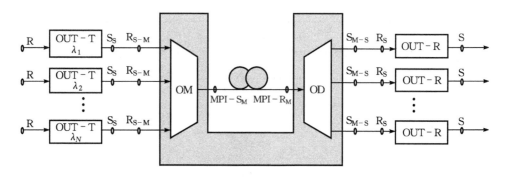

图 11.13　稀疏波分复用系统参考点定义

单通路到主通道输入点；R_S 参考点为系统支路侧的单通路接收端输入点；S_{M-S} 参考点为系统支路侧的主通道到单通路输出点；$MPI-S_M$ 参考点为系统主通道发送点；$MPI-R_M$ 参考点为系统主通道接收点。

11.4.3　常用参数及其典型值

CWDM 系统常见的参数包括以下几个。

1. 目标传输距离

目标距离值是单通路目标距离的最小值，系统的功率预算和通路波长光纤衰耗系数的最坏值之比为单通路目标距离值。表 11.2 和表 11.3 分别是 8 波和 4 波多通路系统接口的目标传输距离。

表 11.2　8 波多通路系统接口目标传输距离

应用	短距离（S）	长距离（L）
光纤类型	G.652	G.652
光支路信号等级 NRZ 1.25G	8S1-0D2	8L1-0D2
NRZ1.25G 目标距离/km	36	64
光支路信号等级 NRZ 2.5G	8S1-1D2	8L1-1D2
NRZ2.5G 目标距离/km	30	58

2. 最大比特误码率

最大比特误码率是一个光传送段的比特误码率设计目标值，该目标值不应劣于相应的应用代码的比特误码率指标。每一个光通路在极端的光通路衰耗和色散条件下对每一种应用代码都应满足该要求。由于前向纠错编码技术的采用可能会影响该参数的数值,这种情况下的具体数值定义还有待研究。

表 11.3　4 波多通路系统接口目标传输距离

应用	短距离(S)	长距离(L)
光纤类型	G.652	G.652
光支路信号等级 NRZ 1.25G	4S1 - 0D2	4L1 - 0D2
NRZ1.25G 目标距离/km	42	70
光支路信号等级 NRZ 2.5G	4S1 - 1D2	4L1 - 1D2
NRZ2.5G 目标距离/km	36	64

3. 光支路信号

光支路信号分为两类:

1.25G 光支路信号,线路码型为 NRZ 码,比特率为 1.25 Gbps 的数据业务信号;

2.5G 光支路信号,线路码型为 NRZ 码,比特率为 155 Mbps～2.67 Gbps。

4. 最大允许色散

与光纤色散有关的系统性能损伤可以由多种原因引起,比较严重的有:码间干涉、模分配噪声和频率啁啾噪声。

5. MPI - S_M 和 MPI - R_M 点的最大离散反射

由光通路的不连续折射率引起反射。如果不加以控制,反射将通过影响光源,或者通过多次反射导致接收机处产生干涉噪声而影响系统性能。反射率定义为在某一点的反射光功率对该点的入射光功率的比值。反射指的是从任意单个离散反射点的反射,而回波损耗指的是入射光功率对在该点上整个光纤的回波光功率(同时包含离散反射和分布散射如瑞利散射等)的比率。

6. −20dB 谱宽

该参数针对单纵模激光器,在正常工作条件下,从峰值波长下降 20 dB 的光谱宽度。

7. 最小边模抑制比

整个激光器光谱中最高的峰值与次高峰值的比值。

8. 眼图

在高速光纤系统中,发送光脉冲的形状不容易控制,常常可能有上升沿、下降沿、过冲和振荡现象。这些都可能导致接收机灵敏度的劣化,因此不仅要注意眼张开度,而且对整个眼图的形状都必须加以限制。

表 11.4～11.6 分别为 8 波和 4 波单向系统 2.5G 光接口参数规范表与最大允许色散。

表 11.4   CWDM 8 波单向系统 2.5G 光接口参数规范

应用代码		8S1 - 1D2	8L1 - 1D2
参数	单位		
一般信息			
最大通路数		8	8
通路间隔	nm	20	20
线路码型及光信号速率		NRZ 2.5 Gbps	NRZ 2.5 Gbps
最大比特误码率		10^{-12}	10^{-12}
使用光纤类型		G.652	G.652
S_S点接口参数			
光源类型	·	SLM	SLM
最大－20dB 谱宽	nm	1	1
最小边模抑制比	dB	30	30
最大平均发送光功率	dBm	5	5
最小平均发送光功率 注1	dBm	0	0
最小消光比	dB	8.2	8.2
眼图框图		SDH 信号满足 G.957,其他信号参见其他标准	SDH 信号满足 G.957,其他信号参见其他标准
中心波长	nm	见表 11.1	见表 11.1
最大中心波长偏移 注2	nm	±6.5	±6.5
R_{S-M}点接口参数			
最大光反射	dB	－27	－27

应用代码		8S1 – 1D2	8L1 – 1D2
参数	单位		
光通道($MPI - S_M - MPI - R_M$)参数			
最大衰耗	dB	10	19
色度色散	ps/nm	注 3	注 3
$MPI - S_M$ 到 $MPI - R_M$ 最大离散反射	dB	−27	−27
$MPI - S_M$ 最小回波损耗	dB	24	24
$MPI - S_M$ 最大平均总输出光功率	dBm	13	13
$MPI - R_M$ 最大平均总输入光功率	dBm	10	1
S_{M-S}点接口参数			
最小相邻通路串音	dB	20	20
最小非相邻通路串音	dB	25	25
光通道代价($BER = 10^{-12}$)	dB	1.5	2.5
R_S点接口参数			
接收机类型		PIN	APD
最差灵敏度($BER = 10^{-12}$)	dBm	−18	−28
最小过载	dBm	0	−9
最大光反射	dB	−27	−27
S_{M-S} 到 R_S 的最小光回波损耗	dB	24	24
抖动参数(R 到 S_S 和 R_S 到 S)　抖动产生　抖动转移特性　输入抖动容限		注 4　要求符合 YDN – 1201999（波分复用系统总体技术规定）	

注 1：在短距离应用时最小平均发送光功率可根据实际情况适当降低。

注 2：对于最大中心波长偏移为 ±7 nm 的系统，如果满足本标准中某个应用代码除最大中心波长偏移以外的所有其他参数，除了其在联合工程时不提供和最大中心波长偏移为 ±6.5 nm 系统的横向兼容性以外，该系统对于该应用代码覆盖的应用都是横向兼容的。

注 3：由于 CWDM 系统工作波长的范围很广，不同通路的色散相差很大，因此不能用一个统一的标准来规范系统的色散值，不同通路波长处的色散值见表 11.6。

注 4：抖动参数包括发送端($R - S_S$)和接收端($R_S - S$)的抖动参数，抖动承诺书只对 3R 进行测试，对于 2R 没有抖动参数。

表 11.5　CWDM 4 波单向系统 2.5G 光接口参数规范

应用代码		4S1 - 1D2	4L1 - 1D2
参数	单位		
一般信息			
最大通路数		4	4
通路间隔	nm	20	20
线路码型及光信号速率		NRZ 2.5 Gbps	NRZ 2.5 Gbps
最大比特误码率		10^{-12}	10^{-12}
使用光纤类型		G.652	G.652
S_S 点接口参数			
光源类型		SLM	SLM
最大 $-20dB$ 谱宽	nm	1	1
最小边模抑制比	dB	30	30
最大平均发送光功率	dBm	5	5
最小平均发送光功率 注 1	dBm	0	0
最小消光比	dB	8.2	8.2
眼图框图		符合 G.957 要求	符合 G.957 要求
中心波长	nm	见表 11.1	见表 11.1
最大中心波长偏移 注 2	nm	±6.5	±6.5
R_{S-M} 点接口参数			
最大光反射	dB	-27	-27
光通道($MPI-S_M - MPI-R_M$)参数			
最大衰耗	dB	12	21
色度色散	ps/nm	注 3	注 3
$MPI-S_M$ 到 $MPI-R_M$ 最大离散反射	dB	-27	-27
$MPI-S_M$ 最小回波损耗	dB	24	24
$MPI-S_M$ 最大平均总输出光功率	dBm	10	10
$MPI-R_M$ 最大平均总输入光功率	dBm	7	-2
S_{M-S} 点接口参数			
最小相邻通路串音	dB	20	20
最小非相邻通路串音	dB	25	25
光通道代价(BER$=10^{-12}$)	dB	1.5	2.5

应用代码		4S1 - 1D2	4L1 - 1D2
参数	单位		
R_S点接口参数			
接收机类型		PIN	APD
最差灵敏度（BER＝10^{-12}）	dBm	-18	-28
最小过载	dBm	0	-9
最大光反射	dB	-27	-27
S_{M-S}到 R_S 的最小光回波损耗	dB	24	24
抖动参数（R 到 S_S 和 R_S 到 S） 　　抖动产生 　　抖动转移特性 　　输入抖动容限		注 4 要求符合 YDN - 1201999（波分复用系统总体技术规定）	

注 1：在短距离应用时最小平均发送光功率可根据实际情况适当降低。

注 2：对于最大中心波长偏移为±7 nm 的系统，如果满足本标准中某个应用代码除最大中心波长偏移以外的所有其他参数，除了其在联合工程时不提供和最大中心波长偏移为±6.5 nm 系统的横向兼容性以外，该系统对于该应用代码覆盖的应用都是横向兼容的。

注 3：由于 CWDM 系统工作波长的范围很广，不同通路的色散相差很大，因此不能用一个统一的标准来规范系统的色散值，不同通路波长处的色散值见表 11.6。

注 4：抖动参数包括发送端（R－S_S）和接收端（R_S－S）的抖动参数，抖动承诺书只对 3R 进行测试，对于 2R 没有抖动参数。

表 11.6　　CWDM 系统最大允许色散

波长/nm	单位	最大色散要求	
		8(4)S1 - 1D2	8(4)L1 - 1D2
1 611	ps/nm	1000	1600
1 591		900	1600
1 571		900	1500
1 551		900	1400
1 531		800	1400
1 511		800	1300
1 491		700	1200
1 471		700	1100

　　图 11.14 和图 11.15 给出 CWDM 所使用的光缆在各波段处的衰耗指标。

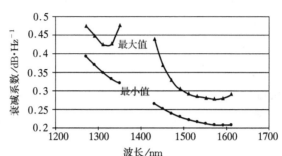

图 11.14　G.652.A&B 光缆参考衰减系数

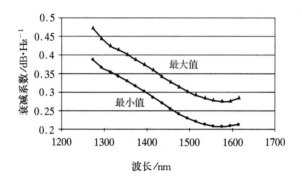

图 11.15　G.652.C&D 光缆参考衰减系数

11.4.4　其他相关问题

1. 监控通路

　　CWDM 系统的网管信息可通过光监控通路或系统以外的信息通路来传输,其速率可以是 CMI 编码的 2 Mbps,也可以是 10/100 Mbps 或其他速率格式。其中光监控通路波长可以是 1310 nm,也可以是其他可利用的波长。CWDM 系统监控通路应不限制系统主通路的距离。

2. 光通路保护(OCP)

　　光通路保护是在光通路层上进行的 1+1 冗余备份保护,当工作通路的接收端光功率低于设定的光信号丢失或劣化门限或者 SDH 信号的误码超过设定的信号劣化门限时,光信号自动倒换到保护通路,要求保护倒换时间不大于 50 ms。具体实现方式又可分为两种:

①基于同一 CWDM 链路上的光通路保护,即光通路波长保护;

②基于不同 CWDM 链路上的光通路保护,即光通路路由保护。

光通路波长保护的原理如图 11.16 所示,客户端设备发送的光信号进入 CWDM 系统,CWDM 系统的保护倒换单元将输入的光信号分给 CWDM 系统的不同发送光转发单元,即发送端光信号并发。调制在不同通路上的光信号经过波分复用线路传输到对端,经解复用后分别进入两个接收光转发单元,CWDM 系统的光保护倒换单元根据两路输入光信号的质量和预先设定的倒换准则选择较好的信号输出给客户端设备,即在接收端选择接收光信号。

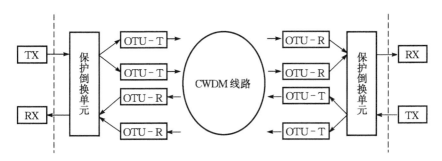

图 11.16　光通路波长保护原理示意图

3. 光复用段保护(OMSP)

光复用段保护只在光复用段层对系统进行 1+1 保护,而不对终端进行保护。在发送端,利用 1×2 分路器对复用后的光信号进行分离;在接收端,利用光开关对解复用前的光信号进行选择。图 11.17 是采用光分路器和光开关的光复用段保护方案,在这种保护系统中,只有光缆和 WDM 的线路系统是有冗余备份的,而 WDM 系统终端站的 SDH 终端和复用器是没有备份的,光复用段保护 OMSP 只有在独立的两条光缆中实施才有实际意义。

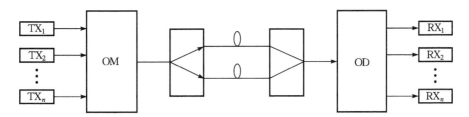

图 11.17　光复用段保护(OMSP)

当 WDM 线路 1 接收端光功率低于设定的保护倒换门限时,光信号倒换到

WDM线路2,光复用段保护倒换时间要求不能大于 50 ms。

4.稀疏波分复用系统中的 OADM

点到点的线性 CWDM 系统通常不能满足网络应用的灵活性要求,因此需要引入光分插复用器(OADM)。OADM 在 CWDM 系统中的网络应用方式可分为线性 OADM 和环网 OADM 两种方式,其中线性 OADM 又可分为双纤双向和单纤双向两种,分别如图 11.18~11.20 所示。(OTM:光终端复用器;OADM:光分插复用器)

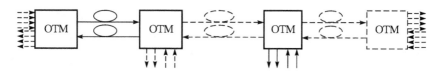

图 11.18 双纤双向线性 OADM 的应用方式示意图

图 11.19 单纤双向线性 OADM 的应用方式示意图

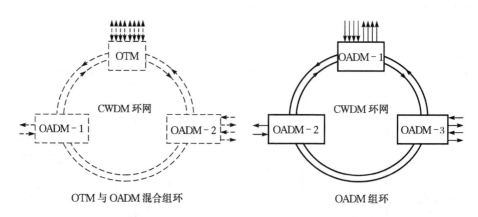

图 11.20 环网 OADM 在双纤双向 CWDM 环网中的应用方式示意图

对于线性 OADM 应支持 1+1 OMSP(光复用段保护),对于环网 OADM 应支持 1+1 光通道保护,且保护倒换时间应小于 50 ms;

对于 8 波和 4 波 CWDM 系统中的 OADM,应至少可以上下 1 路波长。

11.5　光波分复用系统的应用

11.5.1　DWDM 的应用

DWDM 既可用于陆地与海底干线,也可用于市内通信网,还可用于全光通信网。市内通信网与长途干线的根本不同点在于各交换局之间的距离不会很长,一般在 10 km 上下,很少有超过 15 km 的,这就不用装设线路光放大器,只要 DWDM 系统终端设备成本足够低就是合算的。已有人试验过一种叫做 MetroWDM 都市波分多路系统的方案,表明将 WDM 用于市内网的局间干线可以比由 TDM 提升等级的办法节省约 30% 的费用。同时 WDM 系统还具有多路复用保护功能,且对运行安全有利。交换局到大楼 FTTB 或到路边 FTTC 这一段接入网也可用 DWDM 系统,或可节省费用或可更好地保护用户通信安全。

利用 DWDM 系统传输的不同波长可以提供选寻路由和交换功能。在通信网的结点处装上不同波长光的 WADM OADM,就可以在结点处任意取下或加上几个波长信号,对于业务增减十分方便。如果再配以光波长变换器 OTU 或光波长发生器,使在波长交叉连接时可改用其他波长使其更加适应需要。这样整个通信网包括交换在内就可完全在光域中完成,通信网也就成了"全光通信网"(AON),或称多波长光通信网(MONET)。DWDM 在构建 AON 中无疑起了关键作用。

11.5.2　CWDM 的应用

新型城域网建设引进 CWDM 系统将带来许多优势。首先,CWDM 技术具有传统 TDM 技术无法比拟的灵活性,更能适应高速数据业务的发展需要。CWDM 系统可以为路由器及交换机提供光纤直连接口,将数据分组直接映射到波长信道而无需 TDM 复用器的处理,从而降低层间协议适配的复杂度。其次,CWDM 系统能够节省光纤资源,并根据网络业务的具体发展情况实现平滑升级。再次,CWDM 系统对各种协议和速率透明,允许运营商以波长为基础提供不同的业务。CWDM 系统允许单根光纤提供不同速率的数据通道,同时兼容已经广泛应用的传统 1310 nm 波长 SDH 系统。另外,CWDM 系统还提供光网络层的业务保护恢复能力。

CWDM 技术还能应用于无源光网络(PON)系统。随着未来带宽需求的增加,APON 和 EPON 沿用的 TDM 方式将无法满足业务需求,PON 接入系统最终将演变到 WDM–PON。现有 PON 系统采用 TDM 与 CWDM 结合的技术是比较现实的演进策略。CWDM－PON 系统可以为视频信号、数据和语音信号分配不同的波长，完成信号的单纤双向传输。

CWDM 用很低的成本提供了很高的接入带宽，适用于点对点、以太网、SONET 环等各种流行的网络结构，特别适合短距离、高带宽、接入点密集的通信应用场合，如大楼内或大楼之间的网络通信。

CWDM 系统以其低成本、大容量、易开通、应用灵活、业务透明性和易扩展性成为一种经济实用的短距离 WDM 传输系统。目前，CWDM 作为一种新兴的传输网，为城域接入网与核心网的连接提供了全新的解决方案。利用 CDWDM 技术在城域网现有的网络基础上提高通信容量（波长带宽×N）、扩展带宽，能够有效解决光纤的资源问题。因此，CWDM 在目前行业范围内 CWDM 得到了广泛认可。CWDM 可应用于大都市的城域接入网，同时还可以应用于中小城市的城域核心网，且后者在我国的实际应用中非常有前途。当其应用于中小城市的城域核心网时，组网方式大多采用环形网且均采用双纤双向环。

单向 CWDM 是指所有光通路同时在一根光纤上沿同一方向传送，如图 11.21(a)所示。双向 CWDM 系统是指光通路在一根光纤上同时向两个不同的方向传输，如图 11.21(b)所示。单纤单向 CWDM 系统在开发和应用方面都比较广泛，单纤双向 CWDM 系统的开发和应用相对来说都比较少，这是由于单纤双向 CWDM 系统在设计和应用方面需要一些特殊的技术，双向通路之间的隔离等问题都需要解决。

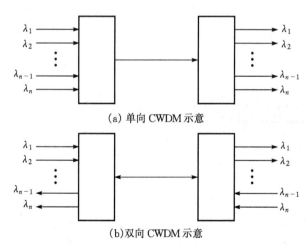

(a) 单向 CWDM 示意

(b) 双向 CWDM 示意

图 11.21　单双向 CWDM 原理示意图

一般，与使用单向 CWDM 的系统相比，双向 CWDM 系统可以少使用光纤。双向 CWDM 系统的设计必须考虑到几个关键的系统因素，包括串话的类型和数值、两个方向传输的功率电平值和彼此间的依赖性、OSC 传输等。

11.5.3　WDM 技术城域网建设中的应用

传统电信城域网不能适应数据业务的突发特性,承载多业务的带宽效率较低。因此,城域网的发展目标是建立面向宽带数据和多媒体应用的 IP 优化网络。各种新的城域网技术应运而生,其中以 IP 和 WDM 技术共同构建新型宽带城域网是有竞争力的解决方案。在城域网中用何种技术传输 IP,取决于城域网所采用的传输技术。在城域网中的 IP 传输技术有 IP over ATM,IP over SDH,IP over WDM 三种形式。

IP 的三种传输方案各有优缺点,在实际应用中需要根据具体情况分别对待。若主干网已采用了 ATM 设备,则可以采用 IP over ATM 方案,由于 ATM 端口速率高,有完善的 QoS(服务质量)保证,且产品成熟,因而可提高 IP 网交换速率,保证 IP 网的服务质量;若主干网尚未涉及 ATM,则采用 IP over SDH 方案,由于去掉了 ATM 设备,投资少,见效快而且线路利用率高。因而就目前而言,IP over SDH 是较好的选择。而在城域主干网中,IP over SDH 技术相对而言投入较高,采用 IP over WDM 技术会更实用。IP over WDM 的优势是减少网络各层之间的中间冗余部分,减少 SDH,ATM 及 IP 等各层之间的功能重叠,减少设备操作、维护和管理费用。并且 IP over WDM 技术能够极大地拓展现有的网络带宽,最大限度地提高线路利用率,在外围网络千兆以太网成为主流的情况下,这种技术能真正地实现无缝接入,这预示着 IP over WDM 代表宽带 IP 城域网的未来。

11.5.4　WDM 在无源光网络中的应用

光纤接入网可分为无源接入和有源接入两种,其中无源光网络(PON)是一种极具吸引力的接入方式,其主要特点是:低成本,主要表现在显著减少光纤、光收发模块、中心局终端的数量,初期投资可被多个终端用户分摊;整个光传输通道为光纤和无源光器件,可有效避免电磁干扰和雷电影响,提高了系统的可靠性;ODN 单元可挂在路边,无需远程供电和机房,降低了运行维护成本;对业务透明,便于系统升级、管理和引入新业务;带宽大、传输距离长(可达到 20 km)。基于 PON 技术的接入方案将成为宽带光接入的首选技术。

无源光网络接入业务的传输有以 ATM 为传输平台的 APON 和以以太网技术为传输平台的 EPON 以及以通用帧结构为传输平台的 GPON 三种类型。EPON 是将以太网(Ethernet ,最具有发展潜力的链路层协议)与无源光网络(PON,接入网的最佳物理层协议)结合在一起形成地能很好适应 IP 数据业务的接入方式。

在 EPON 系统中,上行接入技术既是关键也是难点,是 EPON 技术的核心。目前通行的上行技术有时分多址(TDMA)、码分多址(CDMA)和波分多址(WDMA)三种方案。

基于波分复用技术的波分多址技术采用波长作为用户端 ONU 的标识,利用波分复用技术实现上行接入,能够提供较宽的工作带宽,能够充分利用光纤的巨大传输带宽,可以实现真正意义上的对称宽带接入。同时还可以避免时分多址技术中 ONU 的测距、快速比特同步等诸多技术难点,并且在网络管理和系统升级性能方面都有着明显的优势。随着技术的进步,波分复用光器件的成本,尤其是无源光器件成本已经大幅度下降,这使得波分多址技术成为 EPON 上行接入技术的重要发展方向之一。

第 12 章　空间光通信技术

光通信包括有线光通信和无线光通信两个重要分支。有线光通信即光纤通信，是以光纤为传输信道的通信方式，目前发展已经十分成熟。无线光通信又称自由空间光通信（Free Space Optical Communication，FSOC），它可以建立空-空、空-地、地-地、飞机-飞机、飞机-地面基站间等完整的立体通信网络体系。

人类对空间光通信的研究可以追溯到 19 世纪 70 年代中期。当时，英国人吉·特奈德发现，由于全反射的作用，光线可以在喷射的水流中传播。1880 年 Bell 发明了第一个使用光束传声的光电话机，但"光电话"的通信距离很短，且易受外界噪声的影响，实用价值不大。1960 年激光问世后，空间光通信曾掀起一阵研究热潮，但自从 20 世纪 70 年代以来，光纤通信技术得到迅猛发展，同时大气光通信受到天气的严重影响，一度辉煌的空间光通信研究陷入低谷，主要应用在美国空-地和卫星-水下的军用通信。直到 20 世纪 90 年代，激光器和光调制技术成熟，超稳激光器、新型光束控制器、高灵敏度、高数据率接收器和适合空间应用的先进通信电子设备的研究基本成熟，连续波大功率激光技术、自适应变焦技术、空分复用等技术不断发展，在这种情况下，自由空间光通信在传输距离、传输容量和可靠性方面都有了很大的改善，因而又得到了极大的关注。其应用范围已从军用和航天逐渐迈入民用领域，其技术本身也在不断的完善中，因而又成为下一代光通信的发展方向之一。在过去 10 年内，世界各发达国家对卫星轨道之间、空-地、地-空、地-地等各种形式的光通信系统进行了广泛的研究，一些先进国家已经推出空间光通信的一些产品，如美国朗讯的 2.5×4 Gbps 波分复用系统，日本佳能公司的无线光通信系统等。我国通信事业的迅速发展也促使对空间光通信提出了要求。

12.1　空间光通信的特点

空间光通信采用的光波可以从红外光、可见光到紫外光，甚至到 X 射线。由于光的波长极短（几百微米～几十纳米），频率极高（$10^{12} \sim 10^{17}$ Hz），加之激光本身的相干性、单色性和方向性好等特点，使得其与其他通信方式相比，具有一系列优点。

与微波技术相比，自由空间光通信具有以下优点：

- 频带宽,通信容量大:因为激光波长很短,通常使用的半导体激光器的工作波长为 $0.8\sim0.9\ \mu m$,$1.3\ \mu m$ 和 $1.5\ \mu m$,频率高达 10^{14} Hz 以上,所以其可利用的带宽是无线电射频波段的 10^5 倍。
- 调制速率高:目前光纤通信的调制带宽可达到 100 Gbps,而无线激光通信也已经在研究 10 Gbps 的系统。
- 不占用频谱资源:光通信的频段不像射频那样由国家或国际机构管理,光频段的使用目前没有受到限制。
- 系统尺寸、质量和功耗明显降低:由于光波长很短,系统所用的器件尺寸明显减小,质量和功耗也随之降低。这一点对小卫星光通信尤为重要,系统容量越大越能体现其优越性。它也降低了卫星的制造成本。一个 15.24 cm 的光学发射天线的有效增益为 122 dB,而一个 64 m 的射频天线的有效增益仅为 60 dB 左右。
- 各通信链路间的电磁干扰小:由于光通信系统使用激光作为光源,其发散角很小,能量集中在很窄的光束中。窄光束意味着和邻近卫星间的通信干扰将会减小,这对于卫星较多的低地轨道(LEO)星座群非常重要;
- 保密性强:由于通信光束发散角很小,因此对方很难对通信信息进行侦听和干扰,这一点对军事应用尤其重要。

与有线通信相比,自由空间光通信具有以下优点:

- 机动灵活:使用点对点的系统,在确定发收两点之间视线不受阻挡的通道之后,一般可在数小时之内安装完毕,投入运行;
- 对市政建设影响较小:可以直接架设在屋顶,由空中传送,既不需申请频率执照,也没有铺设管道挖掘马路的问题;
- 运行成本低:容量与光纤相近,但价格却低得多;
- 易于推广:在考虑到当地气象条件以后,光无线系统一般可得到 99.9% 的可用性。如果采用其他系统构成主备用,甚至可达到 99.999% 电信级的可用性要求。

由此可看出,空间光通信是经济、高效、可行的,可以在一定程度上弥补光纤和微波的不足。特别是随着全光接入网的发展,人们对传输速率的要求越来越高;随着通信范围的延伸,人们对建立快捷通信链路的兴趣进一步提高。自由空间光通信技术因其独到的优势,在固定无线宽带技术中,为宽带接入的快速部署提供一种灵活的解决方案。自由空间光通信系统与网络的连接,还有如下的优点:①对运行的协议透明。现在通信网络常用的 SDH,ATM,IP 等都能通过。②可组成点对点、星形、和网格形结构的网络。③可灵活拆装、移装至其他位置。④易于扩容升级,只需稍作接口的变动就能改变容量。

自由空间光通信可在以下一些范围发挥重要的作用：

- 可以作为光纤通信和微波通信冗余链路的备份；
- 可以应用于移动通信基站间的互联，以及无线基站数据回传；
- 应用于城域网的建设以及最后一公里接入；
- 在技术上或经济上不宜敷设光缆的地区，在不宜采用或限制使用无线电通信的地方；
- 在军事设施或其他要害部门需要严格保密的场合；
- 在企业内部网互连和数据传输。

但自由空间光通信还存在一系列问题，主要有以下几点：

- FSOC 是一种视距宽带通信技术，传输距离与信号质量的矛盾非常突出。当传输超过一定距离时波束就会变宽导致难以被接收点正确接收。目前，在 1 km 以下才能获得最佳的效果和质量，最远只能达到 4 km。多种因素影响其达不到 99.999% 的稳定性；
- FSOC 系统性能对天气非常敏感。晴天对 FSOC 传输质量的影响最小，而雨、雪和雾对传输质量的影响则较大。据测试，FSOC 受天气影响的衰减经验值分别为：晴天，5～15 dB/km，雨，20～50 dB/km，雪，50～150 dB/km，雾，50～300 dB/km。国外为解决这个难题，一般会采用更高功率的激光器二极管、更先进的光学器件和多光束来解决；
- 城市内，由于建筑物的阻隔、晃动将影响两个点之间的激光对准；
- 激光的安全问题。超过一定功率的激光可能对人眼产生影响，人体也可能被激光系统释放的能量伤害。所以产品要符合眼睛安全标准；
- 通信光束的发散角很窄，需要更精确的捕获、对准和跟踪。精确的 APT 技术是光卫星链路能被接受的关键，该技术难点正逐渐被解决。随着对 APT 技术的攻克，如果光通信再能摆脱其他缺陷，那么未来的空间通信一定是激光通信链路的世界。

12.2　自由空间光通信系统的基本原理及结构

自由空间光通信系统（FSOC）是以大气作为传输媒质来进行光信号的传送的。只要在收发两个端机之间存在无遮挡的视距路径和足够的光发射功率，通信就可以进行。

无线光通信的基本原理为：信息电信号通过调制加载在光波上，通信的双端通过初定位和调整，再经过光束的捕获-对准-跟踪（Acquisition Pointing Tracking，APT）建立起光通信的链路，然后再通过光在真空或大气信道中传输信息。

　　系统所用的基本技术是光电转换。在点对点传输的情况下，每一端都设有光发射机和光接收机，可以实现全双工的通信。光发射机的光源受到电信号的调制，并通过作为天线的光学望远镜，将光信号经过大气信道传送到接收端的望远镜。高灵敏度的光接收机，将望远镜收到的光信号再转换成电信号。由于大气空间对不同光波长信号的透过率有较大的差别，可以选用透过率较好的波段窗口。光的无线系统通常使用 850 nm 或 1 550 nm 的工作波长。同时考虑到 1 550 nm 的光波对于雾有更强的穿透能力，而且对人眼更安全，所以 1 550 nm 波长的 FSOC 系统具有更广阔的使用前景。

　　典型的自由空间光通信系统主要由光接口模块、媒体转换器（快速以太网接口模块）、光发射模块、光接收模块、光学天线、系统控制模块组成，其系统功能模块结构如图 12.1 所示。

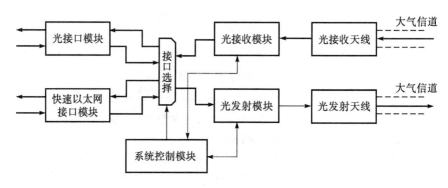

图 12.1　系统功能模块结构图

1. 光发射模块

　　光发射模块主要实现光电转换，由输入缓冲级、驱动级、光发射器件组成。光发射器件一般要选用高功率、高效率的激光管，该元件可以是发光二极管 LED、激光管 LD，也可以是垂直腔面发射激光器（Vertical Cavity Surface Emitting Laser，VCSEL）。为了保证系统可通率达到国际标准，光发射功率要足够大，以保证系统具有强的抗干扰能力和抵御大气衰减的能力。驱动器应该将数据电信号转换为光信号来驱动发射器发光。另外，由于发光元件的发光效率会随时间和温度变化，所以驱动器部分应该包括一个自动功率控制（Automatic Power Controller，APC）电路，以保持功率稳定。

2. 光接收模块

　　在系统接收端，光学天线将空间传播的激光信号汇聚到接收模块中的光接收器件表面，光接收器件将激光信号转换为电流信号后经过前置放大器、限幅放大器、缓冲输出后形成标准电压数字信号。光接收器件与前置放大器为光接收模块的关键部分,光接收器件可选用 PIN 或 APD,APD 具有内增益和较高灵敏度的特点,而 PIN 则具有使用简单的特点。在设计中要选择量子效率高、灵敏度高、响应速度快、噪声小的光电探测器,前置放大器的噪声性能对于整个系统的信噪比等关键参数至关重要,所以必须精心设计前置放大器电路,最大限度地减小噪声。

3. 光接口模块

为使系统能与其他标准光接口设备互连,需设计专门的光接口模块,以使收发模块取代两台标准光接口设备间的传输光纤,实现空间光传输,同时能与标准的 SDH 光设备实现互连。光接口模块分为接收部分与发射部分:接收部分的光接收器件(通常为 PIN)将其他光接口设备输出的光信号转换为电信号,通过放大缓冲后输入本系统光发射模块以产生更大的光功率,实现光的再生中继功能。经过空间信道传输后,光接收模块将微弱的光信号进行光电转换、放大、缓冲后输入光接口模块中的发射部分,再驱动光发射器件(通常为 LD)发送光信号传入标准光接口设备。

4. 快速以太网接口模块

快速以太网接口的主要功能为:对以太网端口输入的加扰双极性 MLT－3 标准信号进行时钟恢复、码型转换、解扰后转换为适宜进行光发射器件调制的电信号;对光接收器件解调后的电信号进行时钟提取、数据判决、扰码、码型转换后输出加扰双极性 MLT－3 信号,即快速以太网的标准信号。这使得系统无需其他转接设备就能直接应用于以太网环境中。

5. 光学天线

发射端光学天线主要将半导体激光器光束的发散角压缩后再通过发射望远镜进一步准直成毫弧度级光束。接收端光学天线的作用是将接收到的空间激光信号收集并会聚到光接收器件的有效接收表面。

6. 对准系统设计

在通信过程中,由于端机位置变动,能否快速将发收天线对准、使其很快进入通信状态,是衡量系统机动灵活性的主要指标,也是决定系统能否投入运行十分关键的指标。如果系统其他性能都很好,只是因为很难对准而不能进行正常通信,就失去了使用价值。因此,为增加机动性,减少调、校准时间,必须有一个对准系统。对于近地可视距离激光大气通信系统,借鉴国外的经验,可以采用一些较简单的方式解决快速对准问题。一个极为简单、经济可行的对准方法就是利用望远镜进行对准。

7. 系统控制模块

系统控制模块实现整个系统工作状态实时监测和系统管理的功能,包括接收光信号强度监测,用户端接口选择等功能,此外还提供了通信系统与计算机人机界面间的接口,便于用户实时地监测运行数据,随时掌握系统的运行情况。

以上 7 个模块中,含天线的光接收模块、含天线的光发射模块和 APT 系统控制模块这几个模块是组成空间光通信系统的核心部分。

12.3　空间光通信系统中的光学系统设计与器件选择

空间光通信系统核心部分一般由三大部分组成。第一部分为信标光的捕获、对准、跟踪(APT)分系统,它用以实现两个目标之间的快速定位,保证通信系统的正常工作;第二部分为通信信号的激光发射机,它的主要作用是发射一束具有一定功率并载有一定信息的光束,完成信号光的发射任务;第三部分是高灵敏度信号接收机,它通过滤波和光电信号转换,将光信号正确还原成电信号。

空间光通信系统中光学系统同样要遵循光学规律,系统中每个内部元件都发挥着不可替代的作用。整个通信过程简单描述如下:将电信号输入发射器,信号中包含所要传输的信息,发射器通过某种转换方式把电信号转换为光信号。调制方式分内调制和外调制,其中内调制,即对二极管的电流进行调制来控制输出光束的形式;外调制方法,光束从发射器端发出后再通过电光或磁光效应进行调制。调制后的光束,成像光学器件到达对准元件,光信号经过进一步处理后送到接收器件,由此光信号被转换为电信号进行处理,将数据传送到用户手中。

12.3.1　激光器的选择

适于空间激光通信的激光器按波长划分,主要有工作在 $10.6~\mu m$ 的二氧化碳激光器、$1.06~\mu m$ 及其倍频 $0.53~\mu m$ 的 Nd:YAG 激光器、$780\sim1550~nm$ 的半导体激光器。具体选择哪一种激光器应主要考虑通信链路的距离、数据率、调制方式、谱线的宽度、远场的增益、背景噪声等。由于半导体激光器寿命长、体积小、重量轻,可直接调制,并处于大气窗口等优点,所以被空间激光通信系统所普遍采用。半导体激光器有多种形式,其典型响应时间小于 1 ns,光谱带宽小于 2 nm。输出功率偏低是目前限制半导体激光器在空间激光通信系统中应用的主要问题,目前,大于 1 W 的半导体激光器已研发成功,典型的如主振荡器功率放大器和单片集成振荡放大器结构的激光器。

主振荡器功率放大器,简称主振功放(MOPA),由行波放大器演变而来,它把单模低功率通过放大器放大,绕开直接制作单模大功率激光器带来的技术问题,具体结构如图 12.2 所示。单模主振是由折射波导后的高、低反射镜面为界形成的布拉格反射器型结构,放大器由发射波长为 950 nm 的 InGaAs 有源层和 AlGaAs 限制层构成。由于量子阱半导体激光器的微分增益和微分量子效率高,从而降低了阈值电流密度,提高了特征温度,所以现在的大功率半导体激光器有源区都采用量子阱结构。其中采用侧向折射率限制的宽发射结构可得到好的纵向和横向模式,输出高功率、高亮度的激光。这种结构的激光器工作波长为 808 nm,处于硅光电探测器的峰值工作区,量子效率高、噪声低。

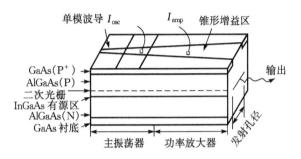

图 12.2 单片式主振功放结构图

采用单片集成振荡放大器结构的大功率半导体激光器也是一种较好的选择。这种激光器把激光振荡器与在有源区具有渐开形状的光放大器集成在一个衬底上。它的振荡器是半导体激光器,其输出光被耦合入渐开形光放大器。

在放大器的典型工作中,主振和功放分别偏置,此时光输出功率随加到放大器的电流呈线性变化;相反,放大器也可以固定电流偏置,通过改变振荡器电流的大小来控制输出功率。这种能力是 MOPA 所具备的优点:仅用几百毫安控制电流就能够获得几瓦单模功率,在室温、1 W 工作条件下,调制带宽可达 3 GHz。

选取激光器后,还要对激光光束进行整形。由于单模激光器的二维尺寸不同,造成由激光器发出的光束有可能是椭圆形的,其椭圆的程度随着激光器的不同而发生变化,低功率半导体激光器的椭圆长短轴之比在 3∶1 左右。

12.3.2 调制技术

作为空间激光通信系统中的首选光源,半导体激光器最适合的调制方式是直接调制。用调制驱动电流的方法可以使注入到有源层内的载流子密度(也就是反转分布)得到调制,并使之反应到受激复合辐射的速度上,最后发射出强度被调制的激光。空间通信用半导体激光器的驱动电流约为几十毫安,端电压约为 1 V,因而调制所需的电功率很小。

半导体激光器内部的载流子和光子之间有一种类似于需求和供应的动态关

系,如图 12.3 所示。载流子密度 N 随时间和抽运源驱动电流成正比增加的同时,由于光子的受激复合辐射、自发辐射及非发光复合过程而随时间呈指数衰减;另一方面,光子密度 S 随时间和载流子受激复合辐射及自发辐射的速度成正比增加的同时,也由于光谐振腔的漏光及反射镜和有源层本身的光吸收而随时间呈指数衰减。

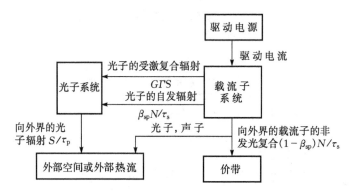

图 12.3　光子与载流子之间的动力学关系

用小振幅信号调制半导体激光器的驱动电流时,不仅振幅而且谐振光频率也被调制。这是由于随着注入有源层电流的变化,有源层的折射率也发生微小的变化,驱动电流变化量所对应的频率调制偏移量随半导体激光器和材料的不同而有所不同,一般约为每毫安几个吉赫兹。在振幅变化不大的范围内,可以利用该特性,调制驱动电流来进行谐振光的频率调制。

12.3.3　探测器的选取

探测器大体可以分为三大类,第一类用于进行通信,第二类用于进行激光光束捕获,第三类用于跟踪入射光束以使返回光束可以对准发射卫星。性能比较见表 12.1。

常用的通信探测器大致包括 APD,PIN 和 CCD 等。其中,APD 具有比较良好的接收性能、低噪声、高带宽,在某些波长区域具有较好的量子效率。PIN 主要用于相干探测系统的探测器,在长波段使用 PIN 虽然会产生较高的量子效率,但是同时也会带来较大的噪声负担。CCD 的数据传输率较慢,读出速度也较低,但是它属于信号阵列器件,用来进行空间捕获或跟踪较好,在通信用途中,其性能明显低于非阵列器件 APD。

表 12.1　各种光电探测器性能对比

性能	DA 系列 面阵 CCD	LUPA1300 型 CMOS	S440 型 QAPD	S8302 型 PSD
数据读出速率	慢	较快	最快	快
光谱响应范围	$400\sim1100$ nm	$400\sim1100$ nm	$400\sim1000$ nm	$760\sim1100$ nm
空间分辨能力	16×16 μm	14×14 μm	250 μm	30 μm
是否具有细分能力	能	能	能	不能
灵敏度	14 V/(μJ/cm^2)	0.75 A/W	0.5 A/W	0.55 A/W
固有噪声	噪声等效电子数 50	噪声等效电子数 100	NEP: 5×10^{-14} W	暗电流 0.05 nA
光电输出线性度	最好	较好	一般	好
后续电路结构复杂程度	复杂	简单	较复杂	比较简单
填充系数	100%	<70%	85%	100%
是否有死区	无	无	有	无
是否可获得连续的位置信号	能	能	不能	能
测量范围	大	最大	小	较大
整个系统功耗情况	大	最小	较大	较小
整个系统质量情况	较大	大	小	较小

　　跟踪探测器可以使用 CCD,QAPD 和 QPIN 等,捕获探测器也可以使用上述探测器。采用 QAPD 作为跟踪探测器与 CCD 作为跟踪探测器的不同是需要在两种探测器之间进行转换,这就要求在全部转换所需的时间内由于各种干扰所引起的控制偏差不应超过 QAPD 的视场范围,为了满足这个基本条件,QAPD 的视场角应大于 2 倍的 CCD 中心 4 个像素的视场,其输出信号的大小正比于入射信号的瞬时功率,而与信号的平均功率无关。如果将信号的 Q 值提高,即脉冲宽度变窄、峰值功率提高、平均功率不变的条件下,便可得到所需要的信噪比。

12.3.4　光学滤波器

光学滤波器的基本类型主要有吸收型滤波器、干涉型滤波器、双折射型滤波器和原子共振滤波器。

吸收型滤波器一般是在透镜或探测器表面接触或喷涂某种涂层材料,对入射光中某些波长的光进行吸收、散射或反射,而让所需要的波长通过。吸收型滤波器的滤波特性依赖于材料的类型及涂层厚度,其带宽约为几十微米,它主要用于宽带滤波,有时也可以通过这些滤波器的级联,利用通带交叠实现窄带滤波。各种光学滤波器的类型及其主要参数如表 12.2 所示。

表 12.2　光学滤波器类型与参数

滤波器类型	带宽/ GHz	透过率/ %	激光器 线宽 /GHz	通光 孔径 /cm	响应 时间 /ns	可调 谐度 /nm	复杂 程度	噪声 抑制 因子
原子共振滤波器	0.01~1	10~50	0.25	>1	10~10 000	<0.002	高	40~60
法拉第反常色散 光滤波器	0.01	>20	0.25	>1	0.2~1		中	50~60
斯塔克反常色散 光滤波器	0.01	>20	0.25	>1	<1	400	中	40~60
法布里-玻罗滤波器 1. 干涉式 2. 单腔式 3. 双腔式	<7 <5 <2.5	20~80	1	15 5 3	与腔长有关	60	低 中 中	35
双折射型滤波器	0.3	10~25	0.1	>7			中	
声光可调谐滤波器 1. 二氧化碳 2. 石英	33 5	95	8 1.25	>0.5 >1		450~3 900 >300	高	40
薄膜干涉滤波器	1	40	0.25		0.000 1		低	30~40
夫琅禾费校准器 滤波器	17	>70	4					
全息滤波器	100	90	20	>1		100	低	

干涉型滤波器位于探测器的前面,它利用反射波的相长或相消进行选择性滤波。法布里-玻罗器件是一种普遍采用的腔型滤波器,它在某一波长范围内具有调谐通带中心的能力。干涉型滤波器还可以设计成由多层材料组成。通过对折射率的适当安排,从衬底上反射的场在所要求的波长上能实现加强合成,而在其他波长上产生干涉相消,总的效果是在所需要的波长上产生光输出,在不希望出现的波长上产生较高的衰减,从而得到希望的带宽。由于干涉型滤波器采用相移合成技术,因而可实现较为尖锐的滤波效应,特别是多个器件级联使用时,效果更为明显,其带宽的典型值为 0.1～1 nm。

双折射型滤波器设计的依据是光波在通过双折射晶体时会产生偏振态的改变,偏振态的改变量依赖于波长和晶体的厚度。如果在晶体后面放置一个检偏器,就可以产生一个只对应某一偏振态的波长的通带,形成一个滤波器。其带宽与干涉型滤波器相仿,约为 0.1～1 nm。

原子共振滤波器利用某些材料的原子线宽与输入光场谐振来产生原子线宽量级的通带,从理论上有可能实现几分之一埃的带宽,但这样的带宽只能在与原子谱线相关联的特定波长上实现。当此类滤波器用于通信系统时,由于滤波器的通带窄,需要对输入的波长小心地加以控制。此外,原子滤波器的透过率较低,通常只有 20%～30%。

12.3.5　光电探测器

光电探测器主要有两种基本类型:采用真空管结构的光电管器件和采用结效应的固体器件。

光电倍增管(PMT)是一种具有多个倍增电极的光电管,每一个倍增电极都能产生二次电子发射,从而使电流成倍地增加。由于二次发射可以做得非常高,因此 PMT 的平均增益可达 60～100 dB。

光电二极管是一种固体 PN 结器件(通常称为 PIN 二极管),器件内的间隙材料可对光波长进行响应,其主要特点是接收面积小,暗电流低,以及由于间隙弛豫时间短而导致的非常高的带宽(10 GHz)。所以在空间激光通信系统中,雪崩光电二极管(APD)经常被采用。

在外加反向偏压而且没有入射光的 PIN 光电二极管中,当反向偏压较低时,在耗尽层中只有因热所产生的电子和空穴产生的微小反向电流。若提高反向偏压,则由热所产生的电子和空穴将被耗尽层的电场加速,并与构成晶格的原子碰撞,结果产生新的电子-空穴对(碰撞电离)。若进一步提高反向偏压,当其值超过某一阈值时,则碰撞产生的电子和空穴将再次与晶格原子碰撞,再一次产生新的电子-空穴对,此过程如雪崩一般,称之为雪崩击穿现象,如图 12.4(a)和(b)所示。

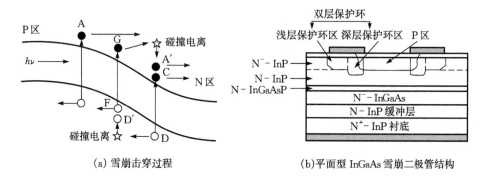

（a）雪崩击穿过程　　　　　　　（b)平面型 InGaAs 雪崩二极管结构

图 12.4　雪崩二极管原理及结构

12.3.6　背景光辐射

　　背景光辐射是影响激光通信系统接收机性能的一个重要因素。通信接收机接收到的背景光辐射与信号光一起被接收机接收，从而造成整个通信系统的性能劣化。背景光辐射源主要有两种类型：一种是近似充满整个背景的扩展背景光，出现在整个接收机视场内，如天空辐射；另一种是较局域化、强度较大的分立光源或点光源，可能出现在接收机视场内或外，如星体、月亮和太阳等。

　　在任何空间光通信链路中，来自扩展光源的背景光辐射，特别是产生漫反射的白天天空辐射很重要。白天天空辐射主要由大气粒子对太阳光的散射造成，由于短波段光的散射较小，故白天的天空看上去常常是蓝色的；晚上的大气光散射主要产生于月亮和银河系，此时的辐射与白天相比要低几个数量级。因而就背景光而言，空间激光通信链路在晚上开通比在白天更有优势。图 12.5 和 12.6 分别给出在光波段上对应不同温度 T 的黑体辐射曲线及地球空间的辐射谱曲线。

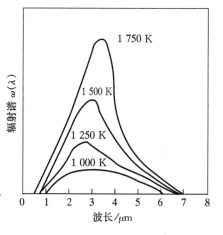

图 12.5　黑体辐射谱

　　在空间环境中，太阳这一点光源对接收机的影响重大，无法忽略，图 12.7(a) 给出了在大气层外测量的太阳辐照度曲线，它与约 6 000 K 下的黑体辐照度曲线相近。当这种辐射穿过大气层时，大气粒子将对各种波长产生不同程度的衰减，并改变辐照度曲线的形状。图 12.7(b) 给出了当太阳垂直照射地面时，在海平面上收集到

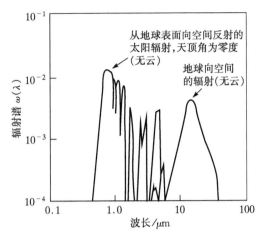

图 12.6 地球空间的辐射谱

的太阳辐照度曲线。月亮、行星和其他星体也可以看作为点光源,它们的辐照度,从背景辐射而言,要比太阳辐射低好几个数量级。

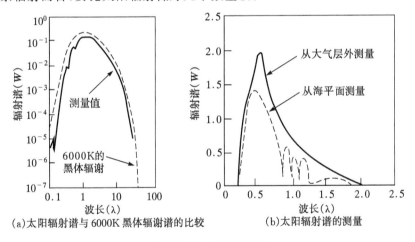

(a)太阳辐射谱与 6000K 黑体辐谢谱的比较　　(b)太阳辐射谱的测量

图 12.7 太阳辐射谱

12.3.7 回转结构及方式

常用的回转结构方式有回转反射镜方式、回转望远镜与回转包裹方式。

1. 回转反射镜方式

图 12.8 给出了回转平台以及回转平面反射镜。由于平面反射镜不能像望远镜一样聚焦能量,但可以改变光束的方向,所以回转反射镜放在接收望远镜之前,

可以保证在望远镜和成像光学系统、探测器、激光器等不移动的情况下适应光线。这种方法的缺点是,平面反射镜加望远镜的重量一般远大于回转望远镜,平台长度相应也比口径大(通常比例＞1.4：1),而且回转平台视场有限(远不到半球),此外,在空间应用方面还存在诸如平台反射镜暴露在空气中以及反射膜层受紫外线能量辐射影响,从而降低远终端的接收强度、对准精度等缺点。

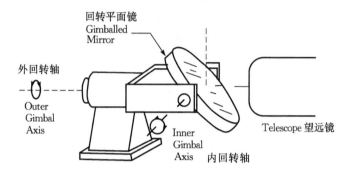

图 12.8　回转平台及回转平面反射镜

2. 回转望远镜

回转望远镜用做对准元件实现长距离的链接,类似回转平台,使得系统的其余部分得到固定,需要转动的重量大大减轻,视场也有所扩大,可以达到半球或者更大。LCS,OCD 系统均使用这种对准方式,如图 12.9 所示。

3. 回转组件方式

把整个光通信端机回转或者主要部分回转是另一种回转设计方式,这种方法对小口径、短程通信系统更适合。图 12.10 给出了

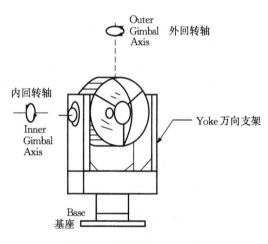

图 12.9　回转望远镜形式

一种回转组件设计,这种设计中也包含了电控系统,同时将发射和接收口径分开避免了工作时发射对接收的影响,其视场很大(接近于整球)。但除非特殊设计,这种方式重量一般很大,于是无论绕图中所示的哪一个轴转动都将给运载工具带来很大的扭矩。许多这种设计将发射器与回转分开,通过光纤链接把发射信号输入到发射口径中。通信接收器同样也可以是分离式的,通过光纤接入。这种情况下,必

须考虑光纤的损耗。

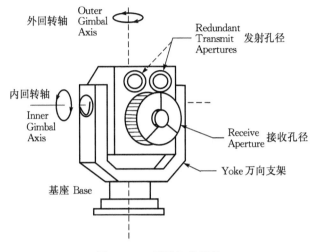

图 12.10　回转组件设计

12.3.8　望远镜结构形式

激光通信中的望远系统是最重要的光学元件,主导着几大主要功能:①必须能够进行优质传输和对准光束,并保证成像质量;②作为接收口径负责收集从通信终端接收的信号,把信号中继到 APT,再由此传给探测器。在许多激光通信系统中,望远系统既要完成发射功能还要完成接收功能。激光通信中使用的望远系统都起源于天文望远系统,下面对各种结构望远系统的特性做一介绍。

1. 离轴式牛顿望远系统

离轴式牛顿望远系统由一个抛物面反射镜构成,如图 12.11 所示。离轴特点使望远镜系统成像不会产生很大的模糊,这一特点非常有价值,主要由于接收或发射的信号都没有被遮拦而造成。这种类型的望远系统结构不紧凑。主要表现在:第一,主镜焦距很难减小,减小焦距就要以降低望远系统像质为代价;第二,只有一个反射镜参与成像,视场较小;第三,整个系统无对称中心,很难对准。

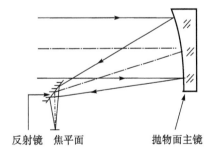

图 12.11　离轴式牛顿望远系统

2. 卡赛格林望远系统(卡式系统)

法国物理学家卡赛格林发明的卡赛格林望远系统包括抛物凹面主镜和双曲面凸面次镜,如图 12.12 所示。它应用折叠式结构,非常紧凑,长度可缩短为焦距的三分之一,在第一代互连通信中曾有采用:使用 190 mm 口径的卡赛格林望远系统,尺寸为主镜尺寸的 $\frac{1}{5}\sim\frac{1}{4}$ 的次镜前放置一个平窗口,用来隔离直射日光。由于使用两个反射镜,可以达到 0.5°视场。次镜与主镜之间的中心距离要求较严格,波差均方值可以达到 $\lambda/16$ 。

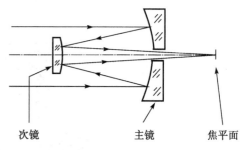

图 12.12 卡赛格林望远系统

3. 离轴式格里高利望远系统

离轴式格里高利望远系统属于非模糊成像系统系列,如图 12.13 所示。有别于传统的格里高利系统,离轴式系统通过放置视场光阑拦截所有的离轴偏心光线,通过放置视场光阑阻挡由于管壁或主镜边缘反射所造成的杂光。该方法综合了离轴非模糊成像的优点和格里高利系统偏离光消杂光的优点;缺点是比卡塞格林望远系统

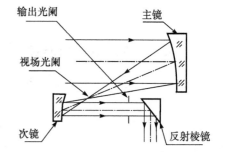

图 12.13 离轴式格里高利望远系统

长,在允许长度范围只能对应140 mm的口径,第三代互连中曾采用此种望远系统。

4. 附加透镜式卡塞格林望远系统

该系统在原有的卡塞格林望远系统基础上附加 2 个或 3 个透镜(如图 12.14),形成一种折反射系统,具有视场较大,像质较好等优点。

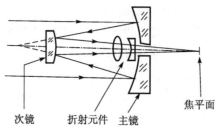

图 12.14 附加透镜式卡塞格林望远系统

5. 附加施密特校正板式卡塞格林望远系统

这一系统是由施密特校正和卡塞格林望远系统组合构成的非寻常的折反射式望远系统,如图 12.15 所示。它使用一个非球面的校正板来校正球差,利用衍射极限可产生高于 1°的视场。已经有部分天文观测系统应用过这种类型的望远系统。

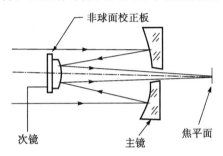

图 12.15　附加施密特校正板式卡塞格林望远系统

6. 马克斯托夫卡塞格林望远系统

马克斯托夫卡塞格林望远系统是在卡塞格林望远系统次镜上附加一个新月形校正器,形成的一种视场相对较大的折反射式望远系统,如图 12.16 所示。采用球面主镜获得较大视场,但代价是焦平面也是球面;当视场不太大时,也可提供一个近似平场。整个系统基本情形和施密特校正板式卡塞格林系统类似,但新月形校正器的重量要比施密特校正板大。次镜的半径与新月型校正器后面半径相同,即可将次镜安装在口径 89~178 mm 的球形校正盘上。在这样的系统中有很高的像质,波差均方值约为 $\lambda/40$ 。目前已经有一些实验室装置使用这样的系统。

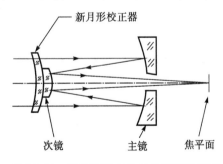

图 12.16　马克斯托夫卡塞格林望远系统

比较而言,卡赛格林系统优点是光学系统是同轴望远系统,主次镜的场曲可抵消一部分;缺点是有光束遮挡、杂散光比纯透镜系统大。离轴格里高利系统没有光束遮挡,但存在主、次镜场曲叠加,加工、检验、装调非常困难等缺陷。

12.4 空间光通信中的 ATP 系统设计

空间光通信中,被发送的光信号,除了要克服传输路径上的衰减之外,还必须正确地对准接收机的检测器;同时,接收机的检测器也必须测定发射场的到达方向,以便自动调整接收方向。接收机确定脉冲光束的到达方向称为捕获;把发射机对准到正确的方向称为瞄准;在通信期间内,维持瞄准和捕获的任务称为跟踪。这种捕获、瞄准与跟踪过程简称为 ATP。

在空间光通信系统中,ATP 系统的作用是接收对方发射的信标光,并对之进行捕获、跟踪,然后返回一信标光到对方的接收端,以完成点对点的锁定,在两点之间建立通信链接,所以 ATP 系统的性能和跟踪精度对通信的成功与否有着至关重要的影响。

无线激光传送信号的距离都非常远,为了保证光信号在发送相当远的距离后还不低于光检测器的测量阈值,这就要求光束具有相当好的汇聚性。这样,瞄准、捕获和跟踪就成为一个关键的问题。在地面激光通信中,大气的闪烁和平台的振动会引起光斑的漂移,因此,在激光通信中进行自动对准是保证进行可靠的通信的前提。

在用 ATP 子系统实现对目标星的捕获、跟踪和瞄准的应用中,当瞄准精度满足系统正常工作的精度要求时,启动通信子系统,建立通信链路,完成空间数据传输。通信终端通过遥测遥控模块接收建立空间光链路的指令和相关参数,并输出遥测参数,进行光通信终端工作模式的切换,这些信息通过测控信道从其他卫星或地面站获得。激光通信终端的建立和保持需要实时获得卫星的数据,以保证通信链路的性能。另外,激光通信终端从电源分系统获得电力支持,依靠热控分系统来保证工作所需环境温度。

12.4.1 空间光通信链路建立和 ATP 概念

1. 捕获

主动星终端发出一束较宽的信标光,按照设计好的程序,按顺序对各个子区进行扫描。而被动星终端处于等待状态,信标光进入其接收端探测器视场内并被之发现的过程称之为"捕获"。一般来说,捕获是在一定的视场内对相应目标的"识别"。所以"捕获过程"是指从主动星开始信标光扫描到被动星识别出信标光的过程。

2. 跟踪

信标光进入接收端探测器视场范围内之后,接收端按一定的定位方法计算出像斑图像的位置,把它和标准位置相比较得到一个偏差量,然后利用这个偏差量通过控制器调整接收端视轴使对方的信标像斑位于跟踪探测器的中心,这称为"跟踪"。然后被动方向主动方发出自己的信号光作为反馈光。当主动方收到反馈光后,停止扫描;利用探测器得到的反馈光,获得对准信号通过控制器来调整自己使反馈光的像斑达到跟踪探测器的中心,从而在主动方实现跟踪;然后开启信号光,向被动方发出信号光。被动方可再次调整自己的光轴,进而实现更高精度的再次跟踪。

从捕获成功到主动方和被动方相互调整自己的视轴,使双方的视轴达到一定精度的过程,就是"跟踪过程"。这个过程所能达到的精度称为"跟踪精度"。

3. 瞄准

主动方和被动方都使信号光像斑处于跟踪探测器中心,即实现了"瞄准"。并不是上述的跟踪过程结束后就能自动达到这个目标。由于光的传播速度的限制和两个卫星间的横向运动,在跟踪过程中,发射激光束方向必须相对于接收光束方向按"提前瞄准角度"进行补偿,不然发出的光束只会落在实际光束的后方,这称为"超前瞄准"。一旦瞄准过程达到目标,主动方和被动方各自的光轴都调整到了一定的精度,即实现了通信要求的精度,这个精度称为"瞄准精度"。当主动方和被动方的视轴达到"瞄准精度"后,通信链路就建立起来了。这一链路在整个通信过程中需要一直保持。

为了确保通信成功,"瞄准精度"要求达到微弧度的量级,而时间星上光通信终端"瞄准精度"约为毫弧度量级。所以 ATP 系统需要采用多环的控制结构,在大范围天线调转的前提下,进行微小角度的高精度跟踪。由此空间光通信系统跟踪过程分为"粗跟踪"和"精跟踪"两个过程。目前常采用复合轴控制结构,在大惯量万向节的主光路中插入一高谐振频率的快速倾斜镜,实现低带宽的"粗跟踪环"嵌套高带宽的"精跟踪环"。外层万向节及接收主件构成粗跟踪环,具有大的驱动能力和大的动态范围,以及较窄的控制带宽,主要用于光轴的初始定向,实现捕获和粗跟踪;精跟踪环对粗跟踪环未能补偿的残差进行校正以满足系统最终的跟踪精度要求。

总而言之,在捕获阶段,ATP 一定要补偿终端初始由卫星姿态误差和星历表误差产生的视轴误差。一旦光束被捕获,在跟踪阶段,ATP 一定要补偿卫星平台和终端自身的动态扰动。在对准阶段,ATP 必须补偿平台的相对运动和光束有限传输时间所造成的影响。

12.4.2 ATP 典型结构

为了完成上述任务,ATP 系统可由如图 12.17 所示的光学天线、粗跟踪单元、精跟踪单元、超前瞄准单元以及 ATP 控制器等几部分构成。图中虚线表示接收到的对方通信终端的光信号。

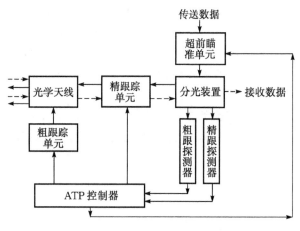

图 12.17　典型的 ATP 原理图

1. 光学天线

光学天线的功能是将需传输的光信号有效地发向对方并将对方传来的光信号有效地接收。

2. 粗跟踪单元

粗跟踪单元主要完成目标的捕获和粗跟踪。典型的粗跟踪单元主要包括万向节以及安装在它上面的收发天线、中继光学单元、粗跟踪探测器、粗跟踪控制器和万向节角探测器。

粗跟踪控制器的作用是控制伺服机构以完成指令要求。角探测器或者粗跟踪探测器将位置信号送给控制器,控制器对实际信号和指令信号进行比较,从得到的位置误差信号来控制伺服机构运作,实现捕获和粗跟踪。捕获阶段,粗跟踪单元工作在光路开环方式下,利用角探测器得到的角度值实现闭环。它接收命令信号,将光学天线定位到对方通信终端的不确定区上,发射信标光进行扫描或者捕获来自对方的信标光。目标信标光捕获后,系统进入光路闭环的粗跟踪阶段,系统根据粗跟踪探测器提供的目标偏差来控制万向节上的光学天线。粗跟踪精度要求小于精跟踪探测器的视场,从而将入射光引导到精跟踪单元可控制范围内。

3. 精跟踪单元

一般精跟踪单元主要包括两轴快速倾斜镜、精跟踪探测器和执行机构。当粗跟踪单元将入射光引至精跟踪探测器视场后,精跟踪单元实现光闭环:精跟踪控制器根据精跟踪探测器给出的偏差,控制快速倾斜镜动作,跟踪入射光,使通信两端视轴误差达到跟踪精度要求。

4. 超前瞄准单元

典型的超前瞄准单元一般由两轴快速倾斜镜、执行机构和超前瞄准探测器构成。超前瞄准单元主要补偿由于光束远距离传输引起的位置偏差,它根据星历表计算出瞬时超前角,通过超前瞄准探测器来控制倾斜镜动作,使出射光相对于接收光偏转指定的角度,从而使出射光精确瞄准对方。

5. ATP 控制器

ATP 控制器主要包括粗跟踪控制器、精跟踪控制器和 ATP 主控单元。ATP主控单元负责完成对系统内部各模块的控制,以及与通信子系统和卫星姿态控制系统进行交互。ATP 控制器执行 ATP 子系统内部的时序与状态控制:在链路建立阶段光开环和保持阶段光闭环。当系统达到粗跟踪精度后,粗跟踪控制器向ATP 主控单元发确认信号,由 ATP 主控单元启动精跟踪控制器,执行精跟踪。精跟踪锁定后再向 ATP 主控单元发射确认信号,ATP 主控单元通过控制总线启动通信子系统。

12.5　空间光通信现状及发展趋势

12.5.1　卫星空间激光通信国外研究进展

空间激光通信系统的研究在美、欧、日等国已开展 20 多年,但是早期由于受元器件技术的限制发展较慢。进入 90 年代后,空间光通信开始从概念和单元技术研究转入系统研究和应用性能测试阶段,并已经取得大量成果。主要的研究机构有美国宇航局(NSNA)、欧空局(ESA)和日本宇宙开发事业团(NSNDA)。

1. 美国

美国是世界上最早开展激光通信技术研究的国家,也是研究技术走在最前沿的国家之一,它最主要的研究部门有美国国家航空和航天局(NASA)和美国空军(Air Force)。有关卫星激光通信研究经过了地面演示验证、关键技术研究以及星间和星地空间激光通信试验过程,已经实施了多个有关卫星激光通信的研究计划,投入了大量的资金研制了多个卫星激光通信实验终端。

NASA(National Aeronautics and Space Administration)的代表性系统为LCDS(Laser Communication Demonstration System),其技术要求至少有一个通信端机在太空中,通信速率不小于 750 Mbps。其研究目的有两个:

① 演示两个运动平台之间及运动平台与地面站之间的高码率光通信连接；

② 论证在未来的卫星通信中，激光通信与 RF 通信相比，在性能、体积、重量、功耗及传输速率等方面的优势。

该系统已处于试运行阶段，但应用于卫星链路所存在的问题主要有：

① 卫星链路网络中节点间远距离双工通信；

② 宽角度光学瞄准定位；

③ 高速率高码率的通信；

④ 在上行与下行通信链路中云雨的色散和衰减影响。

图 12.18 所示为 1Gbps 的 LEO - LEO 上行链路的演示系统，其他演示系统如 GEO - EO，GEO - 地面，GEO - 空载飞船与此类似。

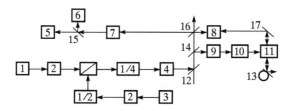

图 12.18　LCDS 系统原理方框图

1—860nm(MOPA)LD；2—光学整形；3—备用激光器；4—成像光学；5—APO 探测器；6—捕获/跟踪探测器；7—830 nm 接收光带通滤光片；8—延迟光学；9—ND 滤波片；10—QPIN；11—同轴万向支架；12—光学差校正器；13—万向支架平面镜；14—光行差校正分束器；15—分束器；16—分束片；17—精扫描镜

LCDS 系统由 11 部分组成：

① 激光器部分由 1.2W AlGaAs MOPA 激光器、制冷器、散热片、激光控制和监控电路、偏置电路与光束整形光学部分组成；

② 光学元件部分由偏振合束片、分束片、延迟光学系统、聚焦透镜、折射镜等组成；

③ 捕获/跟踪探测部分由 CCD 阵列探测器、带通滤波片、偏置及信号处理电路组成；

④ 信号光探测部分由 APD、带通滤波器及信号处理电路组成；

⑤ 精扫部分由快速驱动镜及安装台、位置传感器及相应电路组成；

⑥ 万向支架控制部分由椭圆镜片、保护板、方位罗盘、水平镜片、位置传感器和轴承、旋柄及垫圈组成；

⑦ 发射/接收天线，直径为 10cm 的离轴天线；

⑧ 辅助电子部分由万向支架微动镜驱动和伺服电路、激光器驱动电路、探测

处理电路、调制电路、控制器和飞行器耦合电路等组成；

　　⑨ 热控结构部分由辐射器、散热器、热敏电阻及控制电路组成；

　　⑩ 机械结构部分由支撑结构、双位置光束扩束选择器、光缆和连接器组成；

　　⑪ 电源组件由 APD 电源、飞行器初级和次级界面配置电源组成。

　　NASA 同时还进行了一些自由空间激光通信的关键技术和演示系统的研究，包括光通信演示系统 OCD、空对地演示系统、TOPSAT 系统研究、大气能见度监测计划等。NASA 的喷气推进实验室（JPL，Jet Propulsion Lab）已研制成的 $2\times$ 600 Mbps 卫星激光通信终端。

　　美国空军是从 20 世纪 70 年代末开始进行激光通信技术研究的，它的主要研究部门是 MIT 的林肯实验室，其早期的成果是完成 100Mbps 的外差接收实验系统。目前，它最具代表性的系统是 LITE（Laser Inter satellite Transmission Experiment）系统。

　　1995 年，美国军方战略导弹防御组织 BMDO（Ballistic Missile Defense Organization）着手进行 STRV-2（Space Technology Research Vehicle 2）星地激光链路通信计划，旨在实现低地球轨道（LEO）卫星与地面站间的高速激光通信链路，终端被搭载在空军 TSX-5 卫星上，在 20 000 km 的通信距离上具有 1 Gbps 的通信能力。为与 STRV-2 进行激光通信，共建立两个地面站，一个是 BMDO 建的，另一个是美国空军和导弹防御指挥部（SMDC）建造的。终端于 1997 年在 JPL 实验室进行组装和调试，2000 年 6 月 7 日发射进入预定 LEO 轨道。但是由于卫星的轨道和姿态控制精度太差，使得星上终端没有能够捕获到地面站发来的光束，经过 17 次通信尝试后，此次实验宣告失败。虽然此次没有通过激光链路实现数据传输，但是 STRV-2 项目对美国光通信技术的发展起到了很大的推进作用。

　　美国 JPL 还制定了 OCD（Optical Communications Demonstrator）计划，用实验室环境来演示和验证高精度光束的瞄准、捕获和跟踪技术。后期又发展改进到了 OCDⅡ激光通信终端。OCDⅠ型终端只有光学镜头，口径为 10 cm，发射激光波长为 844 nm，输出平均功率 60 mW，光束发散角 22 μrad，数据速率 622 Mbps，视域 1 mrad。在 OCDⅡ终端设计中，发射激光波长改用 1 550 nm，数据率为 2.5 Gbps，为进行瞄准捕获跟踪将信标接收波长改用 810nm。OCDⅡ终端增加了高精度的瞄准万向架，可以达到 5 μrad 的指向精度；发射光束发散角为 200 μrad；跟踪视场角由 1×1 mrad 扩展为 3.25×2.45 mrad；视场为 10 mrad，并增加了光通信接收设备。

2. 欧洲

　　欧洲 20 世纪 70 年代就开始了卫星激光通信的研究，早期的研究有技术研究计划(TRP)、远程通信准备计划(TPP)、优化系统(ASTP)计划、中继数据准备计划(DRPP)和终端有效载荷模拟以及试验计划(PSDE)等。

　　欧空局(ESA)从 1989 年开始 SILEX(Semiconductor Inter-satellite Laser Communications Experiment)计划,该计划的主要目的是进行星间激光通信,参加的国家包括法国、德国、意大利、荷兰、比利时、瑞士和西班牙等。SILEX 计划研制了两个卫星激光通信终端,其中一个搭载在法国低地球轨道(LEO)观测卫星 SPOT4 上,另一个终端搭载在 ESA 的地球同步轨道(GEO)通信卫星 ARTEMIS 上,SPOT4 卫星于 1998 年 3 月 22 日成功发射,ARTEMIS 卫星于 2001 年 7 月 12 日发射升空。2001 年 11 月 ARTEMIS 卫星上的光通信终端 OPALE 成功地与低轨卫星 SPOT4 进行了国际上首次星间激光链路实验。表 12.3 给出了两个终端的参数。

表 12.3　SILEX 计划的两个终端参数

	SPOT4 上的 LEO 终端	ARTEMIS 上的 GEO 终端
望远镜	卡塞格伦天线	微晶镜子
接收天线直径	250 mm	
发射天线直径	250 mm	125 mm
发射光束波前误差	830 nm	
发射激光器	GaAlAs,847 nm	GaAlAs,819 nm
发射光功率	60 mW	37 mW
调制	NRZ,50 Mbps	PPM,2Mbps
信标光	——	19 GaAlAs 激光器,801 nm
信标光功率	——	900 mW(最大值)
信标光光强	——	8.3±1.9 mW/strd(在整个束散角内)
信标光束散角	——	750 μrad
通信接收机	——	Si - APD
捕获传感器	CCD(30 Hz)	CCD(30 Hz)
捕获传感器视域	8.64 mrad×8.64 mrad	1.05 mrad×1.05 mrad
跟踪传感器	CCD(1 kHz,4 kHz,8 kHz)	CCD(4 kHz,8 kHz)
跟踪传感器视域	0.238 mrad×0.238 mrad	
四象限传感器	跟踪传感器的四个中心像素	
精瞄准和传感器控制电路	基于数字信号处理和场编程序列	

续表 12.3

	SPOT4 上的 LEO 终端	ARTEMIS 上的 GEO 终端
提前瞄准机构	两个镜子,压电陶瓷执行机构,容性位置传感器	
精瞄机构	两个镜子,电磁执行机构,感性位置传感器	
粗瞄机构	直接驱动步进电机,200 步,每步分成 3 200 个子步	
内部光路热稳定性	±0.2°	
光学平台	所有单元都放置在均衡的平台上	

2011 年 11 月,ESA 利用 OPALE 终端与 OGS 地面站成功进行了星-地激光通信实验。表 12.4 给出了 OGS 地面站的主要技术参数。

表 12.4 OGS 地面站主要参数

技术	折轴系统	微晶镜子
	有效口径	1 016 mm
光学天线	天线指向机构	线性电机和角度编码器
	开环指向精度	±50 μrad
	信号激光器	Ti:蓝宝石泵浦的氩离子激光器
	信号光平均光功率	300 mW
	信号光光束直径	40～300 mm,4 路高斯光束
发射部分	信号光波长	847 nm
	信号光偏振特性	左旋圆偏振
	信号光编码方式	NRZ,49.372 4 Mbps
信标光		——
接收机		Si - APD
	接收机视域	87.3μrad
	捕获传感器	CCD,128×128 像素,像元尺寸 16 μm×16 μm
	捕获传感器读出频率	30 Hz～400 Hz
	每个像素对应的视域	20.5 μrad×20.5 μrad
	捕获传感器有效视域	2 327 μrad

跟踪传感器	CCD，14×14 像素	像元尺寸 23 μm×23 μm
	跟踪传感器针频	1 kHz 或 4 kHz
	每个像素对应的视域	21.8 μrad×21.8 μrad
	跟踪传感器有效视域	262 μrad
	四象限探测器	跟踪传感器的四个中心像素
	遥测记录	跟踪误差：1 kHz
	提前瞄准结构	独立的双轴镜子，压电陶瓷执行机构，容性位置传感器
	精瞄机构	独立的双轴镜子，电磁执行机构，感性位置传感器
光学平台	技术	标准的蜂窝式光学平台，5 m×2 m
	热稳定性	不控温

ESA 现阶段主要致力于在小型化的卫星光通信领域的研究工作，进行了 SOUT(Small Optical User Terminal)，VSOUT(Very Small Optical User Terminal)，SROIL(Short Rang Optical Link Teminal)等研制计划。SOUT 计划于 1992 年 1 月开始，SOUT 是一种小型卫星光通信终端，质量仅有 25 kg，功耗 40 W，而传输数据率却可以达到 420 Mbps。在 SOUT 计划之后，1995 年 ESA 开始进行 SOUT 终端的改进计划 SOTT，它针对传输距离 83 000 km 的同步轨道卫星之间的激光链路，预计建立传输数据率为 1Gbps。ESA 还进行了以进一步减小卫星终端的研究计划，该计划的目的是建立小卫星间的星间激光链路，SROIL 计划采用的是先进的 BPSK 调制和相干检测方式，发射口径 3.5 cm，数据率可达 1.5 Gbps。

德国是世界上卫星光通信技术发展很快的国家之一，其发展的重点是相干光通信。20 世纪 90 年代末德国开始实施 SOLACOS(Solid state Laser Communication in Space)计划，该计划的主要目的是发展星间激光链路，进行两个卫星光通信终端间链路的 PAT 实验和高速激光通信实验。对于 LEO 和 GEO 的上行链路，光源波长为 1 064 nm 的 YAG 激光器，基于零差同步传输体制，传输数据率为 650 Mbps；而对于 GEO 至 LEO 的下行链路，光源采用波长为 810 nm 的激光二极管，传输数据率为 10 Mbps。

　　2006 年 6 月德国宇航中心的移动地面站与日本 OICETS 卫星上的 LUCE 终端进行了世界上首次低轨卫星光学地面站之间的激光通信实验,德国比较著名的卫星光通信实验是 DLR 利用其地球观测卫星 TerrraSAR - X 进行的相干光通信实验。2006 年 8 月 Tesat 与 DLR 在 Canary 群岛的两个小岛之间进行了距离为 150 km 的相干光通信实验,数据率为 5.625Gbps,验证了链路的发射和接收性能。TerrraSAR - X 卫星于 2007 年 6 月由 RD - 20 Dnepr 火箭发射升空,进入轨道后于 2007 年下半年进行了与 DLR 光学地面站之间的星地激光通信实验,由于采用先进的 BPSK 调制和相干检测技术,使得 TerrraSAR - X 与地面进行的通信实验成为国际上首次星-地相干光通信实验,同时 5.625Gbps 数据传输率也是现有星-地通信数据率中最高的。

　　欧洲其他很多国家也都在进行光通信技术研究,例如法国于 2006 年 12 月与 ARTEMIS 卫星进行了飞机与卫星间的激光通信实验;瑞士进行了一系列光通信终端的研制;俄罗斯正在进行 LEO - LEO 和 LEO - GEO 之间的星间通信计划;其他如英国、意大利等欧洲国家也正在积极开展对卫星光通信技术的研究工作。

3. 日本

　　日本是世界上最早开始进行卫星光通信技术研究的国家之一,进行卫星光通信研究的主要研究机构有邮政省的通信研究室(CRL)、宇宙开发事业团(NAS-DA)以及高级长途通信研究所(ATR)的光学及无线电通信研究室。根据近年来的研究状况来看,日本基本上是在对两个自由卫星光通信系统进行研究和试验,代表系统一是由日本航天局(NASDA)支持的安装于 OICETS 卫星上的 LUCE 系统,另一个则是由邮电省通信研究实验室(CRL)研制的安装于 ETS - Ⅵ 的 LCE 系统。日本 20 世纪 70 年代开始进行空间激光传输技术研究,80 年代中期开始利用卫星进行激光传输技术研究,其卫星光通信事业起步较美国和欧洲要晚,但是进展十分迅速。

　　CRL 从 20 世纪 70 年代初开始着手卫星光通信技术的相关工作,1983 年 CRL 使用氩离子激光器与 GEO 轨道卫星 GMS - 2 进行激光传输;1987 年使用二氧化碳气体激光器和氩离子激光器向 GMS - 3 卫星进行同步激光传输;1994 年向 GMS - 3 卫星进行窄光束激光传输,这些实验并没有进行连续的激光传输和通信实验。但开始于 1987 年的卫星光通信基础实验系统 LCE 研制工作,先后制作了面包板模型(BBM)、结构动态模型(SDM)、热动态模型(TDM)、系统工程模型(SEM);到 1990 年开始制作工程飞行模型(EFM);到 1993 年全部完成可进行星间双向激光通信的终端,并将其搭载在 ETS - Ⅵ 卫星上,于 1994 年 8 月 28 日装载于 1994 年发射的 ETS - Ⅵ 技术试验卫星上由 NASDA 发射升空。但是由于卫星近地点推进系统出现问题,使得卫星没有进入预定的 GEO 轨道,而是停留在了大椭圆轨道,这个轨道使得卫星在世界很多地方都是可见的,这为 LCE 终端与其他地面站通信提供了便利条件。LCE 终端与 CRL 地面站的主要性能参数由表 12.5 给出。目前 CRL 主要从事卫星的光学跟踪和地面与卫星间激光传输技术的研究。

表 12.5 LCE 终端与 CRL 地面站主要性能参数

参数		LCE 终端	地面站
重量		22.4 kg	——
功耗		90.4 W	——
天线口径		7.5 cm	11 cm
放大率		15	——
光源		LD	Argon
发射指标	发射光波长	830 nm	514.5 nm
	发射光功率	13.8 mW	4.8 W
	束散角	30 μrad 和 60 μrad	60 μrad
	数据率	1.024 Mbps	——
	天线口径	7.5 cm	1.5 m
接收指标	接收光波长	514.5 nm	
	探测器	Si – APD	——
	数据率	1.024 Mbps	
	探测器	CCD	
粗跟踪子系统	捕获视场角	8 mrad	
	灵敏度	−63.7 dBm	——
	执行机构	两轴万向节	
	精度	32 μrad	
	探测器	Si – PD QD	QD
精跟踪子系统	视场角	0.4 mrad	140 μrad
	灵敏度	−53.8 dBm	
	精度	2 μrad	5 μrad

日本航天局支持的安装于 OICETS 卫星上的 LUCE 系统,其目的是实现卫星间的光通信链路。这项计划始于 1985 年,1987 年开始系统中的关键技术——跟踪技术的研究。1993 年 1 月,NASDA 与 ESA(欧洲航天局)建立了国际合作关系,并建立项目组,确定 NEC 为研究单位。

NASDA 于 1998 年发射载有 LUCE 系统的 OICETS 卫星,并在 OICETS 卫

星与 ESA 的 ARTEMIS 卫星间建立光通信链路。在日本的这项轨道内实验计划中,主要研究以下内容:

① 研究光学器件在太空中的性能,如半导体激光器、电荷耦合器件、雪崩光电二极管、四象限探测器等;

② 进行捕获、跟踪、瞄准实验;

③ 用 ESA 的 ARTEMIS 卫星进行通信实验,测试通信误码率;

④ OICETS 卫星与地面站间的光链路实验。

LUCE 系统的主要性能参数如表 12.6。

表 12.6　LUCE 的主要性能参数

光学天线	重量	140 kg
	功耗	220 W
	结构	卡塞格伦
	天线口径	26 cm
	放大倍数	20
	光功率	100 mW
发射光束	全束宽	120 mm
	束散角	5.5 μrad
	波长	848 nm 和 847 nm
接收指标	探测器	Si - APD
	BER	-71.4 dBm
	执行机构	两轴万向节
粗瞄机构	跟踪精度	$\pm 0.01°$
	光学传感器	CCD
	视域	$\pm 0.2°$
	执行机构	一对独立的单轴偏转镜
	偏转角度范围	± 500 μrad
精瞄机构	跟踪精度	± 0.64 μrad
	光学传感器	QD
	视域	± 200 μrad
	执行机构	一对独立的单轴偏转镜
	偏转角度范围	± 75 μrad
提前瞄准机构	精度	± 1.58 μrad(捕获)
		± 1.85 μrad(通信)
	光学传感器	QD

　　1989 年日本开始了 OICETS(Optical Inter-orbit Communications Engineering Test Satellite)计划,将 LUCE(Laser Utilizing Communications Equipment)终端搭载到 OICETS 卫星上,在 LEO 轨道上实现星地、星间激光通信。2006 年 3 月至 5 月,日本国家信息通信技术研究院(NICT)利用光通信终端 LUCE 与位于东京市区内的光学地面站 KODEN 进行了星地激光通信实验,这是世界上首次低轨卫星和光学地面站之间的星地激光通信实验,该实验验证了低轨卫星和地面站进行高数据率激光通信的可行性。2006 年 6 月,LUCE 终端实现了与德国宇航中心移动光学地面站 OGS‒OP 之间的激光通信实验,在国际上首次建立了低轨道卫星与移动光学地面站间的激光通信链路,验证了低轨卫星与移动光学站间建立激光通信网络的可能性。

　　日本于 1997 年开始了 NeLS(Next-generation LEO System)计划,并成立了 NeLS 研发中心。NeLS 计划致力于在全球范围内为便携式用户终端提供 2 Mbps 数据率的多媒体移动卫星通信服务。该计划利用质量在 100~300 kg 的小卫星建立激光通信网,用以进行星间及星地激光通信。在此通信网络内,每颗卫星与相邻的四颗卫星进行数据传输,而对于星地链路,每束激光只和单一用户建立激光链路,用以实现卫星到地面用户终端的数据传输。NeLS 计划预计于 2010 年正式投入商业运营。NeLS 计划第一阶段主要进行卫星天线、星间激光链路、卫星组网及多数据率调制等关键技术的研究。从 2003 年开始,NeLS 计划进入第二阶段,该阶段的主要任务是进行星间激光链路在轨实验,NeLS 研究中心与 CRL 以及 MHI (Mitsubishi Heavy Industries Ltd)成立了联合研究小组,主要进行小卫星间以及星地激光链路的相关研究。在计划中,NeLS 在轨实验预计在 2006 年进行,但目前未见相关报道。

　　目前,国际上已完成了对空间激光通信链路的概念研究,关键技术和核心部件已经解决,已实现了低轨卫星对同步卫星的低、中码速率激光通信实验和进行了低轨卫星对地面站的激光通信实验。这些通信实验系统达到了高捕获概率、短捕获时间、抗多种干扰的高灵敏度动态跟瞄和较高传输数据率,同时研制了激光链路系统评估测试平台及分析、仿真的软件。

12.5.2　国外地面空间光通信商用网络研发进展

　　在自由空间光通信(FSOC)领域,国外已经开始了将近 10 年的研究,但是 FSOC 产品真正投入使用也就是最近几年的事情。在 FSOC 这个领域里,国外几个比较大的 FSOC 厂家有 LightPointe 公司,AirFiber 公司,Canon 公司,Terabeam 公司等。LightPointe 收到 Corning 和思科系统公司的投资款 3 千多万美元(现已增值至 5 千多万美元);而 AirFiber 则获得来自北电网络的约 5 千万美元

（现已增值至 9 千多万美元）；朗讯科技则投资了 4 亿 5 千万美元的巨款在 Terabeam 身上（现已增值至 5 亿 8 千多万美元）。几个公司的研究现状分别介绍如下。

1. Lucent 与 TeraBeam

Lucent1998 年 3 月开始开发，1999 年 3 月发布 WaveStar OpticAir system 产品，其单波长传输速率 2.5 Gbps，四波长 10 Gbps，传输距离 5 km，1999 年 12 月由 Global Crossing Ltd 现场使用。

Lucent 宣布由 Lucent 投入资金、研究开发资源、知识产权等（合计价值 4 亿 5 千万美元），组建 TeraBeam Internet Systems 公司，生产基于 IP 的无光纤点到多点网络自由空间光产品。其发送和接收机是固定在办公室窗户上的小卫星碟，天线的波束与安装在楼内的基站相连。TeraBeam 的产品都用 Lucent 商标，光元件、网络设备和服务优先选用 Lucent 产品，TeraBeam 拥有 70％的股份，可以使用技术和销售客户。在悉尼奥运会上，Terabeam 公司成功地使用 FSOC 设备进行图像传送，并在西雅图的四季饭店成功地实现了利用 FSOC 设备向客户提供 100 Mbps的数据连接。该公司还计划近年在全美建设 100 个 FSOC 城市网络。

2. LightPointe 公司

将自由空间光学技术用于创造、设计和制造电信公司等级的光传输设备，向电信服务商提供比传统光缆传输速度更快、成本更低的高速通讯解决方案。LightPointe 的系统以超快的带宽速度提供安全可靠的无线传输，速度最高可达 2.5 Gbps，产品适应性强，可解决城市地区的连接问题。公司拥有多项正在申请专利的专有技术，可提供电信公司等级的网络可用性。LightPointe 的自由空间光通信（FSOC）产品在第一层（物理层）工作，可适应任何协议（SONET，SONET/SDH，ATM，FDDI，以太网和快速以太网）。产品包括各种"飞行自由空间光传输解决方案"，如 FlightLite，FlightPath，FlightSpectrum，LightStation 等。FlightLite 和 FlightPath 速度最高可达 1.25 Gbps，提供兆位级以太网通讯能力，工作波长为 850 nm。2003 年秋季开始向市场提供 2.5 Gbps Flight Spectrum，其使用半径为 1 000 m，采用 1 550 nm 波长。产品 LightStation 的特点包括：

①数据率从 1 Mbps 到 1.25 Gbps ，传输距离达 2.5 km；

②分布 SNMP 监视采用光接口；

③信号高度安全；

④协议透明（IP，ETHERNET，ATM，SONET，FDDI），容易集成到现有的网络；

⑤内置望远镜和信号强度表；

⑥微调控制,内部装有加热器,具有镜头防霜功能;

⑦采用自动微波备份交换技术,可使用率达 99.999%,采用 LightPointe Patent Pending 的 FORCE 技术(Free-space Optical Radio Communication Equipment)可补偿纯光通信带来的限制。使用无须许可证的扩展频谱 ISM 频带的 LBS 100/10 微波备份交换产品,可克服有雾天气的限制。

3. AirFiber 公司

AirFiber 位于美国加州圣迭戈市,于 1998 年 5 月成立,主要服务于大型城市大楼宇宽带接入。它的产品称为 OptiMesh,网络结构为网眼状拓扑结构,冗余备份短距离 622 Mbps 无线光传输系统。产品特点有:

①运行中心由交换、路由、服务平台、NMCs、网关到载体 ISRs;

②主干传输由光纤环、ADMs、光纤/铜线分布、微波链路等组成;

③从核心网到初级用户网包括 AirFiber 节点、楼房 POP、初级 NTU 或服务平台;

④基础服务提供用户 LAN、PBX、布线、终端设备、电话和计算机。

Airfiber 公司在美国波士顿地区将 FSOC 通信网光纤网(SONET)通过光节点连接在一起,完成了该地区整个光网络的建设。

4. Canon

Canon 公司是世界著名的光学仪器生产公司,利用在光学系统方面的优势,也涉足自由空间光通信系统领域。主要产品有:Canobeam DT – 50,速率从 25 Mbps 到 622 Mbps,可连接 FastEthernnet,FDDI, ATM。特点是具有自动跟踪系统,调整探测器件的位置以检测激光束的光轴,所以不因建筑物的摆动和震动而使传输中断。同时,镜头自动跟踪特性增加传输距离达 2 km。Canobeam III 数据率达到 622 Mbps,有不同的网络接口,如 ATM, FDDI, Fast Ethernet,并可选择 SNMP 的 TCP/IP。

2003 年 5 月,Canon 美国公司宣布他们的多套自由空间光通信系统成功应用到美国纽约州地方法院系统,并在 9·11 恐怖袭击之后的重建工作中发挥了出色作用。

12.5.3　国内研究现状

在地面 FSOC 商业服务网络方面,2003 年 3 月 17 日上海铁通宣布已经采购至少 50 套无线光通信设备厂商 Terabeam 的 FSOC 系统。上海铁通最初的系统安装将从陆家嘴金融区开始,FSOC 系统将服务陆家嘴的企业网并为吉通、网通、联通等提供网络租借服务,大大缩短了服务提供时间。2003 年 7 月 15 日

Terabeam公司在上海宣布中国长城宽带公司将选择他们的设备建设 15 个城市的宽带网络。目前 Terabeam 的设备已经在上海和重庆作为跨江的通信设备投入应用。

12.5.4　发展趋势

由于卫星光通信技术的诸多优点,各国都在大力开展相关领域的研究工作,日本、美国和欧洲等国家和地区已经进入了空间实验阶段,相信在不远的将来卫星激光通信将成为卫星通信事业的主角,并和微波通信一同完成星地、星间信息传输。我国现阶段也正在投入大量的人力和物力进行卫星光通信的研究,相信只要经过我们科研人员的不懈努力,我国的卫星通信技术水平会达到世界先进水平。

FSOC 技术原理比较简单,关键的问题是如何提高传输的可靠性,使其尽量达到电信运营商的要求。所以现在的研究方向是大多是提高其可靠性,并增加传输距离、提高传输速率。研究内容大致有以下一些方面。

1. 大气信道的研究

主要研究大气信道的空间损耗,不同气象条件下的传输衰减,大气闪烁,空气散射,背景噪声等。其主要目的是准确掌握某地的气候等通信条件,同时找到气象条件影响通信质量的规律,为通信的实现提供参考数据。

2. 传输可靠性的研究

这个方面的研究工作主要是在某地区一定通信条件下,采取必要的发射接收技术来正确进行数据的传输。现在几个大的 FSOC 生产厂家都有自己的一些专利技术来解决这个问题。据统计,MRV 公司现在拥有最多的 FSOC 专利,达 16 项之多。现在电路部分的做法一般是采取大功率连续单纵模激光器加高灵敏度 Si 光电二极管来克服大气信道带来的衰减,减少误码。

还有一些公司,比如 LightPointe 公司,采用多光束(四个)发射技术,既可以克服气穴的影响,同时可以克服飞鸟等引起的光路的突然割断。还有比较重要的一种技术就是跟踪技术,这方面 Canon 公司是代表,它一般采用 CCD 利用光强度或者波形来自动定位、调整发射端的位置。同时有的公司也提出了采用微波和 FSOC 互为备份的概念,不过价格过于昂贵。

3. 传输速率的提高

FSOC 相对于其他接入设备最大的优势之一就是带宽。现在 FSOC 产品的速率从 2 Mbps 开始,形成多个系列,比较典型的有 10 Mbps,100 Mbps,155 Mbps,622 Mbps。有的公司采用波分复用(WDM)技术,速率可以达到 2.5 Gbps,10 Gbps。

4. FSOC 设备网络拓扑的研究

FSOC 网可以有三种拓扑,即点到点、点到多点(星形)和网状网,也可以把它们组合起来使用。目前已使用的系统多采用点到点结构,其原因是大多数系统只是用来连接企业内部的各幢大楼,作为高带宽的专线连接。网状结构的优点是可以把业务集中到一点再接入核心网,效率较高、比较经济。但缺点是能提供的带宽较少,可靠性差。网状结构的优点是通过多个网络节点可以提供几乎实时的迂回选路,使服务得到保护。

现在空间光通信系统发展的主要趋势是:

①卫星激光通信系统的应用正在向低轨道小卫星星座星间激光链路发展;

②激光星间链路用户终端向小型化、一体化方向发展;

③低轨道小卫星星座激光链路正进入商业化、实用化发展阶段。

在卫星激光通信研究的前期,主要是以中继卫星为应用背景。然而,随着小卫星星座的迅猛发展,国外对第二代中继卫星的兴趣已经下降,对小卫星星座的兴趣大大增加。卫星激光通信研究工作,已经开始逐渐从以中继卫星为主要背景转到以小卫星星座为应用背景上。可以预见,研究重点将会逐渐转移到小卫星星座星间激光链路的研究上。基于此点,对小卫星星座星间激光链路的研究工作将在空间光通信的研究中占有重要地位。

随着通信需求和设备技术的进步,自由空间光通信系统已开始进入实用化研究阶段。相信在不久的将来,激光通信将取代微波通信成为星际间通信的主要手段。无线电系统和光无线系统在许多方面可互为补充,光无线系统能提供小区域的高速连接,而无线电系统能提供大区域内低速通信。各种系统的无缝连接将能使用户得到更方便的服务。

虽然目前 FSOC 有些问题还在研究之中,但其成本低、组网快速、无需频率申请等优点决定 FSOC 的市场前景将会非常广阔。

从以上看来,现在 FSOC 的发展方向是:首先提高系统的可靠性,然后在此基础上增加系统的传输速率,传输距离,从而找寻 FSOC 更多的使用领域;同时研究 FSOC 的网络拓扑结构,以使得 FSOC 设备发挥最大的潜能。

第 13 章　全光通信技术

光纤通信具有带宽资源丰富、抗干扰能力强、传输损耗低、保密性能好等诸多优点，因此为通信网络开创了一片崭新的天地，使我们的生活步入了地球村时代。而随着通信业务需求的进一步增长，光纤通信正朝着网络化、智能化、超高速、大容量的方向发展。

但是在目前的光纤通信系统中，信号在网络的节点处要经过多次光/电、电/光转换，不但网络节点庞大复杂，而且其中的电子器件已经不能够满足目前情况下的超高速、大容量等需求，产生诸如带宽受限、时钟偏移、严重串话及高功耗等问题，这些情况我们统称为光通信网中的"电子瓶颈"现象。因而，全光通信的实现就成为了当务之急。

全光通信是指通信网中各节点之间信息的传输和交换全在光域内进行，不但信息从源端到宿端的传输过程都在光域内进行，而且信息在网络节点处的交换也采用全光交换技术。

13.1　概　　述

13.1.1　全光网的概念

光纤通信是目前最主要的信息传输技术，迄今为止，尚未发现可以替代它的技术。即使在世界通信业发展的低谷时期，各公司在资金极其短缺、研发投入相对紧张的情况下，对光纤通信新技术的研究仍然没有停止和放松，创造出了实验室 4×40 Gbps 无电再生传输 10 000 km 的最高记录。从我国网络业务量变化的趋势来看，目前我国干线网数据带宽已超过话音，全网的数据业务量也已超过话音业务量；IP 业务已成为主导的联网协议，IP 用户持续增长，已趋近摩尔定律。2005 年，SDXC 年节点容量超过 5 Tbps，如果仅仅通过芯片密度和性能改进来提高节点容量，大约 2~3 年翻番，这个速度相对来说太慢了。如果采用分布式交换结构来提供高密度低成本节点，其容量扩展难以靠非阻塞在线方式实现，多个 OXC 直接互连会引入连接阻塞，且节点吞吐量和效率迅速减少。因此，从长远看电节点无法解决容量瓶颈问题。

　　通信业务需求的飞速发展对通信容量提出了越来越高的要求。目前,基于 DWDM 的光纤通信系统已经实用化。在进行交换和上下话路时受到"电子瓶颈"的限制,为此,提出了"全光网"(AON)的概念。从原理上讲,全光网就是通信网中一直到用户节点的信号通道都保持光的形式,即端到端的全光路,中间没有光电转换器。这样,网内光信号的

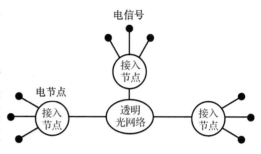

图 13.1　全光网络示意图

流动就没有光电转换的障碍,信息传递过程无需面对电子器件速率难以提高的困难。概念化的全光网如图 13.1 所示。

　　全光网由全光内部部分(含有波长路由功能的光交叉连接设备,简称 OXC)和外部部分(一个通用网络控制部分)组成。内部全光网是透明的,能容纳多种业务格式,网络节点可以通过选择合适的波长进行透明的发送或从别的节点处接收。通过对波长路由的 OXC 进行适当配置,透明光传输可以扩展到更大的距离。外部控制部分可实现网络的重构,使得波长和容量在整个网络内动态分配,以满足通信量、业务和性能需求的变化,并提供一个生存性好、容错能力强的网络。

13.1.2　全光网的特点

　　全光通信网比传统的电信网具有更大的通信容量,具备以往通信网和现行光通信系统所不具备的优点:

　　①采用全光中继、全光交换、时分复用、WDM、空分复用等复用方式,可实现超高速、超大容量的信息传输;

　　②具有可扩展性,网络结构和单元模块化,当加入新的网络节点时,无需改动原有结构和设备,只需升级网络连接,就能够增添网络单元;

　　③对传输码率、数据格式及调制方式均具有透明性,可提供多种协议的业务,同时不受限制地提供端到端业务,这一点对于城域网更加重要,因为城域网的业务类型很多,而且不同的业务要求的速率和带宽也不相同;

　　④根据网络中业务流量的变化,动态地调整光路中波长资源和光纤路径资源,使网络资源得到最有效的利用,直接在光域内对光纤折断或节点损坏作出反应,实现网络重构和通信的保护、恢复;

　　⑤没有昂贵的光电转换设备,许多光器件都是无源的,不但降低了通信成本,而且网络便于维护、可靠性高。

13.1.3　全光网的发展过程——三代通信网络

通信网络的发展历史悠久,经历了已开始逐渐被淘汰的电通信网络、目前正在广泛使用光电混合网络,正朝着全光网络迈进。

1. 电网络

电网络采用电缆网络节点互连在一起,网络节点采用电子交换节点,是一种相当成熟的网络,如图 13.2(a)所示。作为电信号承载信道的电缆有同轴(大、中、小)电缆和对称电缆之分,是一种损耗较大、带宽较窄的传输信道,主要采用频分复用(FDM)方式来提高传输的容量。电网络具有如下特点:

①信息以模拟信号为主;

②信息在网络节点的时延较大;

③节点的信息吞吐量小;

④信道的容量受限、传输距离较短等。

这些特点都由于电网络完全是在电领域完成信息的传输、交换、存储和处理等功能,因此,受到了电器件本身的物理极限的限制。

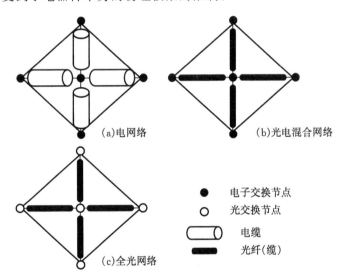

图 13.2　三代通信网络

2. 光电混合网络

光电混合网络在网络节点之间用光纤取代传统的电缆,实现了节点之间的全光化,这是目前广泛采用的通信网络,如图 13.2(b)所示。光纤与电缆相比有如下优点：

①通信容量大，传输距离远；

②信号串扰小，保密性能好；

③抗电磁干扰，传输质量佳；

④光纤尺寸小，重量轻，便于铺设和运输；

⑤节约金属。

这是一个数字化的网络，它采用了时分复用（TDM）来充分挖掘光纤的带宽资源进行大容量信息的传输，采用时分交换网络（结合空分）实现信息在网络节点上的交换。TDM 有两种复接体，即基于点到点的准同步复接体系（PDH）和基于点到多点、与网络同步的同步复接体系（SDH），由于 SDH 优于 PDH，因而目前广泛用使用 SDH 取代 PDH。

3. 全光网络

全光网络以光节点取代电节点，并用光纤将光节点互连在一起，实现信息完全在光领域的传送和交换，是未来信息网的核心，如图 13.2(c) 所示。全光网络最重要的优点是它的开放性。全光网络本质上是完全透明的，即对不同速率、协议、调制频率和制式的信号同时兼容，并允许几代设备（PDH/SDH/ATM）共存于同一个无源分路/合路器和光纤，而不必安装另外的交换节点或者长光缆。全光网络与光电混合网络的显著不同在于它具有最少量的电/光和光/电转换，没有一个节点为其他节点传输和处理信息服务。

从图 13.3 通信网络的分层可以清楚地看出在光层中传输的网络功能，如分插复用（ADM）、交叉连接、信号存储以及业务调度均在光层中完成。这种分层网络支持传统的电复用信号传输，也可以提供全光端对端透明连接。光传送网实际上是为上层业务如 SDH/ATM/IP 等提供高一层的统一平台。

13.1.4　光传送网(OTN)技术

光传送网（Optical Transport Network，OTN）是由 ITU-T G. 872，G. 798，G. 709 等建议定义的一种全新的光传送技术体制，它包括光层和电层的完整体系结构，对于各层网络都有相应的管理监控机制和网络生存性机制。OTN 的思想来源于 SDH/SONET 技术体制（例如映射、复用、交叉连接、嵌入式开销、保护、FEC 等），把 SDH/SONET 的可运营与可管理能力应用到 WDM 系统中，同时具备了 SDH/SONET 灵活可靠和 WDM 容量大的优势。

除了在 DWDM 网络中进一步增强对 SONET/SDH 操作、管理、维护和供应（OAM&P）功能的支持外，OTN 核心协议——ITU G. 709 协议（基于 ITU G. 872）主要对以下三方面进行了定义。

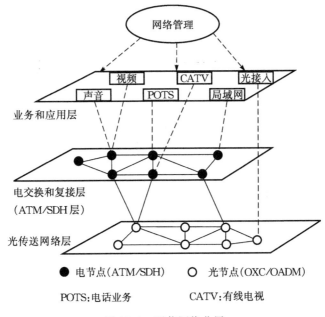

图 13.3　通信网络分层

①它定义了 OTN 的光传输体系；

②它定义了 OTN 的开销功能以支持多波长光网络；

③它定义了用于映射客户端信号的 OTN 的帧结构、比特率和格式。

OTN 技术是在目前全光组网的一些关键技术（如光缓存、光定时再生、光数字性能监视、波长变换等）不成熟的背景下，基于现有光电技术提出的折中传送网组网技术。OTN 在子网内部通过 ROADM 进行全光处理而在子网边界通过电交叉矩阵进行光电混合处理，但目标依然是全光组网，也可认为现在的 OTN 阶段是全光网络的过渡阶段。

1. OTN 网络结构

按照 OTN 技术的网络分层，可分为光通道层、光复用段层和光传送段层三个层面。另外，为了解决客户信号的数字监视问题，光通道层又分为光通路净荷单元（OPU）、光通道数据单元（ODUk）和光通路传送单元（OTUk）三个子层，类似于 SDH 技术的段层和通道层。如图 13.4 所示。

2. OTN 复用结构

OTN 复用结构也类似 SDH 复用结构，如图 13.5 所示。

OTU,ODU（包括 ODU 串联连接）以及 OPU 层都可以被分析和检测。按照 ITU G.709 之规定，当前的测试解决方案可以提供三种线路速率：

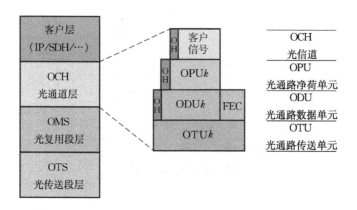

图 13.4 OTN 结构原理图

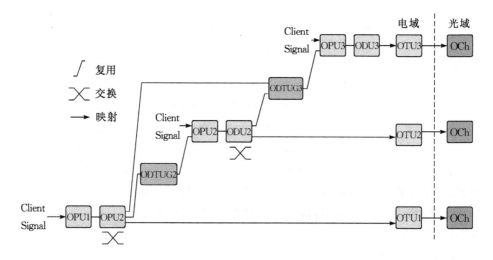

图 13.5 OTN 复用结构图

- OTU1(255/238×2.488 320 Gbps≈2.666 057 143 Gbps)也称为2.7 Gbps
- OTU2（255/237 × 9.953 280 Gbps ≈ 10.709 225 316 Gbps）也称为10.7 Gbps
- OTU3（255/236 × 39.813 120 Gbps ≈ 43.018 413 559 Gbps）也称为43 Gbps

每种线路速率分别适用于不同的客户端信号：

- OC-48/STM-16 通过 OTU1 传输

- OC‐192/STM‐64 通过 OTU2 传输
- OC‐768/STM‐256 通过 OTU3 传输
- 空客户端(全为 0)通过 OTUk ($k=1, 2, 3$) 传输
- PRBS 231‐1 通过 OTUk ($k=1, 2, 3$) 传输

对于不同速率的 G.709 OTUk 信号,OTU1,OTU2 和 OTU3 具有相同的帧尺寸,即都是 44 080 个字节,但每帧的周期是不同的,这跟 SDH 的 STM‐N 帧不同。SDHSTM‐N 帧周期均为 125 μm,对于不同速率的信号,其帧的大小是不同的。G.709 已经定义了 OTU1,OTU2 和 OTU3 的速率(如表 13.1 所示),关于 OTU4 速率的制定还在进行中,尚未最终确定。

表 13.1 G.709 OTUk 类型及速率

OUT 类型	理论速率	帧长度	速率容差	帧周期
OTU1	2.666 057 243 Gbps			48.971 μs
OTU2	10.709 225 316 Gbps	130 560 bit	±20ppm	12.191 μs
OTU3	43.018 413 559 Gbps			3.035 μs
OTU4(制定中)	100 Gbps/120 Gbps/ 160 Gbps			

当 OTN 帧结构完整(OPU,ODU 和 OTU)时,ITU G.709 提供开销所支持的 OAM&P 功能。它规定了类似于 SDH 的复杂帧结构,有着丰富的开销字节用于 OAM,相关设备与 SDH 特性类似,支持子速率业务的映射、复用和交叉连接、虚级联。

13.1.5 ROADM 技术

ROADM 是一种类似于 SDH ADM 光层的网元,它可以在一个节点上完成光通道的上下路(Add/Drop),以及穿通光通道之间的波长级别的交叉调度。它可以通过软件远程控制网元中的 ROADM 子系统实现上下路波长的配置和调整。目前,ROADM 子系统常见的有三种技术:平面光波电路(Planar Light wave Circuit,简称 PLC)、波长阻断器(Wavelength Blocker,简称 WB)、波长选择开关(Wavelength Selective Switch,简称 WSS)。

三种 ROADM 子系统技术各具特点,采用何种技术,主要视应用而定。根据对北美运营商的统计,超过 70% 的需求仍然是二维的应用,而只有约 10% 的 ROADM 节点,将会采用四维或以上的节点。因此,基于 WB/PLC 的 ROADM,

可以充分利用现有的成熟技术对网络造成的影响最小,易于实现从 FOADM 到二维 ROADM 的升级,具有极高的成本效益。而基于 WSS 的 ROADM,可以在所有方向提供波长粒度的信道,远程可重配置所有直通端口和上下端口,适宜于实现多方向的环间互联和构建 Mesh 网络。

13.2　全光通信网的关键技术

全光通信网的关键技术有全光交换(AOS)、全光交叉连接(OXC)、全光中继、光复用和全光网的管理、控制、运作等技术。

13.2.1　全光交换(AOS)技术

光交换是指光纤传送的信息直接进行交换。与电子数字程控交换相比,光交换无需在光纤传输线路和数字交换机之间设置光端机进行光/电/光交换,并且在交换过程中还能发挥光信号的高速、宽带和无电磁感应的优势。全光交换可分为光路交换和分组光交换两种类型。

13.2.1.1　光路交换

光路交换主要有 5 种交换方式:空分光交换、时分光交换、波分光交换、复合型光交换及自由空间光交换。

1. 空分光交换

空分光交换是指空间划分的交换。其基本原理是将光交换元件组成门阵列开关,并适当控制门阵列开关,即可在任一路输入光纤和任一输出光纤之间构成通路。这个通道可以是光波导,也可以是自由空间的光束。信息的交换通过改变传输路径来完成。如图 13.6 所示。

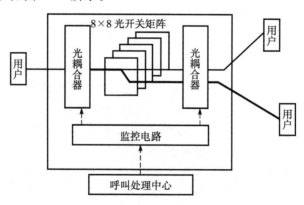

图 13.6　空分光交换

　　自由空间光交换可以看作是一种空分光交换,然而,这种交换方式在空分复用方面具有显著的特点,尤其是它在 1 mm 范围内具有高达 10 μm 量级的分辨率,因此,自由空间光交换被认为是一种新型交换技术。它一般采用阵列器件和自由空间光开关,因此必须对阵列器件进行精确的校准。图 13.7 给出了一种自由空间光交换的应用实例。

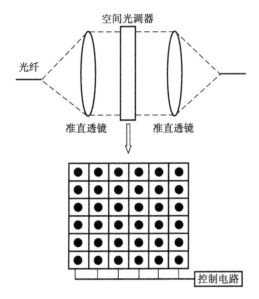

图 13.7　自由空间光交换

　　空间光调器(SLM)是由排成方阵的许多个基本元件构成。每个元件的“透明”程度是靠外加电信号控制的,因此根据需要,适当设置不同的外加电信号即可使得入射光信号通过(透明)或不通过(不透明),实现 $N \times N$ 光开关阵列。

　　自由空间光交换的优点是对所需的互连不用进行物理接触,没有信号干扰和串音干扰,具有很宽的空间带宽和瞬时带宽(它在 1mm 内具有高达 10 μm 的分辨率),而且色散很低。这种交换通过平行反射提供很高的信号互连性,这类光交换系统能够提供比波导技术更优越的系统性能,所以自由空间光交换被认为是一种新型交换技术,其构成器件可以是二维阵列连接芯片,而不是像连接电线和光纤那样只有一维接口。据报道 AT&T 在最近的实验中,采用 32×32 自由空间交换结构达到了 100 Mbps 的交换速率。

　　空间光交换网络最常采用的网络结构是三级结构,如图 13.8 所示。主要由分路/合路器和中央交换处理器模块构成。有三个典型的网络如图 13.9 所示。

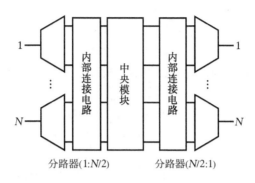

图 13.8　三级网络结构

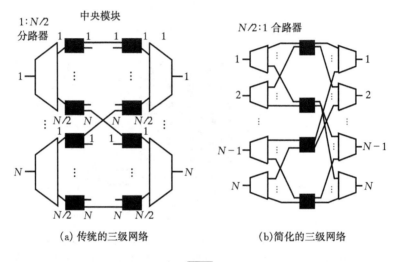

(a) 传统的三级网络　　　　　　　　　(b)简化的三级网络

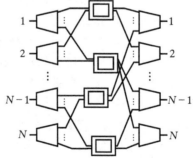

(c)采用方向耦合器的三级网络

图 13.9 三种三级网络结构

对不同空间交换网络进行评价的主要性能指标如下。

（1）基本光开关数和可集成度 基本光开关数和可集成度大致反映了交换单元的成本。对给定的交换容量来说，当然所需的基本光开关数越少越好，同时尽量采用集成光路技术，以降低成本。

（2）阻塞特性 交换网络的阻塞特性共分四种：①绝对无阻塞型：不需特殊的交换算法就能将任何入线连接至任何未占用的出线。图 13.10 所示为一个利用 1×2 和 2×2 的光开关实现 4×4 的绝对无阻塞型光交换网络；②广义无阻塞型：利用特殊的交换算法能够将任何入线连接至任何未占用的出线；③可重排无阻塞型：将目前存在的连接重新调整后可以实现将任何入线连接至任何未占用的出线，图 13.11 所示为一个利用 2×2 的光开关实现的 8×8 可重排无阻塞型光交换网络；④有阻塞型：虽然入线和出线都空闲，但是由于交换网络内部结构问题，在它们之间无法建立连接。

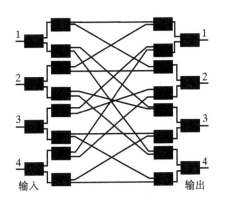

图 13.10 绝对无阻塞型光交换网络

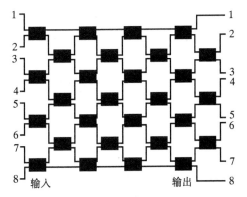

图 13.11 可重排无阻塞型光交换网络

（3）光路损耗 光路损耗与经过的光放大器数量有关，直接影响交换单元的成本和复杂性。它大致与交换网络的级数成正比。提高工艺，增加光路的集成度，以及完善与光纤的匹配技术是减少损耗的主要途径。

（4）信噪比 由于光开关的特性不完善，存在一定的消光比，当两路光信号经过一个光开关时，会有一部分能量耦合入另一信号中，造成串扰，引起信噪比下降。采用扩展网络结构，使任一 2×2 光开关同时最多只有一路光信号经过，信号之间必须经过两次耦合才能发生串扰，因此可以得到较高的信噪比，如图13.12所示。

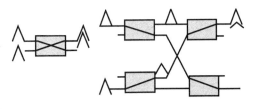

图 13.12 利用扩展网络减少串扰

2. 时分光交换

时分复用是通信网中普遍采用的一种复用方式。时分光交换就是在时间轴上将复用的光信号位置转换成另一时间位置。信号的时分复用可分为比特复用和块复用两种。由于光开关需要由电信号控制，在复用的信号间需要有保护带来完成状态转换，因此采用块复用比采用比特复用的效率高得多。现假定时分复用的光信号每帧复用 T 个时隙，每个时隙长度相等，代表一个信道。

图 13.13 为四种时隙交换器。图中的空间光开关在一个时隙内保持一种状态，并在时隙间的保护带中完成状态转换。图(a)用一个 $1 \times T$ 空间光开关把 T 个时隙分解复用，每个时隙输入到一个 2×2 光开关。若需要延时，则将光开关置成交叉状态，使信号进入光纤环中，光纤环的长度为 1 个时隙，然后将光开关置成平行状态，使信号在环中循环。需要延时几个时隙就让光信号在环中循环几圈，再将光开关置成交叉状态使信号输出。T 个时隙分别经过适当的延时后重新复用成一帧输出。这种方案需要一个 $1 \times T$ 光开关和 T 个 2×2 光开关，光开关数与 T 成正比增加。图(b)采用多级串联结构使 2×2 光开关数降到 $2 \log_2 T - 1$，大大降低了时隙交换器的成本。图(a)和图(b)有一个共同的缺点：反馈结构(即光信号从光开关的一端经延时又反馈到它的一个入端)使不同延时的时隙经历的损耗不同，延时越长，损耗越大，而且信号多次经过光开关还会增加串扰。图(c)和图(d)采用了前馈结构，使所有时隙的延时都相同。图(c)中没有 2×2 光开关，控制比较简单，损耗和串扰比较小。但是在满足保持帧的完整性要求时，它需要 $2T - 1$ 条不同的光

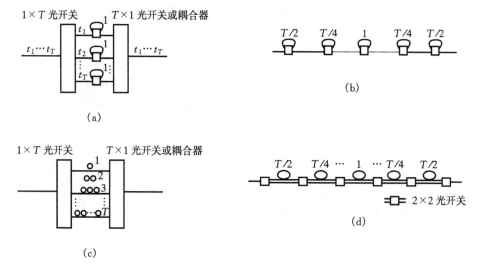

图 13.13　四种时隙交换器

纤延时线,而图(a)只需 T 条长度为 1 的光纤延时线。图(d)采用多级串联结构,减少了所需的延时线数量。

3. 波分光交换

在光纤通信系统中,波分复用(WDM)或频分复用(FDM)都是利用一根光纤来传输多个不同波长或光频率的载波信号来携带信息的。波分光交换是指光信号在网络节点中不经过光/电转换,直接将所携带的信息从一个波长转移到另一个波长上。波分光交换充分利用光路的带宽特性,可以获得电子线路所不能实现的波分型交换网络。与时分光交换系统相比,波分光交换有两个优点:①各个波长信道比特速率具有独立性,交换各种速率的带宽信号不会有什么困难;②交换控制电路的运行速度不是很高,一般电子电路就可以完成。图 13.14 所示为波长变换器。

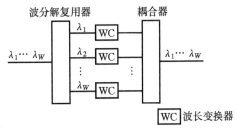

图 13.14　波长变换器

目前实现波长转换有三种主要方案,一种是利用 O/E/O 波长变换器,即光信号首先被转换成电信号,再用电信号来调节可调谐激光器的输出波长,即可完成波长转换功能。这种方案技术最为成熟,容易实现,且光电变换后还可进行整形、放大处理。但是由于其间经过了光/电和电/光变换、整形和放大处理,失去了光域的透明性,带宽也受检测器和调制器的限制。第二种利用行波半导体放大器的饱和吸收特性,利用半导体光放大器交叉增益调制效应或交叉相位调制效应,实现波长变换。第三种利用半导体光放大器中的四波混频效应,具有高速率、宽带宽和良好的光域透明性等优点。

4. 码分光交换

光码分复用(OCDMA)是一种扩频通信技术,通过不同用户的信号成正交的不同码序列来填充,这样经过填充的用户信号可调制在同一光载波上在光纤信道中传输,接收时只要用与发送方向相同的序列进行相关接收,即可恢复原用户信息。由于各用户采用的是正交码因此相关接收时不会构成干扰。由于采用不同的扩频码序列对码元进行填充,因此扩频编解码是关键。码分光交换的原理就是将某个正交码上的光信号交换到另一个正交码上,实现不同码字之间的交换。图 13.15 为一个逻辑框图。

码分光交换与光时分交换相比不需要同步,图中 OCDMA 编码主要完成的功能是用不同的正交码来对光比特或光分组进行填充,由星形耦合器将信息送到所有的输出端口。

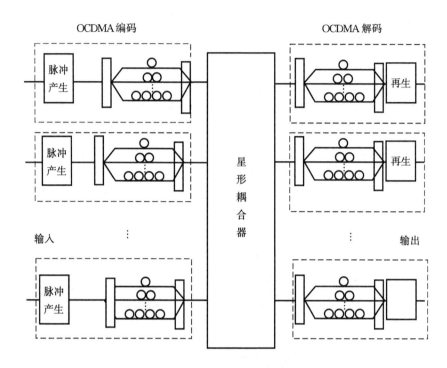

图 13.15　OCDMA 交换

5. 复合型光交换

复合型光交换技术是指将以上几种光交换技术有机地结合,根据各自特点合理使用,完成超大容量光交换的交换方式。例如将空分和波分光交换技术结合,总的交换量等于它们各自交换量的乘积。

常用的复合光交换方式有:空分＋时分、空分＋波分、空分＋时分＋波分等。图 13.16 给出两种空分＋时分光交换单元。对于需要时间复用的空分光交换模块和空间复用的时分光交换模块,分别用 S 和 T 表示。时分光交换模块可由 N 个时隙交换器构成。铌酸锂光开关、InP 光开关和半导体光放大器门型光开关速率都可达纳秒级,因此由它们构成的空分光交换模块可用于空分＋时分光交换中,每个时隙空分光交换模块的交换状态不同,这两者结合起来就可以构成空分＋时分光交换单元,构成方式可以是 STS 结构或 TST 结构。

与空分＋时分光交换类似,空分＋波分光交换需要波长复用的空分光交换模块和空间复用的波分光交换模块,分别用 S 和 W 表示。由于前面介绍的空间光开关都对波长透明,即对所有波长的光信号交换状态相同,所以它们不能直接用于空分＋波分光交换,只能把输入信号波分解复用,再对每个波长的信号分别应用一个

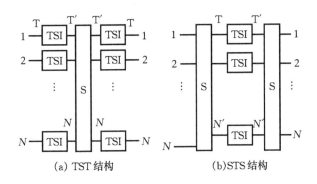

图 13.16 两种空分+时分光交换单元

空分光交换模块,完成空间交换后再把不同波长的信号波分复用起来,才能完成空分+波分光交换功能,如图 13.17 所示。

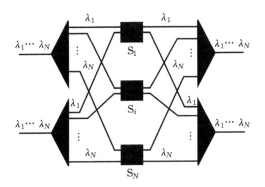

图 13.17 波分复用的空分光交换模块

用 S,T 和 W 三种交换模块可以组合成空分+时分+波分光交换单元,组合形式有 WTSTW,TWSWT,STWTS,TSWST,SWTWS 和 WSTSW 六种。

13.2.1.2 分组光交换

光分组交换与电分组交换原理基本是一样的,但有其自身的特点:处理速度更快、分组头的处理不一样、光缓存价格昂贵且不易实现等。

分组光交换完成以下功能:

①选路:分组在分布网络中从开关的输入到开关输出或从源到目的地需要选路。分组头以与数据不同的分组传送、处理以便正确设置开关的状态;

②流量控制与竞争解决方案:开关网络中分组不能相互碰撞、争用资源,常用的解决方案有缓存、阻塞、分流、缺陷选路等,以防止分组在开关网络链路上阻塞和开关输出端口的争用;

③同步：在开关的输入端口分组之间必须同步，以便分组之间正确地进行选路、交换；

④头的产生/插入：新的分组头的产生并在合适的输出端口插入到负荷中去，在多跳网中应与分组在网络中的时间无关。图 13.18 给出了一个分组光交换的原理框图。

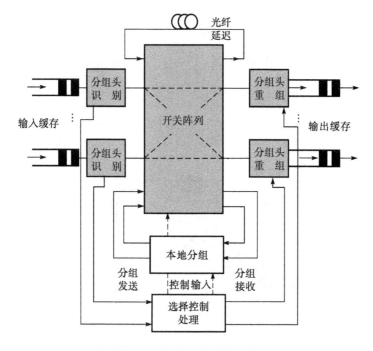

图 13.18　分组光交换原理图

13.2.2　光交叉连接(OXC)技术

OXC 是全光网络中的核心器件，它与光纤组成一个光纤网络。OXC 对全光通信进行交换，在网络节点处，对指定波长进行互连，从而有效地利用波长资源，实现波长重用，即用较少数量的波长连接较大数量的网络节点。当光纤中断或业务失效时，OXC 能够自动完成故障隔离、重新选择路由和网络重新配置等操作，使业务不中断，即具有高速光信号的路由选择、网络恢复等功能。

13.2.2.1　光交叉连接(OXC)类型

OXC 分为三类，如图 13.19 所示。

第一类，是带电核心的光电型 OXC，即 3R 再生(再放大、再整形、再定时)和交

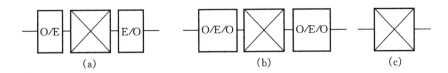

图 13.19 三种类型的光交叉连接器

叉连接都是在电域进行。如图 13.19(a)所示。

第二类,是带光电核心的光电型 OXC,即 3R 再生是在电域进行,而交叉连接是在光域进行。如图 13.19(b)所示。

第三类,是全光型 OXC,即 3R 再生和交叉连接都是在光域进行,如图 13.19(c)所示。

前两类 OXC 在交叉连接过程中需要光/电/光转换,它们的交换容量要受到电子器件工作速度的限制,使得整个光通信系统的带宽受到了制约,但因在电域完成 3R 再生等功能技术成熟,所以近期内仍将是首选的光交叉连接方式。第三类 OXC 省去了光/电、电/光转换过程,能够充分利用光通信的宽带特性,并且具有透明性和成本低等优点。因此,全光 OXC 被认为是未来宽带通信网最具潜力的新一代交换技术。现在光电子领域正在采用各种各样的光学原理研制和开发可调光器件,包括:波长可调光器、波长可调滤波器、波长可调衰减器、波长变换器等,以满足全光 OXC 的需要。

光交叉连接器的功能是在光域完成单个或多个波长信道的交叉连接,是全光网络的重要器件。通常分为光纤交叉连接器(FXC)、波长选择交叉连接器(WSXC)和波长变换交叉连接器(WIXC),其定义分别如下。

1. 光纤交叉连接器(FXC)

FXC 是以一根光纤内的所有波长信道的总体为单位来进行交叉连接。如图 13.20(a)所示,通过光纤交叉连接可以将左上角输入光纤内的 λ_1 和 λ_2 波长信道整体交叉连接到右下角输出光纤内。这种连接方式的交换信息量大,然而不够方便灵活。

2. 波长选择交叉连接器(WSXC)

WSXC 是将一根光纤内的任意波长信道交叉连接到使用相同波长的任意光纤中去。如图 13.20(b)所示,通过波长交叉连接可将左上角输入光纤内的 λ_1 和 λ_2 波长信道分别连接到右上角和右下角输出光纤内,这种连接方式交换信息比较方便。在网络有多个 WSXC 节点的情况下,通过空间区域分割,使得在不同区域内可以使用相同的波长,称为波长重用。波长选择光交换可以用来构成波长路由器。

3. 波长变换交叉连接器（WIXC）

波长变换交叉连接是将一根光纤上的任意波长信道交叉连接到使用不同波长的任意光纤上。如图 13.20(c)所示，通过波长变换交叉连接可将左上角输入光纤内的波长信道 λ_1 和 λ_2 分别变换成 λ_3 和 λ_4，然后再分别连接到右上角和右下角输出光纤内。这种连接方式交换信息具有很高的灵活性，可以减少网络拥塞。

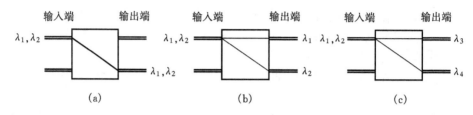

图 13.20　光交叉连接器的种类

13.2.2.2　OXC 结构及其工作原理

OXC 主要由输入部分（放大器 EDFA，解复用器 DMUX）、光交叉连接部分（光交叉连接矩阵）、输出部分（波长转发器 OTU、均功器、复用器）、控制和管理部分及其分插复用这五大部分组成，如图 13.21 所示。

设图中输入输出 OXC 设备的光纤数为 M，每条光纤复用 N 个波长。这些波

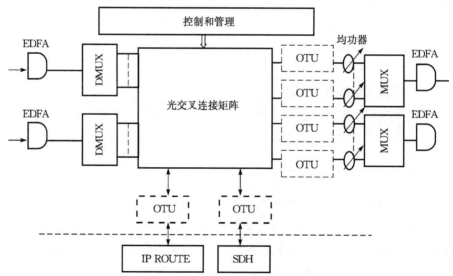

图 13.21　OXC 结构及其工作原理

分复用光信号首先进入放大器(EDFA)放大,然后经解复用器(DMUX)把每一条光纤中的复用光信号分解为单波长信号 $(\lambda_1 \sim \lambda_N)$,$M$ 条光纤就分解为 $M \times N$ 个单波长光信号。所以信号通过 $(M \times N) \times (M \times N)$ 的光交叉连接矩阵,在控制和管理单元的操作下进行波长配置,交叉连接。由于每条光纤不能同时传输两个相同波长的信号,所以,为了防止出现这种情况,实现无阻塞交叉连接,在连接矩阵的输出端每波长通道光信号还需要经过波长变换器(OTU)进行波长变换。然后再进入均功器把各波长通道的光信号功率控制在允许的范围内,防止非均衡增益经 ED-FA 放大产生比较严重的非线性效应。最后光信号经复用器 MUX 把相应的波长复用到同一光纤中,经 EDFA 放大到线路所需的功率来完成信号的汇接。

　　光网络的演进既要充分兼容已有的光网络技术,又要适应未来光网络的发展。可以预见,在今后相当长时间内,骨干网络将继续支持 SDH 体系,由此,光网络的发展将在支持现有 SDH 体系的基础上向光交叉连接/光子交换(PXC)演进。未来网络节点将具有多方位适应性,是各种交换方式,如光纤空分交换、波长信道交换、数据流交换和分组/包/信元等交换方式的综合,即:光纤-波长-分组(FWP)混合交换,节点结构如图 13.22 所示。混合交换节点将为用户同时提供电路型和分组型交换业务。

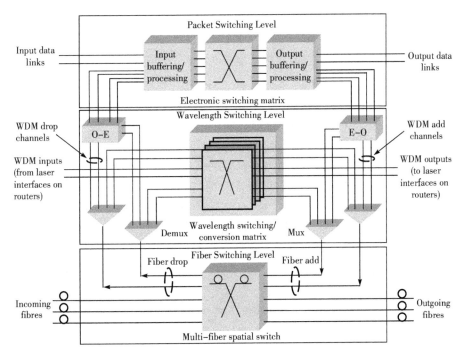

图 13.22　光纤-波长-分组(FWP)混合型交换节点结构

13.2.2.3　OXC 的主要功能、特点

基于 OXC 的光传送网可在光域上实现高速信息的传输、交换和故障恢复,具有结构简单、可靠性高、透明性好等突出优点。通过对指定波长进行交叉互连,使得 OXC 在 WDM 全光网络中更具应用价值。在发生光纤中断或节点失效时,OXC 能够自动完成故障隔离、路由重选等操作,使业务不会中断;当业务发展需要对网络结构进行调整时,OXC 可以简单地完成网络的升级和调度。OXC 主要功能如下:

- 光层的保护和恢复,包括环网/格状网(Ring/Mesh)的保护和恢复;
- 端到端光通道业务的指配(网络级交叉);
- 网络优化和恢复算法;
- 动态带宽管理,按需分配带宽;
- 多种业务接入能力;
- 光信道自动均衡;
- 色散管理;
- 光传送网 OCH/OMS/OTS 三层模型的网络管理系统,具备业务管理能力;
- 兼顾骨干网、城域网、本地网应用。

13.2.2.4　OXC 的用途

OXC 具有能灵活地适应带宽需求变化、在波长层面动态重新配置网络等突出优点。它具有如下主要用途:

- 连接和带宽管理以便提供无干扰信道(为专用线波长业务)和"光信道"(具有支持非 SDH/SONET 有效负荷)的连接和(波长)上/下功能等;
- 波长整修,以便提高所建立的基础设施的使用率;
- 10～40Gbps 业务的平滑增速,降低网络成本;
- 在波长层面的保护/恢复,以较低的网络成本最大限度地提高骨干网基础设施的效率和可靠性;
- 作为一个有综合接入功能的自动光配线架在波长层面选择路由和互联,从而可能替代一些光纤接插板,管理互联环之间的波长;
- 动态分配波长,其方法是将 OXC 与核心路由器耦合,为数据网中波动的带宽需求提供成本效应高的解决办法。

由于这些用途是在统一的网管系统下提供,因此能够迅速地提供端对端业务。

13.2.2.5　OXC 的发展

光交叉连接设备(OXC)是未来光交换网络的基石。经过多年的研究开发,一些全球著名公司已经完成了 OXC 传输设备的现场实验,在系统与网络间的兼容性、OXC 设备的级联特性、系统的保护倒换能力、网络管理等方面取得了不少成功的经验。如:全球光网络产品和光交叉连接设备的领先者 Alcatel,就在 1000km 的无色散位移光纤上,采用 2.5Gbps 速率、3 个 4×4 的 8 信道 OXC 设备,用 WDM 传送方式对 OXC 级联进行了成功实验。尽管由于受光器件成熟度的限制,目前纯光交叉矩阵的 OXC 仍然处于研发和现场实验阶段,但可以相信,随着光器件技术的迅速发展,光交叉连接设备(OXC)也将快速成熟,进而实现大规模商用。

13.3　代表性全光网

目前世界各国研究开发中的全光网络主要集中在美国、欧洲和日本。例如前几年开始的美国 ARPA(Advanced Research Projects Agency)一期计划(ONTC,AON 等)和二期全球网计划(MONET,NTON,ICON,WEST 等);欧洲的 RACE (Research and development in Advanced Communications technologies in Europe)和 ACTS(Advanced Communications Technologies and Services)光网络计划;日本有 NTT,NEC 和富士通等主要大公司和实验室进行的研究开发项目;此外,在法国、德国、意大利和英国同时也在做全光网络方面的研究。最近有 Oxygen 计划、美国光互联网规划、加拿大光网络规划及欧洲光网络规划等,既建立了许多试验平台,又进行了现场试验,以研究光网络结构、光网络管理、光纤传输、光交换和光网络对新业务的适应性等关键技术。比较著名的有美国的光网络技术协会试验网(ONTC)和多波长光网络(Multi-wavelength Optical Networking,MONET);欧洲 ACTS 计划中的泛欧光传送网(OPEN)和光纤城域网(METON);日本 NTT 的企业光纤骨干(COBNET)和光城域网(PROMETEO)等;在我国则有中科院、高等院校和科研院所进行的国家"863"计划重大项目"中国高速信息示范网(CAIN-ONET)"等。

1. 美国光网络技术协会试验网(ONTC)

ONTC 由 DARPA 给予资金支持,参与单位有 Bell core、哥伦比亚大学 Hughes 研究实验室、Lawrence Livermore 国家实验室、Nortel/BNR、Rockwell 科学中心 Uniphase 电信设备厂、Case Western Reserve 大学以及联合技术研究中心。

ONTC 的结构如图 13.23 所示,它由两个光纤环构成,两个环之间采用 OXC

连接,共使用 4 个 OADM、6 个 EDFA、1 个 OXC,业务接入通过 OADM 节点连接。

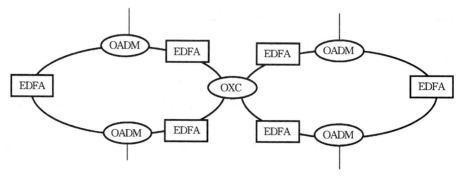

图 13.23　ONTC 结构图

实验分两期进行,通过二期建设实现 8 个波长,每波长信道速率 2.5 Gbps,并提升至 10 Gbps,其实验参数如下:

- 工作波长 1 544～1 560 nm;波长数目:4 波长、8 波长,波长间隔:4 nm,2 nm;
- 每信道速度:2.5 Gbps,10 Gbps;
- 用声光可调谐滤波器实现波长选择和波长路由,完成光分插复用功能;
- 使用 2×2 光学机械开关实现波长选择 OXC 的交换功能;
- 采用多波长发射模块;
- 利用付载波复用;
- 开发了完善、实用的网络管理和控制软件。

ONTC 在网络设计、业务集成、新型器件等方面的实验,特别是多波长激光器阵列、集成的多信道接收机、OXC、OADM、参铒光纤放大器(EDFA)、ATM 交换机、SONET 终端机多业务运行和网络的可重构性等方面,都取得了较成功的经验。

2. 美国多波长光网络(MONET)

MONET 试验网是由美国工商业联合协会发起研制的多波长光网络,由 AT&T、Bell core、Lucent 科技牵头,参加成员有 Bell 亚特兰大、BellSouth 公司、SBC、美国国家安全局(NSA)、美国海军研究实验室(NRL)及美国国防部光进研究项目局(DARPA)等。

MONET 由 MONET New Jersey 网、Washington D.C. 网以及连接两个本地网的多波长长途光纤网三部分组成,如图 13.24 所示。其实验在新泽西州(New Jersey)和华盛顿特区(Washington D.C.)两个地区进行,集中于本地交换网和长距离网络,力图通过实验解决多波长光网络的关键技术和系统演示,以形成一个工业化的建议给商业界和政府参考。

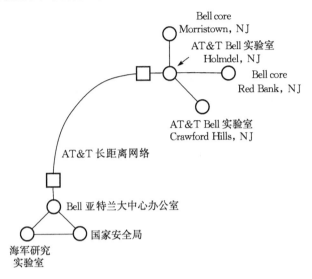

图 13.24　MONET 结构示意图

MONET 多波长网络实现了以下功能:

- 交换处理能力:4×8 波长;
- 8 信道复用,每信道 2.5 Gbps,信道间距 20 GHz;
- 本地交换网使用标准单模光纤,长距离网使用非零色散位移光纤;
- 最长光纤路径跨越 2 300 km,有 2 个 OXC 和 26 个滤波器,连接性能良好。

3. 欧洲的全光网计划

欧盟先后资助了欧洲先进通信研究和技术发展(RACE)计划以及先进通信技术和业务(ACTS)研究计划。欧盟资助的 ACTS 研究计划中,光技术领域由多个项目组成,其重点放在实验演示上,同时对不同的光网络和相关器件进行研究。

4. 中国高速信息示范网

我国在以高速互联网为代表的新一代信息网络整体技术方面比较落后,新一代信息网络关键设备几乎完全依赖进口。为从根本上扭转这一局面,1999 年初,科技部启动"中国高速信息示范网"专项工程,组织国内近 40 所著名大学、科研机构及相关高新技术企业的千余名科技工作者,历时两年多,攻克了核心路由器、大容量全光通信网关键设备、智能化网络管理、复杂网络测量与测试、多路由协议研究与实现等众多软硬件重大技术和工程难关,提出了近 50 项发明专利,并完全用自己的技术研制成功全光通信网络、高速核心路由器及相应的网络管理系统。系统具有 13 个节点,在北京市海淀区连接中国科学院、北京大学、清华大学、北京邮电大学以及工业和信息化部电信研究院等,成为全球规模最大的全光试验网之一,基本具备了与国际同类产品竞争的能力,标志着我国已经成为世界上少数几个全面掌握该领域关键技术及核心设备研发经验的国家之一。

另外,在我国,上海率先跨入了全光通信的商业化运营时代。由上海科技网升级改造的上海全光通信示范网正平稳顺利运行,863 高科技成果实现产业化。上海科技网完成全光化改造后,单根光纤传输总带宽达到 40 Gbps,是原来 ATM 网 155 兆带宽的 256 倍,1 秒钟内可输送相当于 2.5 亿个汉字的信息,做到了名副其实的"海量"传输。上海全光网能与现有各种通信设备实现良好"合作",引起各应用部门的充分关注,截止 2001 年 9 月,已有 1000 多个用户开通了应用服务。上海全光网的成功运用造就了商机,上海光网公司已为云南昆明等全光宽带网工程提供设备。

13.4　全光网的未来

13.4.1　困难和挑战

虽然全光网发展还需拭目以待,但 WB、WSS 等 ROADM 器件已经发展成熟,利用它们构造一个动态可配置的全光网已经不再是"空中楼阁"式的神话。尽管如此,要构建一个可获得的、可运营、可管理、可维护的高性价比电信级传送网,全光网还面临着如下困难和挑战。

1. 物理参数预算

对于全光网而言,所有的信号处理包括传输和交换都是通过光信号完成的,在源节点和目的节点之间的物理路径包括光纤、放大器、色散补偿模块、滤波器和光信号交叉装置等。光纤会对光信号造成衰减;物理路径上的光放大器会补偿因光纤造成的光信号衰减;但光放大器会带来额外噪声并劣化光信号,非线性效应会诱使光信号产生频率啁啾并导致脉冲畸变和通道串扰;物理路径上的光滤波器、光交叉装置也会因为器件的隔离度等原因带来同频串扰或相邻串扰,而且级联的光滤波器还会窄化滤波器的通带谱宽,造成光信号的频谱分量损失。这些因素决定了全光网中的光信号连接过程是一个异常复杂的物理参数预算过程。

更糟糕的是:全光网是一个动态的光网络,源节点和目的节点之间的光信号连接是按业务需求动态建立,即如果两个节点要通过某一条物理路径建立一个光信号连接,系统在规划之初就必须考虑,而同源不同宿、同宿不同源但又经过相同的物理路径的光信号连接需要同时考虑功率、OSNR、色散预算、物理层对光信号非透明在动态全光网中将诱发异常复杂的物理层预算问题,网络规划调度将极其复杂。

此外,因为不同公司采用的长距离传输技术如编码、调制、放大技术并不一致,不同实现方式对系统的改善也不尽相同,种种原因导致不同公司的全光设备无法在光层实现直接对接。虽然ITU-T希望通过制订横向兼容性标准解决这一问题,但标准成熟仍需假以时日。在不同厂家真正实现横向兼容性之前,一个全光网往往只能由一家系统供应商供货,潜在的垄断可能性将阻碍应用。

2. 光层信号透明

全光网中所有处理过程都是以光信号形式完成的,在中间节点光信号被直接转发。光信号的透明性保证了中间节点对业务信号的转发等处理过程与业务信号的协议、速率等都无关,简化了中间节点对业务的处理过程。但是,光层信号透明也带来了其他问题,中间节点无法识别业务信号,也无法根据业务信号开销来判断当前业务信号的质量状况。虽然光层也提供了类似功率监控、光谱监控的方法来完成对光载波信号的监控,但是现有监控方法仅能对光功率、光信噪比、波长等相关模拟参数进行监控,而无法直接对业务信号进行监控,即尽管检测到光功率、波长、OSNR等信息,仍然无法判定其所承载的业务信号是否可用。

首先,光信号的透明,决定了全光网缺乏直接监控业务信号质量的方法和手段。对于一个网络而言,要提供电信级传送服务,信号质量监控是必不可少的。全光网要构建一个可管理、可运营、可维护的电信级传送网,就必须首先解决光层透明和信号监控之间的关系。在无有效监控的光信号之上无法直接构建具备完备功能的传送网。

其次,因为光信号是透明的,光信号在全光网处理过程中是作为一个整体进行交换和传输处理的,所有的业务拆分组合都只能在边缘节点完成。而业务需求往往无法准确预测,全光网为响应业务连接需求,往往必须根据每个业务分配波长通道,这种处理方法导致波长利用效率显著降低(只有同源同宿的业务才能共享相同波长通道)。而且,因为具体的业务协议、帧格式、速率往往都相差很大,为了能在不同源宿边缘节点之间建立业务需求,往往需要预先保留对应的业务协议处理单元,才能在不同边缘节点之间建立业务连接,造成了网络上业务协议处理单元的大量冗余。全光网的灵活性实际上是以边缘节点的大量冗余功能单元来保证的。

再者,光层透明决定了中间节点无法得到随路的带内开销信息,只能依赖带外信息进行网络运营管理维护。一方面,带外数据通道不能保证和带内数据通道的实时性,不能及时反映当前光信号路径的情况信息,在网络发生故障时无法做到及时倒换;另一方面,带外数据通道失效往往会导致网络崩溃,而加强带外数据通道的可靠性只会加大网络管理的复杂程度。

3. 网络传送成本

全光网要成为现实,不仅要解决可实现问题,更重要的是在完成相同功能时,全光网要比用电组成的网络更经济,尤其是在目前电信号处理设备已经拥有相当规模的网络应用情况下,只有更便宜有效的全光网才能真正被运营商接纳。

但如前所述,现在的最终客户都是用电信号来处理信息的,意味在全光网和用户之间,必然存在一个光电转换设备来完成电信号向光信号的转变,之后在光域中完成连接。而动态的业务连接需求,必然导致边缘节点的光电转换功能单元的冗余。根据目前的成本结构,光电转换设备占据整个设备成本的大头,冗余的边缘节点光电转换功能意味着全光网无法提供经济有效的传送方案。

在全光网中,连接都以光信号形式完成,但在现阶段,不同光信号是根据光载波的波长来区分的,当一根光纤上的某个波长通道被分配后,其他业务连接就无法使用该波长通道。这意味着全部以光信号来处理,将导致网络存在严重的波长阻塞,特别是网络规模越大,业务连接越复杂,波长阻塞就越严重。过高的波长阻塞率将导致波长利用效率低下,也意味着既有的光纤资源无法得到充分利用,增加了成本。虽然可以通过波长转换来降低波长阻塞度,但一方面全光波长转换技术并不成熟,商用仍需等待;另一方面网络中的波长转换设置和业务配置相关,只有冗余的波长转换装置才能降低波长阻塞率,这也会造成网络成本的进一步上升。

如前所述,如果全光网直接响应业务连接需求,就必须为每一个业务连接分配一个端到端波长通道,造成波长利用效率过低。如果要改善这种状况,就必须允许多个业务共享相同的波长管道,意味着在全光网之上仍然需要增加一个子波长粒度调度装置,这会进一步增加网络冗余和成本。

4. 其他

一方面是全光网在实际商用过程中存在种种问题有待解决,另一方面电信号处理能力也在日新月异地发展。一度被人视为"电子瓶颈"的电设备处理容量限制,随技术发展也有了非常显著的改善,典型的是现在电处理能力达到 T 级别的设备已经开始商用。电层处理能力的加强以及数字化电子信号将会进一步延缓全光网的商用,只有在研究领域开发出可以与电子器件性能相媲美的、价格便宜的光器件之后,全光网才真正有可能替代电信号处理形式成为主流。

13.4.2　前景展望

就全光通信的发展趋势来看,在设备及器件方面,人们正致力于器件的可调谐化、集成模块化、生产自动化,以期达到性能好、灵活性强、体积小、功耗低、价格低的目标;在网络方面,人们正研究各种网络技术,主要是光交换网技术。面向未来IP业务的光分组交换网已成为研究的重点,目前光分组交换网络的研究尚处于基础研究阶段。网络智能化是通信网发展的必然趋势,智能光网络能够根据用户需求和网络资源的分布情况,动态地、自动地完成端到端光通道的建立、拆除和修改,并且当网络出现故障时,能够根据网络拓扑信息、可用的资源状态和配置信息,动态地确定最佳恢复路由。它不但支持现有的各种业务,还支持光的虚拟专网(OVPN)、波长点播和带宽租赁等新兴业务;在通信系统的复用技术方面,WDM、时分复用、空分复用相结合的综合复用技术是发展的趋势。

从目前技术成熟度来看,纵然 WB,WSS 等可扩展的 ROADM 器件已经成熟,全光网能够实现动态可调,但在解决光层监控等问题之前,WB,WSS 等器件只是用于改善波分网络的柔性,实现无波长规划可任意扩容,而不是用于动态调度。全光网在短期内还只能处于一个理想状态中,不可能大规模铺设。

但全光网作为光通信技术发展的最高阶段,随着光通信技术的发展,特别是长距离和超长距离传输技术、高密度复用技术、光监控技术、光交换交叉连接技术、全光波长转换技术等的发展,也最终会走向成熟。从初级阶段简单的环、链,会逐步扩展到 P-cycle、双环、多环、局部 Mesh,最终到光传送网的高级阶段,各种技术都已成熟,原有的多个彼此非透明的局部全光网将会被打通,形成相对完整的全光网。

未来的通信世界必然是光主导的世界,不但要实现光传输、光交换,而且要实现光存储和光计算。现在的计算机速度受微电子芯片"电子瓶颈"的限制,如果用微光子芯片替代计算机中的微电子芯片,那么计算机的运算速度将会大大提高,这将带来信息传输领域内的又一场革命。

具有独特优点的全光通信正受到世界许多国家的广泛重视,随着通信业务需求的飞速增长,以及各种通信新技术的不断涌现,全光通信必将成为未来通信网络发展的最终选择,尽管在一些方面还存在困难和技术问题,但它的明天肯定是光明的。

参考文献

[1] 邓大鹏. 光纤通信原理. 北京:人民邮电出版社,2009.9.

[2] 高建平. 光纤通信. 西安:西北工业大学出版社,2005.8.

[3] 顾畹仪,李国瑞. 光纤通信系统. 北京:北京邮电大学出版社,2006.9.

[4] 顾畹仪,张杰. 全光通信网. 北京:北京邮电大学出版社,2001.1.

[5] 郭玉斌. 光纤通信技术. 西安:西安电子科技大学出版社,2008.9.

[6] 胡先志,李永红,胡佳妮,等. 粗波分复用技术及其工程应用. 北京:人民邮电出版社,2005.3.

[7] 胡先志,余少华. 光纤通信基本理论与技术. 武汉:华中科技大学出版社,2008.10.

[8] 黄章勇. 光纤通信用新型光无源器件. 北京:北京邮电大学出版社,2003.2.

[9] 黄章勇. 光纤通信用光电子器件和组件. 北京:北京邮电大学出版社,2003

[10] 纪越峰. 光波分复用系统. 北京:北京邮电大学出版社,1999.11.

[11] 江剑平. 半导体激光器. 北京:电子工业出版社,2000.2.

[12] 李履信,沈建华. 光纤通信系统. 2版. 北京:机械工业出版社,2007.9.

[13] 李玉权,朱勇,王江平. 光通信原理与技术. 北京:科学出版社,2006.6.

[14] 林达权. 光纤通信. 北京:高等教育出版社,2003.8.

[15] 林学煌等. 光无源器件. 北京:人民邮电出版社,1998.4.

[16] 刘增基,周洋溢,胡辽林,等. 光纤通信. 西安:西安电子科技大学出版社,2001.8.

[17] 穆道生. 现代光纤通信系统. 北京:科学出版社,2005.9.

[18] 苏翼凯,冷鹿峰. 高速光纤传输系统. 上海:上海交通大学出版社,2009.2.

[19] 孙雪康,张金菊. 光纤通信技术. 北京:人民邮电出版社,2004.6.

[20] 吴翼平. 现代光纤通信技术. 北京:国防工业出版社,2004.1.

[21] 延凤平,裴丽,宁提纲. 光纤通信系统. 北京:科学出版社,2006.8.

[22] 余重秀. 光交换技术. 北京:人民邮电出版社,2008.9.

[23] 袁国良,李元元. 光纤通信简明教程. 北京:清华大学出版社,2006.12.

[24] 赵尚弘. 卫星光通信导论. 西安:西安电子科技大学出版社,2005.12.

[25] 赵梓森. 光纤通信工程. 北京:人民邮电出版社,1994.5.

[26] 张洪涛. 空间光通信原理与技术. 长春:吉林大学出版社,2009.1.

[27] 张劲松,陶智勇,韵湘. 光波分复用技术. 北京:北京邮电大学出版社,

2002.6.

[28] 张亮. 现代通信技术与应用. 北京:清华大学出版社,2009.5.

[29] 张明德,孙小菡. 光纤通信原理与系统. 南京:东南大学出版社,2003.9.

[30] 张兴周,孟克. 现代光纤通信技术. 哈尔滨:哈尔滨工程大学出版社,2003. 3.5.

[31] 周文,陈秀峰,杨冬晓. 光子学基础. 杭州:浙江大学出版社,2000.1.

[32] Amnon Yariv. Optical Electronics in Modern Communications. Oxford University Press,1997.

[33] G P Agrawal. Fiber-Optic Communication Systems. San Diego:Academic Press, 1995.

[34] G P Agrawal. Nonlinear fiber Optics. Fourth Edition. San Diego:Academic Press, 2007.

[35] G P Agrawal. Applications of Nonlinear Fiber Optics. Second Edition. San Diego:Academic Press, 2001.

[36] Joseph C Palais. Fiber Optic Communications. Fifth Edition. Upper Saddle River :Prentice Hall ,2004.

[37] Rajiv Ramaswami,Kumar N Sivarajan. Optical Networks. San Francisco: Morgan Kaufmann Publishers,2002.